生活垃圾渗滤液
催化氧化处理技术

蒋宝军 著

化学工业出版社

·北京·

内 容 简 介

本书介绍了生活垃圾渗滤液的来源、危害、国内外垃圾渗滤液处理技术现状，结合著者十几年来对生活垃圾降解及渗滤液催化氧化技术的实验研究成果，对催化氧化技术处理垃圾渗滤液的原理、技术要点、研究现状等进行了系统阐述，并介绍了一些典型的垃圾渗滤液处理工程实例。本书具有实验研究和理论分析紧密结合的特点。

本书可供从事垃圾渗滤液处理工程的技术人员、科研人员、管理人员阅读参考，也可供高等学校环境工程专业师生学习使用。

图书在版编目（CIP）数据

生活垃圾渗滤液催化氧化处理技术/蒋宝军著. —北京：化学工业出版社，2020.12（2023.1重印）
ISBN 978-7-122-37763-0

Ⅰ.①生… Ⅱ.①蒋… Ⅲ.①滤液-垃圾处理-研究 Ⅳ.①X705

中国版本图书馆 CIP 数据核字（2020）第 176946 号

责任编辑：董　琳　　　装帧设计：韩　飞
责任校对：王佳伟

出版发行：化学工业出版社（北京市东城区青年湖南街 13 号　邮政编码 100011）
印　　装：天津盛通数码科技有限公司
787mm×1092mm　1/16　印张 13½　字数 298 千字　2023 年 1 月北京第 1 版第 3 次印刷

购书咨询：010-64518888　　　售后服务：010-64518899
网　　址：http://www.cip.com.cn
凡购买本书，如有缺损质量问题，本社销售中心负责调换。

定　　价：85.00 元

前言

生活垃圾渗滤液是在处理生活垃圾过程中产生的一种高浓度有机废水，具有水质水量变化大、污染物浓度高、水质成分复杂的特点，生活垃圾渗滤液的处理一直是一个世界性的难题。我国由于人口众多，生活垃圾产生量大，导致我国每年生活垃圾渗滤液产生量非常巨大，同时我国历年积存的生活垃圾渗滤液量同样非常巨大，这些垃圾渗滤液如果不能被有效处理，将对我国人民的健康和环境保护事业造成巨大威胁。

当前治理我国垃圾卫生填埋场处理垃圾渗滤液面临的主要问题是现有垃圾渗滤液处理工艺运行成本过高、处理产生的二次污染严重。我国许多垃圾卫生填埋场不能负担高额的垃圾渗滤液处理系统运行费用，导致其垃圾渗滤液处理系统不能连续运行，甚至有些垃圾卫生填埋场直接将垃圾渗滤液导入地下，造成了严重的地下水污染，间接污染了水源地。研发出一套行之有效的低运行成本且处理效果好的垃圾渗滤液处理工艺已成为我国环保科研工作者需要完成的一项重要任务。

以催化氧化技术为主体的垃圾渗滤液组合处理工艺在所有的垃圾渗滤液处理工艺中是最有发展前途的，催化氧化技术处理垃圾渗滤液是垃圾渗滤液处理技术的发展方向。本书系统全面地介绍了催化氧化技术处理垃圾渗滤液的原理、技术要点、研究现状，以及著者十几年来对生活垃圾降解及催化氧化技术处理垃圾渗滤液的研究成果。著者期待本书的内容能够对国内从事垃圾渗滤液处理技术研究的同行有一定的参考和借鉴作用。也期望能有更多的专家学者关注和研究我国的垃圾渗滤液处理技术，研发出低成本、高效率的垃圾渗滤液处理工艺方案，从而更快解决我国垃圾渗滤液处理面临的难题。

本书由吉林建筑大学蒋宝军著。吉林建筑大学市政与环境工程学院院长霍明昕、执行院长林英姿和给排水科学与工程系主任宋铁红为本书的出版提供了大量的支持和帮助，著者对几位领导深表感谢。吉林建筑大学研究生阮峻杰、王新培、孙一文承担了本书大量图表的整理工作，为本书的顺利出版做出了重要贡献，在此一并致谢。

由于著者水平有限，书中的疏漏和不妥之处在所难免，敬请各位读者批评指正，著者不胜感激。

著者

2020 年 8 月

目录

3 垃圾渗滤液传统催化氧化处理技术 68

1

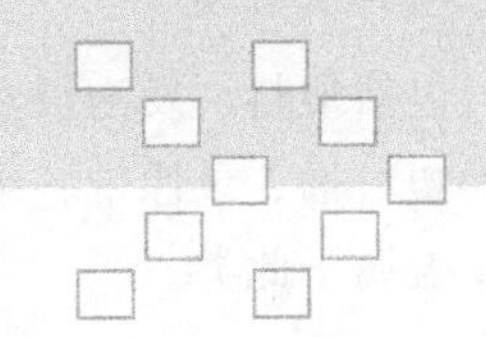

生活垃圾渗滤液概述

1.1 生活垃圾基本知识

1.1.1 生活垃圾的概念和分类

近十几年来，随着世界上工业化国家城市化速度的加快和居民生活消费水平的不断提高，生活垃圾的增长非常迅速。生活垃圾包括城市生活垃圾和农村生活垃圾。城市生活垃圾是指在城市日常生活中或者为城市日常生活提供服务的活动中产生的固体废物，以及法律、行政法规规定视为城市垃圾的固体废物，如菜叶、废纸、废玻璃制品、废陶瓷、废家具、废塑料、厨房垃圾和建筑垃圾等，但不包括工厂排出的工业固体废物。

生活垃圾包含的废物种类多、数量大、成分复杂，如果不能有效地分类处理，将污染环境，危害人类健康。例如，废打火机、废旧电池、废涂料、废日光灯管等，都具有潜在的危害，需要在相应的法规特别是管理工作中逐步制定和采取有效措施进行分类收集和恰当的处理。目前，我国没有完善的垃圾分类体系，城市生活垃圾多以集中处理为主，并没有详细的分类标准。而发达国家的垃圾分类很详细，并采用分类收集和分类处理的方式。以下是日本的垃圾分类标准，在发达国家的垃圾分类中具有代表性，对我国垃圾分类有一定的借鉴意义。

(1) 生活垃圾（可燃垃圾）

包括食品残渣、吸油纸、贝壳、蛋壳、破损纺织品、吸尘器的灰卷、女性的“生理用品”、绷带、创可贴、草木以及其他任意边长不超过 40cm 的可燃物等。

(2) 不可燃垃圾

包括金属、陶瓷、橡胶、小型废旧电器、传统钨丝电灯、CD、雨伞、化妆品的瓶子以及其他任意边长不超过 40cm 的不可燃物。干电池、天然气炉灶及气罐（作用类似国内的酒精炉，日本用的都是天然气）不属于此类。

(3) 有害物

包括干电池、荧光灯、水银体温计等。不能用塑料袋包裹，扔时直接放到垃圾点的铁桶里。

(4) 资源类

包括塑料、发泡饭盒、洗洁用品的塑料瓶等。用透明或半透明塑料袋包裹。塑料衣架、塑料桶、录像带、录音带、塑料雨伞不属于此类。饮料瓶不属于此类，但是饮料瓶的瓶盖属于此类。

(5) 纸

包括旧报纸、书籍、杂志、纸壳包装箱、名片等，需整齐捆扎好，用纸袋盛装。

(6) 纺织品

包括旧衣服、毛巾等。用透明或半透明塑料袋包裹。雨天不进行此类垃圾收集。

(7) 瓶罐

包括饮料、调理用的玻璃瓶、金属罐、带 PET 标记的塑料瓶。塑料瓶盖不属于此类。化妆品的瓶子不属于此类。

(8) 大型废旧物

任意边长超过 40cm 的废旧物，从枕头到自行车。需提前电话预约，并到指定地点购买大型废旧物处理券，将该券贴在废弃物上。

(9) 环卫不负责处理的废弃物

电视、冰箱、空调、洗衣机、电脑、显示器等电器以及摩托车。

(10) 装牛奶的纸盒

这是很重要的资源，洗干净之后剪开晾干，送到指定回收地点。

1.1.2 生活垃圾的处理方法

生活垃圾的处理方法主要有卫生填埋法、焚烧法和堆肥法，还有热解法等。

(1) 卫生填埋法

卫生填埋法是在科学选址的基础上，采用必要的场地防护手段和合理的填埋场结构，以最大限度地减缓和消除垃圾对环境，尤其是对地下水污染的垃圾处理技术。卫生填埋法具有成本低廉、适用范围广、无二次污染、环保效果显著和处置彻底等优点，但同时也有占地面积大、产生填埋气体和渗滤液污染等诸多环境问题。

填埋场是垃圾各种处理方式的最终归宿，也是消纳生活垃圾最经济便捷的方法。根据建设情况，通常可分为正规生活垃圾填埋场和非正规生活垃圾填埋场。正规生活垃圾填埋场是指符合国家相关标准和规范建设并运营的垃圾填埋场，通过相应的二次污染防治措施，可以避免因露天堆放而引起的环境问题。非正规生活垃圾填埋场包括简易填埋场和受控填埋场，其中简易填埋场是指利用地形随意填埋、无任何二次污染防护措施的垃圾堆场；受控填埋场是指场内无垃圾渗滤液或填埋气体的收集、导排或处理设施，或无封场、防渗等二次污染防护措施不足的填埋场。

参照 2019 年《中国统计年鉴》数据，全国无害化垃圾卫生填埋场已建 663 座，卫生填埋量 11706 万吨，占城市生活垃圾无害化处理总量的 51.9%。考虑到各城市还存在未统计的大量非正规生活垃圾填埋场，可知实际填埋垃圾总量远不止于此。

（2）焚烧法

焚烧法就是利用高温燃烧，使垃圾中的有机物转换成无机废物，并减少废物体积，便于填埋的方法。经焚化后未燃尽的垃圾残余通常是无生命的，可用作合适的填料。焚烧还可消灭垃圾中的各种病原体，把一些有毒有害物质转化为无害物质并回收热能进行发电。垃圾焚烧处理具有节约占地、减量化显著、无害化处理较彻底、可转化为能源等优点，但也具有投资大、运行复杂、管理费用高、焚烧过程产生烟气等局限性。

目前全球正在运行的生活垃圾焚烧发电厂主要分布在发达国家和地区，所占比例逐年增加。其中，日本垃圾焚烧处理在垃圾处理中所占比例更是高达 80%。我国垃圾焚烧发电产业布局与地区城市人口密度、经济发展程度息息相关，垃圾焚烧发电项目主要集中在华东、华南地区。近年来，北京、上海、广州、深圳等各大城市纷纷提出生活垃圾零填埋全焚烧目标。对于土地资源紧张、人口密度大的广州市来说，垃圾焚烧处理已经成为垃圾无害化处理的首选技术。

（3）堆肥法

堆肥法是利用自然界广泛存在的微生物，有控制地促进固体废物中可降解有机物转化为稳定的腐殖质的生物化学过程，堆肥法制得的产品称为堆肥。堆肥主要分为好氧堆肥和厌氧堆肥。好氧堆肥优点是工艺相对成熟和先进，机械化效率高，有机质可以得到完全降解，无害化效果明显；缺点是能耗大、费用高。厌氧堆肥优点是工艺简单，费用较低；缺点是堆肥时间较长，对环境污染较大，降解不充分。

由于我国城市垃圾中不可降解的成分含量较高，增加了分选成本；堆肥产品与有机肥相比肥效较低，缺乏市场竞争力；生活垃圾产生的连续性和堆肥产品销售的季节性存在矛盾，增加了堆肥处理成本等原因，致使我国生活垃圾的堆肥处理比例呈不断下降的趋势。

（4）热解法

热解在工业上也称为干馏，广泛应用于生活垃圾、生物质、废旧橡胶的资源化利用等领域。热解是指有机化合物在缺氧或绝氧的条件下，利用热能使得有机化合物的化学键断裂，将有机化合物由大分子量的有机物转化成小分子量的燃料气、液状物（油、油脂等）及焦炭等固体残渣的过程。与焚烧相比，热解具有以下特点：热解的产物是气体、液体或固体能源，其过程为吸热过程；由于热解是缺氧分解，其排气量少，有利于减轻对大气环境的二次污染；固体废物中的硫、重金属等有害成分大部分被固定在炭黑中；热解设备相对简单。

有研究表明，热解所产生的烟气量是焚烧的 1/2，NO_x 排放量是焚烧的 1/2，HCl 排放量是焚烧的 1/25，灰尘产生量是焚烧的 1/2。但也存在一些缺陷，例如在垃圾处理过程中会产生大量的职业安全隐患，造成一定程度上的职业病威胁。

对比上述各种垃圾处理方法，再结合我国经济发展水平欠发达，国土面积辽阔，人口基数大，科技水平以及人民文化素质还不够高等实际国情，卫生填埋法将会在很长一段时间内继续作为垃圾处理的主要方式。

1.2 垃圾渗滤液的产生、来源及水质特点

1.2.1 垃圾渗滤液的产生

采用填埋的方法处理生活垃圾会产生大量的垃圾渗滤液。在城市生活垃圾填埋过程中，由于压实和微生物的分解作用，垃圾中所含的污染物溶入垃圾所含的水分中，当垃圾中所含的水分含量超出垃圾的持水量时，超出的那部分水就会在重力作用下通过废物之间的相互挤压渗透出来，形成垃圾渗滤液。

1.2.2 垃圾渗滤液的来源

垃圾渗滤液中的污染物质来源于垃圾本身含有的大量可溶的有机物，垃圾通过生物、物理、化学作用产生的可溶性物质以及覆土和周围土壤中进入渗滤液的可溶性物质。在雨水、地表水或地下水侵入垃圾的过程中会溶解这些有机物和无机物，从而使其进入渗滤液中。

垃圾渗滤液的来源包括以下几个方面。

（1）直接降水

渗入填埋层的降水是渗滤液中水分的最主要来源，降水流经垃圾层形成的渗滤液占渗滤液总量的绝大部分，因此降水的多少直接影响着渗滤液产生量的大小。一般情况下，垃圾的含水率为47%时，每吨垃圾可产生0.0722t渗滤液。

（2）外部地表水的流入

外部地表水包括地表径流和地表灌溉。地表径流是指来自场地表面上坡方向的径流水，对渗滤液产生量也有较大的影响，地表灌溉则与地面的种植情况和土壤类型有关。

（3）地下水

当填埋场内渗滤水水位低于场外地下水水位，并没有设置防渗系统时，地下水就可能渗入填埋场内。如果垃圾填埋场在设计施工中采取防渗措施，可以减少或避免地下水的渗入。

（4）垃圾中的自身含水

进入填埋场的垃圾除了自身含有水分外，还会从大气和雨水中吸附一定量的水分，入场垃圾的含水也是垃圾渗滤液的主要来源之一。

（5）垃圾在降解的过程中生成的水分

垃圾中的有机组分在微生物的作用下，会降解生成水，这部分水的产生量和垃圾组成、pH值、温度和菌种等因素有关。

（6）垃圾层覆盖材料中的水分

垃圾填埋覆盖层会给垃圾体带来水分，这部分水流经垃圾体后成为垃圾渗滤液的一

部分。

目前垃圾渗滤液的主流来源有 3 个：传统的填埋场占 20%～40%；焚烧厂占 15%～40%；垃圾转运产生的渗滤液占 10%～15%。

1.2.3 垃圾渗滤液的水质特点

垃圾渗滤液具有与城市污水不同的水质特点，其性质取决于垃圾的成分、填埋时间、气候条件和填埋场设计等多种因素。一般来说，垃圾渗滤液有以下特点。

(1) 有机物浓度高，污染物种类繁多，水质复杂

渗滤液是一种化学物质，在流经垃圾层时带走了很多垃圾中的物质，因此新鲜渗滤液中的有机物浓度很高，COD 一般可达几万毫克每升，有时甚至高达 80000mg/L，由此可知垃圾渗滤液的 COD 浓度是生活污水的 10～100 倍。垃圾渗滤液中污染物种类复杂，其中的有机组分大多是难生物降解的有机化合物。渗滤液中含量较多的难生物降解有机物有杂环类有机物（主要是杂环芳烃和多环芳烃）、酸酯类有机物、醇酚类有机物、酮醛类有机物和酰胺类有机物等，这些难生物降解的有机物约占渗滤液中总有机组分的 70%以上，其中列入我国环境优先控制污染物的 5 种。

(2) 水质、水量变化范围大

水质、水量变化范围大是垃圾渗滤液的主要特点之一。填埋场的水文地质条件、气候条件、垃圾的组成、垃圾填埋场的构造方式以及垃圾填埋时间对垃圾渗滤液水质水量的影响极大。随着这些条件的不同，渗滤液的 COD 变化范围一般为 200～60000mg/L，氨氮的变化范围一般为 100～1200mg/L。雨季时填埋区汇入的降水量大于蒸发量，渗滤液产生量大；旱季蒸发量大于降水量，渗滤液产生量少。填埋垃圾层中不同填埋深度处的物理、化学和生物学特征及其中的微生物活动方式都不同。随垃圾累积填埋量的增多和填埋场使用年限的延长，渗滤液的水质会发生明显变化。

(3) 氨氮浓度高

垃圾渗滤液的氨氮浓度一般在 1000mg/L 左右，是一般生活污水和工业废水的几十倍甚至上百倍，且随着垃圾填埋时间的增加而升高，最高时可达 2000mg/L 以上，是所有废水中的氨氮浓度最高的。而氨氮浓度过高，会对微生物产生毒害作用，导致渗滤液中营养元素比例失调，是垃圾渗滤液处理中的主要难点之一。

(4) 重金属离子种类多，含量高

由于我国的生活垃圾一般不分类，因此一些废家电、废电脑等电子垃圾和生活垃圾混合填埋在一起，电子垃圾中的金属离子会在垃圾的酸性发酵阶段溶解到渗滤液中。此外，垃圾降解产生的 CO_2 溶于渗滤液后，使得渗滤液的 pH 值进一步降低，溶解更多不溶于水的重金属，导致渗滤液中含有十多种重金属离子，且重金属离子的浓度高于一般的生活污水。渗滤液中的重金属离子主要包括 Fe^{2+}、Zn^{2+}、Cd^{2+}、Cr^{6+}、Hg^{2+}、Mn^{2+}、Pb^{2+}、Ni^{2+}等。

(5) 营养元素比例失调

一般认为，当污水中营养元素的比例为 BOD_5：N：P=100：5：1 时，采用生化法处理污水是适宜的。但一般渗滤液中的 BOD_5/P 的值都大于 300，这与微生物生长所需的磷元素差别较大。同时，渗滤液的 C/N 过低，不利于微生物的生长繁殖。

(6) 随着填埋时间的延长，渗滤液水质发生明显的变化

渗滤液根据垃圾填埋场的运动时间广义上可分为三类：年轻渗滤液、中年渗滤液、老龄渗滤液。填埋时间 5 年以下的年轻填埋场渗滤液的水质特点是：pH 值较低，BOD_5 及 COD 浓度较高，色度较大，且 BOD_5/COD 的比值相对较高，同时各类重金属离子浓度也较高。填埋时间在 10 年以上的老年垃圾填埋场渗滤液的水质特点是：pH 值接近中性或弱碱性（一般在 6～8），BOD_5 及 COD 浓度较低，色度较大，且 BOD_5/COD 的比值也较低，渗滤液的可生化能力差，同时各类重金属离子浓度开始下降。填埋时间在 5～10 年的中年填埋场渗滤液的水质特点介于年轻渗滤液和老年渗滤液的水质特点之间。

1.3 垃圾渗滤液的危害及排放标准

1.3.1 垃圾渗滤液的危害

垃圾渗滤液是一种含有高浓度悬浮物和高浓度有机或无机成分的液体。垃圾填埋场大量的地下水污染事例表明：渗滤液是地下水最重要的污染源。通过和土壤、地面或地表水接触，渗滤液可造成相当严重的污染，因此被视为主要的污染危害。渗滤液会对地下水、地表水及垃圾填埋场周围环境造成污染，使地表水体缺氧、水质恶化、富营养化，威胁饮用水和工业用水水源，使地下水水质恶化而丧失利用价值。渗滤液中含有相当多的有毒物质，且浓度很高，正成为环境的巨大威胁。渗滤液不经处理完全排入江河湖泊，其中的有机污染物、无机污染物会使水生生物和农作物受到污染，破坏生态环境，并通过食物链进入人体，直接威胁人类健康。

《2015 年环境统计年报》显示：2015 年全国共调查统计了生活垃圾处理厂（场）2315 座，全年共处理生活垃圾 2.48 亿吨，其中采用填埋方式处理的生活垃圾占 1.78 亿吨，堆肥方式占 0.04 亿吨，焚烧方式占 0.66 亿吨。垃圾填埋作为我国处理垃圾的主要方式，虽然成本最为低廉，但却产生了垃圾渗滤液，这直接导致全国各地水源受到了不同程度的污染。目前对于正处于发展中的中国来说，渗滤液污染地下水的情况是非常严重的，控制渗滤液污染已成为垃圾填埋场运行的关键。

1.3.2 垃圾渗滤液的排放标准

1.3.2.1 垃圾渗滤液的主要成分及浓度

表 1-1 所示为垃圾渗滤液主要污染物的成分及浓度，从表中可以看出，垃圾渗滤液

表 1-1 垃圾渗滤液主要污染物的成分及浓度

单位：mg/L(pH 值除外)

项目	浓度	项目	浓度
pH 值	5～8	铅	0.002～12.3
BOD_5	10～36000	总磷	0.6～75
TOC	200～20000	总铁	0.3～2050
COD	100～60000	总硬度	40～14000
SS	100～700	钙	30～4300
氯化物	100～3000	镁	10～480
氨氮	10～1700	钾	20～2050
有机氮	10～600	钠	40～2800
硝酸盐	0.1～10	锌	0.05～130

的成分非常复杂，而且各污染物浓度变化范围很大。

不同垃圾渗滤液的水质情况，可参照典型填埋场（调节池）不同年限渗滤液水质范围（见表 1-2）和垃圾焚烧厂渗滤液典型水质范围（见表 1-3）。

表 1-2 典型填埋场（调节池）不同年限渗滤液水质范围

单位：mg/L(pH 值除外)

项目	填埋初期渗滤液(≤5 年)	填埋中后期渗滤液(>5 年)	封场后渗滤液
COD	6000～30000	2000～10000	1000～5000
BOD_5	2000～20000	1000～4000	300～2000
氨氮	600～3000	800～4000	1000～4000
TP	10～50	10～50	10～50
SS	500～40000	500～1500	200～1000
pH 值	5～8	6～8	6～9

表 1-3 垃圾焚烧厂渗滤液典型水质范围 单位：mg/L(pH 值除外)

项目	COD	BOD_5	氨氮	TP	SS	pH 值
指标	40000～80000	20000～40000	1000～2500	10～50	7000～20000	5～7

由于垃圾渗滤液是一种极其难以处理的高浓度有机废水，当今世界上还没有一种既能保证出水达标又经济可靠的垃圾渗滤液处理方法，因此实现垃圾渗滤液的经济有效处理不仅是垃圾填埋处理技术中的一大难题，也是污水处理技术领域的一个研究热点。

1.3.2.2 国内垃圾渗滤液排放标准

对于垃圾渗滤液处理后达标排放标准，一般根据受纳水体的水域功能和环境容量，或者是受纳污水处理厂的要求，由当地环保主管部门确定不同的直接排放标准和间接排放标准。

目前我国涉及垃圾渗滤液排放要求的标准有《生活垃圾填埋场污染控制标准》(GB 16889—2008)《城镇污水处理厂污染物排放标准》(GB 18918—2002) 和《危险废物填埋污染控制标准》(GB 18598—2019) 等。此外，垃圾焚烧厂普遍实行《城市污水再生利用 工业用水水质》(GB/T 19923—2005)。各城市还可以在这些标准的基础上制定更为严格的地方标准和要求，例如上海市自 2018 年 12 月 1 日起实施的《污水综合排放标准》(DB 31/199—2018)。

(1) 生活垃圾填埋场污染控制标准 (GB 16889—2008)

生活垃圾填埋场应设置污水处理装置，生活垃圾渗滤液（含调节池废水）等污水经处理符合本标准规定的污染物排放控制要求后，可直接排放。

现有和新建生活垃圾填埋场自 2008 年 7 月 1 日起执行表 1-4 规定的水污染物排放质量浓度限值。

表 1-4 现有和新建生活垃圾填埋场水污染物排放质量浓度限值

序号	控制污染物	排放质量浓度限值	污染物排放监控位置
1	色度/倍	40	常规污水处理设施排放口
2	化学需氧量(COD_{Cr})/(mg/L)	100	常规污水处理设施排放口
3	生化需氧量(BOD_5)/(mg/L)	30	常规污水处理设施排放口
4	悬浮物/(mg/L)	30	常规污水处理设施排放口
5	总氮/(mg/L)	40	常规污水处理设施排放口
6	氨氮/(mg/L)	25	常规污水处理设施排放口
7	总磷/(mg/L)	3	常规污水处理设施排放口
8	粪大肠杆菌数/(个/L)	10000	常规污水处理设施排放口
9	总汞/(mg/L)	0.001	常规污水处理设施排放口
10	总镉/(mg/L)	0.01	常规污水处理设施排放口
11	总铬/(mg/L)	0.1	常规污水处理设施排放口
12	六价铬/(mg/L)	0.05	常规污水处理设施排放口
13	总砷/(mg/L)	0.1	常规污水处理设施排放口
14	总铅/(mg/L)	0.1	常规污水处理设施排放口

根据环境保护工作的要求，在国土开发密度已经较高、环境承载能力开始减弱，或环境容量较小、生态环境脆弱，容易发生严重环境污染问题而需要采取特别保护措施的地区，应严格控制生活垃圾填埋场的污染物排放行为，在上述地区的现有和新建生活垃圾填埋场执行表 1-5 规定的水污染物特别排放限值。

表 1-5 现有和新建生活垃圾填埋场水污染物特别排放限值

序号	控制污染物	排放质量浓度限值	污染物排放监控位置
1	色度/倍	30	常规污水处理设施排放口
2	化学需氧量(COD_{Cr})/(mg/L)	60	常规污水处理设施排放口
3	生化需氧量(BOD_5)/(mg/L)	20	常规污水处理设施排放口
4	悬浮物/(mg/L)	30	常规污水处理设施排放口
5	总氮/(mg/L)	20	常规污水处理设施排放口
6	氨氮/(mg/L)	8	常规污水处理设施排放口
7	总磷/(mg/L)	1.5	常规污水处理设施排放口
8	粪大肠杆菌数/(个/L)	10000	常规污水处理设施排放口
9	总汞/(mg/L)	0.001	常规污水处理设施排放口
10	总镉/(mg/L)	0.01	常规污水处理设施排放口
11	总铬/(mg/L)	0.1	常规污水处理设施排放口
12	六价铬/(mg/L)	0.05	常规污水处理设施排放口
13	总砷/(mg/L)	0.1	常规污水处理设施排放口
14	总铅/(mg/L)	0.1	常规污水处理设施排放口

生活垃圾转运站产生的渗滤液经收集后，可采用密闭运输送到城市污水处理厂处理、排入城市排水管道进入城市污水处理厂处理或者自行处理等方式。排入城市污水处理厂排水管网的，应在转运站内对渗滤液进行处理，总汞、总镉、总铬、六价铬、总砷、总铅等污染物质量浓度达到表 1-5 规定的质量浓度限值，其他水污染物排放控制要求由企业与城市污水处理厂根据其污水处理能力商定或执行相关标准。排入环境水体或排入未设置污水处理厂排水管网的，应在转运站内对渗滤液进行处理并达到表 1-5 规定的质量浓度限值。

(2) *城镇污水处理厂污染物排放标准*（GB 18918—2002）

根据城镇污水处理厂排入地表水域环境功能和保护目标，以及污水处理厂的处理工艺，将基本控制项目的常规污染物标准值分为一级标准、二级标准、三级标准。一级标准分为 A 标准和 B 标准。一类重金属污染物和选择控制项目不分级。

① 一级标准的 A 标准是城镇污水处理厂出水作为回用水的基本要求。当污水处理厂出水引入稀释能力较小的河湖作为城镇景观用水和一般回用水等用途时，执行一级标准的 A 标准。

② 城镇污水处理厂出水排入 GB 3838 地表水Ⅲ类功能水域（划定的饮用水水源保护区和游泳区除外）、GB 3097 海水二类功能水域和湖、库等封闭或半封闭水域时，执行一级标准的 B 标准。

③ 城镇污水处理厂出水排入 GB 3838 地表水Ⅳ、Ⅴ类功能水域或 GB 3097 海水三、

四类功能海域，执行二级标准。

④ 非重点控制流域和非水源保护区的建制镇的污水处理厂，根据当地经济条件和水污染控制要求，采用一级强化处理工艺时，执行三级标准。但必须预留二级处理设施的位置，分期达到二级标准。

城镇污水处理厂水污染物排放基本控制项目执行表 1-6 和表 1-7 的规定，选择控制项目按表 1-8 的规定执行。

表 1-6 基本控制项目最高允许排放浓度（日均值）

序号	基本控制项目		一级标准		二级标准	三级标准
			A 标准	B 标准		
1	化学需氧量(COD)/(mg/L)		50	60	100	120①
2	生化需氧量(BOD_5)/(mg/L)		10	20	30	60①
3	悬浮物(SS)/(mg/L)		10	20	30	50
4	动植物油/(mg/L)		1	3	5	20
5	石油类/(mg/L)		1	3	3	15
6	阴离子表面活性剂/(mg/L)		0.5	1	2	5
7	总氮(以 N 计)/(mg/L)		15	20		
8	氨氮(以 N 计)②/(mg/L)		5(8)	8(15)	25(30)	
9	总磷(以 P 计)/(mg/L)	2005 年 12 月 31 日前建设的	1	1.5	3	5
		2006 年 1 月 1 日后建设的	0.5	1	3	5
10	色度/倍		30	30	40	50
11	pH 值		6～9			
12	粪大肠菌群数/(个/L)		10^3	10^4	10^4	

① 下列情况按去除率指标执行：当进水 COD＞350mg/L 时，去除率应＞60%；BOD_5＞160mg/L 时，去除率应＞50%。

② 括号外数值为水温＞12℃时的控制指标，括号内数值为水温≤12℃时的控制指标。

表 1-7 部分一类污染物最高允许排放浓度（日均值） 单位：mg/L

序号	项目	标准值
1	总汞	0.001
2	烷基汞	不得检出
3	总镉	0.01
4	总铬	0.1
5	六价铬	0.05
6	总砷	0.1
7	总铅	0.1

表 1-8 选择控制项目最高允许排放浓度（日均值） 单位：mg/L

序号	选择控制项目	标准值	序号	选择控制项目	标准值
1	总镍	0.05	23	三氯乙烯	0.3
2	总铍	0.002	24	四氯乙烯	0.1
3	总银	0.1	25	苯	0.1
4	总铜	0.5	26	甲苯	0.1
5	总锌	1.0	27	邻二甲苯	0.4
6	总锰	2.0	28	对二甲苯	0.4
7	总硒	0.1	29	间二甲苯	0.4
8	苯并[a]芘	0.00003	30	乙苯	0.4
9	挥发酚	0.5	31	氯苯	0.3
10	总氰化物	0.5	32	1,4-二氯苯	0.4
11	硫化物	1.0	33	1,2-二氯苯	1.0
12	甲醛	1.0	34	对硝基氯苯	0.5
13	苯胺类	0.5	35	2,4-二硝基氯苯	0.5
14	总硝基化合物	2.0	36	苯酚	0.3
15	有机磷农药(以P计)	0.5	37	间甲酚	0.1
16	马拉硫磷	1.0	38	2,4-二氯酚	0.6
17	乐果	0.5	39	2,4,6-三氯酚	0.6
18	对硫磷	0.05	40	邻苯二甲酸二丁酯	0.1
19	甲基对硫磷	0.2	41	邻苯二甲酸二辛酯	0.1
20	五氯酚	0.5	42	丙烯腈	2.0
21	三氯甲烷	0.3	43	可吸附有机卤化物(AOX以Cl计)	1.0
22	四氯化碳	0.03			

(3) 危险废物填埋污染控制标准（GB 18598—2019）

填埋场产生的渗滤液（调节池废水）等污水必须经过处理，并符合本标准规定的污染物排放控制要求后方可排放，禁止渗滤液回灌。

2020 年 8 月 31 日前，现有危险废物填埋场废水进行处理，达到 GB 8978 中第一类污染物最高允许排放浓度标准要求及第二类污染物最高允许排放浓度标准要求后方可排放。第二类污染物排放控制项目包括：pH 值、悬浮物（SS）、五日生化需氧量（BOD_5）、化学需氧量（COD_{Cr}）、氨氮（NH_3-N）、磷酸盐（以 P 计）。

自 2020 年 9 月 1 日起，现有危险废物填埋场废水污染物排放执行表 1-9 规定的限值。

1.3.2.3 国外垃圾渗滤液排放标准

下面列举了一些其他国家的污水排放标准，分别有：美国水污染物排放标准（见

表 1-9 危险废物填埋场废水污染物排放限值

单位：mg/L（pH 值除外）

序号	污染物项目	直接排放	间接排放[1]	污染物排放监控位置
1	pH 值	6～9	6～9	危险废物填埋场废水总排放口
2	生化需氧量(BOD_5)	4	50	
3	化学需氧量(COD_{Cr})	20	200	
4	总有机碳(TOC)	8	30	
5	悬浮物(SS)	10	100	
6	氨氮	1	30	
7	总氮	1	50	
8	总铜	0.5	0.5	
9	总锌	1	1	
10	总钡	1	1	
11	氰化物(以 CN^- 计)	0.2	0.2	
12	总磷(TP,以 P 计)	0.3	3	
13	氟化物(以 F^- 计)	1	1	
14	总汞	0.001		渗滤液调节池废水排放口
15	烷基汞	不得检出		
16	总砷	0.05		
17	总镉	0.01		
18	总铬	0.1		
19	六价铬	0.05		
20	总铅	0.05		
21	总铍	0.002		
22	总镍	0.05		
23	总银	0.5		
24	苯并[a]芘	0.00003		

① 工业园区和危险废物集中处置设施内的危险废物填埋场向污水处理系统排放废水时执行间接排放限值。

表 1-10）、德国水污染物排放标准（见表 1-11）、日本生活环境项目排放标准（见表 1-12）、俄罗斯生活污水排放标准（见表 1-13）、加拿大污水排放标准（见表 1-14）。

表 1-10 美国水污染物排放标准

项目	30d 平均值	7d 平均值
BOD_5/(mg/L)	30	45
TSS/(mg/L)	30	45
pH 值	6～9	6～9
去除率/%	30d 最大平均去除率不低于 85%	

表 1-11 德国水污染物排放标准 单位：mg/L

污水处理厂规模(当量人口)	污染物排放标准				
	COD_{Cr}	BOD_5	氨氮	TN	TP
＜1000	≤150	≤40			
1000～5000	≤110	≤25			
5000～20000	≤90	≤20	≤10	≤18	
20000～100000	≤90	≤20	≤10	≤18	≤2
≥100000	≤75	≤15	≤10	≤18	≤1

表 1-12 日本生活环境项目排放标准

指标	允许浓度
pH 值	向海域排水 5.0～9.0；向海外的公共水域排水 5.8～8.6
SS/(mg/L)	200(日平均 150)
BOD/(mg/L)	160(日平均 120)
COD/(mg/L)	160(日平均 120)
氮/(mg/L)	120(日平均 60)
磷/(mg/L)	16(日平均 8)
粪大肠菌群数/(个/L)	日平均 3

表 1-13 俄罗斯生活污水排放标准

项目	标准值
pH 值	6～9
BOD/(mg/L)	30
COD/(mg/L)	125
油脂/(mg/L)	10
TSS/(mg/L)	50
总氮/(mg/L)	10
总磷/(mg/L)	2.0
粪大肠菌群数/(个/L)	＜4000

表 1-14 加拿大污水排放标准 单位：mg/L

项目	标准值
总砷	1
BOD_5	300
总镉	0.7
总铬	4
总铜	2
油脂	150

续表

项目	标准值
氟化物	10
铅	1
汞	0.01
镍	2
磷	10
总悬浮物	350
锌	2

对比上述各国污水排放标准可知，我国目前实行的渗滤液排放标准是较严格的，这是因为我国整体环境污染问题已经很严重了。为了改善民生，实现经济可持续发展，国家非常重视生态环境保护，对垃圾渗滤液排放按照高标准、严要求来执行。

关于垃圾渗滤液的排放标准，从我国发展的总体态势上来看，未来要求依然会很严格，但是也可能会打破一刀切模式，在部分环境容量大、经济欠发达的地区实行宽松一些的政策。

1.4 垃圾渗滤液处理方案

1.4.1 垃圾渗滤液的场外处理方案

垃圾渗滤液的场外处理是指通过管网将渗滤液直接引入垃圾填埋场附近的城市污水处理厂，与城市污水合并处理或将渗滤液在填埋场内进行必要的预处理后引入污水处理厂与城市污水合并处理的渗滤液处理方案。

渗滤液与城市污水合并处理是渗滤液最为简单的处理方案，该方案可以节省单独建设渗滤液处理系统的大额投资费用，降低处理成本。但该方案的实行必须以填埋场附近有城市污水处理厂为前提。

沈耀良通过实验后研究认为：在垃圾渗滤液量小于城市污水处理总量的0.5%，渗滤液带来的负荷增加在10%以下的条件下，渗滤液与城市污水一起处理不会影响城市污水的生物处理效果，是一种可行的方案，该研究成果曾经一度被水处理界广泛认可。但鉴于以下几个原因：高浓度的渗滤液会对污水处理厂的运行造成巨大冲击，尤其当渗滤液的输送水量过大时，会直接导致污水厂的生物处理系统瘫痪；当垃圾场距离污水厂过远时，铺设输送管网的造价则变得高昂；渗滤液容易在输送途中产生恶臭等问题，国家立法已不准再用此方案。

1.4.2 垃圾渗滤液的场内处理方案

垃圾渗滤液的场内处理方案是指在垃圾填埋场内建设独立的渗滤液处理厂，将垃圾填埋体中的渗滤液通过管道导至渗滤液处理厂处理达标排放的渗滤液处理方案。

渗滤液的场内处理不仅免去了渗滤液输送和储存的费用，而且渗滤液处理产生的污泥还可以直接填埋处置，降低了处理费用。

渗滤液是一种污染负荷高的污水，早期渗滤液的可生化性较好，宜于采用生物处理技术处理；晚期渗滤液的可生化性差，宜于采用物化处理技术深度处理。考虑到渗滤液的特性，现在的场内处理方案多采用生物与物化多重技术灵活组合的工艺。根据不同垃圾渗滤液的实际水质、水量情况，通过不同渗滤液处理技术的优化组合，因地制宜地制定出最佳的工艺处理路线。只有这样才能既达到降低运营成本的目的，又符合我国严格的排污标准。

目前我国渗滤液的产生量越来越大，渗滤液的场内处理方案已成为渗滤液处理方案的发展方向。

1.5 垃圾渗滤液处理技术

由于垃圾渗滤液的严重危害性，因而必须对其进行有效的处理，使其达标排放。同时由于垃圾渗滤液的水质特点，其处理难度和处理成本要远高于一般的生活污水和工业废水。迄今为止，还没有发展出完善的适合垃圾渗滤液处理的经济有效的工艺。

现今常用的垃圾渗滤液处理技术有生物处理技术和物理化学处理技术，其中生物处理技术由于处理成本低、二次污染小，可以作为垃圾渗滤液处理的核心工艺，但经此法处理后的垃圾渗滤液出水一般无法直接达到国家的相关排放标准，需要进行后续的深度处理。现有的深度处理技术主要有膜技术和高级氧化技术（Advanced Oxidation Process，简称 AOPs）。

随着国家环境保护的要求日渐严格，人们不断探索、创新，力图通过不同技术间的灵活组合，以达到经济、高效的去除污染物的目的。尤其是在深度处理中，联合高级氧化技术的不同组合工艺正在成为科研工作者们的研究热点。

下面分别简要介绍几种主要的生物和物化处理技术，其中高级氧化处理技术部分将做详细介绍。除此之外，将对当下研究正热门的高级氧化技术组合工艺做分类举例介绍。

1.5.1 垃圾渗滤液的生物处理技术

自然界中存在大量的微生物，它们靠氧化分解有机物来获得生存繁殖所需的物质和能量。垃圾渗滤液的生物处理就是微生物在特定的条件下大量繁殖，通过微生物自身的新陈代谢作用来降解渗滤液中的有机污染物，再通过重力作用使微生物沉淀下来，和渗滤液分离，从而使垃圾渗滤液中的有机污染物质得以去除的方法。垃圾渗滤液的生物处理是目前垃圾渗滤液的主要处理方式之一，根据生物处理过程中起主要作用的微生物的呼吸类型，渗滤液的生物处理可分为好氧处理、厌氧处理、厌氧-好氧联合处理（也称为兼性处理）。下面介绍几种典型的生物处理技术。

1.5.1.1 活性污泥法

活性污泥法是一种好氧生物处理技术，主要通过向污水通入氧气来强化污水中微生物的生理活动，利用微生物降解污水中的污染物质。目前用于垃圾渗滤液处理的活性污泥法的运行方式有传统活性污泥法、序批式活性污泥法（Sequencing Batch Reactor，简称 SBR）、膜生物法（Membrane Bio-Reactor，简称 MBR）等。

胡慧青等采用传统活性污泥法处理杭州天子岭垃圾填埋场的渗滤液，结果表明：当进水 COD 和 BOD_5 浓度分别为 3640～9381mg/L 和 2380～4726mg/L、两级曝气池的停留时间分别为 20h 和 15h、有机负荷分别为 0.76kg BOD_5/(kgMLSS·d) 和 0.07kg BOD_5/(kgMLSS·d) 时，COD 和 BOD_5 的去除率可分别达 62.3%～92.3% 和 78.6%～96.9%。

美国和德国的一些垃圾填埋场也采用活性污泥法处理垃圾渗滤液。美国宾州 Fall Township 的垃圾填埋场，在垃圾渗滤液进水 COD 浓度为 6000～21000mg/L，BOD_5 浓度为 3000～13000mg/L，体积有机负荷为 1.87kg BOD_5/(m^3·d)，有机负荷率（F/M）为 0.15～0.31d^{-1}时，BOD_5 去除率为 97%。

广州的大田山垃圾填埋场曾采用 SBR 法处理垃圾渗滤液，结果表明：该法对渗滤液的 COD 去除率可高达 90%以上。

申欢等采用 MBR 法处理 COD 浓度为 800～1700mg/L，BOD_5 浓度为 200～500mg/L，BOD_5/COD 为 0.25～0.30 的垃圾渗滤液，结果表明：COD 去除率维持在 70%～85%，出水 COD≤300mg/L，达到国家二级排放标准。

由此可见，活性污泥法可以对垃圾渗滤液有较好的处理效果，但活性污泥法处理渗滤液的出水效果受温度的影响很大，在温度较低时对渗滤液的 COD 去除率较低，而且对中老龄垃圾渗滤液中的污染物质去除效果不理想，因而采用活性污泥法处理垃圾渗滤液受到一定的限制。

1.5.1.2 膜生物法

膜生物法污水处理技术是通过向污水中加入表面适于微生物生长的填料，经过一段时间后，在填料上就会附着一层由各种微生物构成的生物膜，污水流经填料时，填料上的微生物以污水中的有机物为养料，对其进行降解，从而达到净化污水的目的。膜生物法具有代表性的处理形式有生物滤池、生物转盘、生物接触氧化等。

欧美和日本近年来的实践表明，膜生物法中的生物滤池对垃圾填埋场渗滤液有良好的脱氮效果。英国某地采用生物滤池处理垃圾渗滤液，进水氨氮浓度为 150～550mg/L，而有机质较少，BOD_5/N 仅为 0.3 左右，当水力停留时间为 0.6～4.5d 时，平均可去除氨氮 309mg/L。

李军等开发了一种适于处理高浓度垃圾渗滤液的缺氧/好氧（Anoxic/Oxic，简称 A/O）淹没式软填料生物膜处理工艺，该工艺处理垃圾渗滤液的运行结果表明：在水力停留时间（Hydraulic Retention Time，简称 HRT）为 22.1h、混合液回流比为 3 时，该工艺对渗滤液 COD 的去除率为 71.7%，对氨氮的去除率为 90.8%。

瑞典的 U. WELANDER 等采用悬浮载体生物膜工艺处理 Hyllstofta 垃圾填埋场的渗滤液，结果显示该工艺对渗滤液 COD 和总氮的去除率均达到 90%以上，而且该工艺的运行受温度的影响较小。

Siegrist 等在不外加碳源的情况下，利用生物转盘处理渗滤液，研究结果表明：氨氮的去除率达到 70%，而且渗滤液出水的溶解性有机物小于 20mg/L。

Keith Knox 等采用生物转盘处理 Pitea 垃圾卫生填埋场的渗滤液，在进水 COD 为 850～1350mg/L，BOD_5 为 80～250mg/L，氨氮为 200～600mg/L 时，对渗滤液 COD、BOD_5 和氨氮的去除率分别为 84%、95%和 90%。

在引进、消化、吸收日本某公司先进的废水生化处理技术的基础上，杨植等设计、制造、集成建设和运行了一套 $30m^3/d$ 的回转式网状生物接触体反应器（JSBC）系统垃圾渗滤液处理应用装置。试验结果表明，该装置对垃圾填埋场渗滤液具有良好的处理效果，当 COD、BOD_5、氨氮、TN 的初始浓度分别为 12000mg/L、6000mg/L、2000mg/L、2500mg/L 时，经过 JSBC 系统生化处理后，出水指标分别达到 600mg/L、100mg/L、20mg/L、200mg/L，且脱臭效果明显，曝气池鼓风机能耗与传统工艺相比降低 40%。

膜生物法处理垃圾渗滤液具有抗水量水质冲击负荷、有利于水中需较长停留时间才能去除的氨氮的去除等优点；而且由于微生物生长在填料上，因而不需要污泥回流；同时由于生物链长，产生的剩余污泥量少，有助于减少污水处理设施的基建投资。但维持生物膜运行需要较高的条件。

1.5.1.3 稳定塘法

稳定塘又称为氧化塘，是一种利用天然或人工池塘作为污水处理设施，在自然或半自然条件下，充分利用塘中微生物的新陈代谢活动来降解污水中的有机物，从而使污水中的污染物质得到去除的污水处理方法。

美国、加拿大、英国、澳大利亚和德国等国的一些小试和中试生产规模的稳定塘处理污水研究均表明，采用氧化塘处理垃圾渗滤液能获得较好的处理效果。

英国 Bryn Posteg 填埋场用氧化塘处理渗滤液，氧化塘容积为 $1000m^3$，进水 COD 为 24000mg/L，BOD_5 为 18000mg/L，当水力停留时间大于 10d，BOD_5 容积负荷小于 $1.8kg/(m^3 \cdot d)$ 时，COD、BOD_5 和氨氮的年平均去除率可分别达到 97%，99%和 91%。数年的运行实践表明，即便是在气候恶劣的冬季，此系统也能达到较好的处理效果。

英国水研究中心采用氧化塘处理东南部 New Park 填埋场的垃圾渗滤液，在进水 COD＞15000mg/L，有机污泥负荷（COD/MLVSS）为 0.28～0.32g/d，即 COD 容积负荷为 $0.64～1.68kg/(m^3 \cdot d)$，污泥龄为 10d 时，COD 和 BOD_5 去除率达 98%和 91%以上。

中国香港曾采用氧化塘处理进水 COD 为 873～23800mg/L，氨氮为 180～2563mg/L 的垃圾渗滤液，在停留时间为 15～40d 后，渗滤液 COD 降至 76～1320mg/L，BOD_5 低于 61mg/L，氨氮最大去除率达到 99.5%。

Rejane H. R. Costa 等对稳定塘系统处理垃圾渗滤液的性能进行了中试规模的评定，

且重点研究了污水的脱毒处理。在自然条件和人工曝气 24h 两种不同操作条件，研究结果表明：在自然条件下，该系统对可溶性化学需氧量（SCOD）、过滤生化需氧量（FBOD）、氨氮去除率分别为 53%、81%、84%；在人工曝气条件下，SCOD、FBOD、氨氮去除率分别为 70%、80%、96%。渗滤液中的大部分金属（Fe、Cu、Cd、Zn、Cr、Ni 和 Pb）和有机化合物在处理系统中均有明显的下降，其中在人工曝气 24h 条件下降幅度较大。此外，毒性试验表明，该系统有能力降低垃圾渗滤液的毒性（最大可减少 89%的毒性）。

稳定塘处理垃圾渗滤液具有无需污泥回流，动力设备少，能耗低，工程简单，投资省等优点，但也具有稳定塘体积大、有机负荷低、降解有机污染物速度慢、处理周期长的缺点。

1.5.1.4 厌氧生物处理法

厌氧生物处理是在厌氧条件下，形成厌氧微生物所需要的营养条件和环境条件，通过厌氧菌和兼性菌代谢作用，对有机物进行生化降解的过程。垃圾渗滤液的厌氧生物处理形式主要有上流式厌氧滤器（Anaerobic Up-flow Filter，简称 AF）、上流式厌氧污泥床反应器（Up-flow Anaerobic Sludge Blanket，简称 UASB）、厌氧复合床反应器（Up-flow Blanket Filter，简称 UBF）、厌氧折流板反应器（Anaerobic Baffled Reactor，简称 ABR）等。

（1）上流式厌氧滤器

上流式厌氧滤器是一种厌氧生物滤池，该反应器具有启动周期短、耐冲击性好的特点。徐竺等对 AF 处理垃圾填埋场渗滤液进行了动态连续试验，结果表明：AF 处理垃圾渗滤液的效果良好。在中温（35～40℃）消化时，COD 为 3000～8000mg/L 的垃圾渗滤液的去除率达 95%左右，即使在常温下其 COD 去除率也可达 90%左右。

（2）上流式厌氧污泥床反应器

上流式厌氧污泥床反应器是一种厌氧污水生物处理装置，在该反应器中，污水以一定流速从下部进入反应器，通过污泥层向上流动，在料液与污泥的接触中进行生物降解并产生甲烷等气体，然后通过三相分离器进行泥-水-气分离，从而实现去除污水中污染物的目的。上流式厌氧污泥床的负荷要比上流式厌氧滤器大得多。英国的水研究中心用 UASB 处理 COD＞10000mg/L 的渗滤液，当负荷为 3.6～19.7kg COD/(m^3·d)，平均泥龄为 1.0～4.3d，温度为 30℃时，COD 和 BOD_5 的去除率分别为 82%和 85%。

（3）厌氧复合床反应器

厌氧复合床反应器是上流式厌氧污泥床反应器和上流式厌氧过滤器复合而成的上流式厌氧污泥床过滤器，复合床的上部为厌氧滤池，下部为上流式厌氧污泥床。这种设计可以集厌氧滤器和厌氧污泥床反应器的优点于一体。李军等利用 UBF 处理深圳市生活垃圾填埋场渗滤液，当温度为 34℃，水力停留时间为 2d，平均容积负荷为 9.5kg COD/(m^3·d）时，对垃圾渗滤液 COD 和 BOD_5 的平均去除率可达到 83.3%和 88.4%。

(4) 厌氧折流板反应器

厌氧折流板反应器是一个由多隔室组成的高效新型厌氧反应器。运行中的厌氧折流板反应器是一个整体为推流，而各隔室为全混合的反应器，因而可获得稳定的处理效果。研究结果发现，ABR 可有效地改善混合废水的可生化性。沈耀良等用 ABR 处理苏州七子山生活垃圾填埋场渗滤液和城市污水混合液，结果表明，进水 BOD_5/COD 为 0.2～0.3 时，出水 BOD_5/COD 可提高至 0.4～0.6；当容积负荷为 4.71kg COD/(m^3·d) 时，可形成沉降性能良好、粒径为 1～5mm 的棒状颗粒污泥。

厌氧生物处理技术适合处理溶解性有机物，而且在提高渗滤液可生化性方面表现出明显的优势，但经厌氧生物处理后的渗滤液出水 COD 和氨氮浓度仍比较高，溶解氧很低，很难达到国家规定的排放标准。因此目前而言，渗滤液的厌氧生物处理一般不作为单独使用的处理方式。

1.5.1.5 厌氧-好氧结合处理法

为了充分发挥垃圾渗滤液好氧处理和厌氧处理技术各自的优势，弥补这两种处理技术各自的不足，高浓度渗滤液的生物处理一般都采用厌氧-好氧两者结合处理工艺。实践证明，该工艺对渗滤液的处理效果远好于单纯的好氧工艺或厌氧工艺。

同济大学徐迪民等用低氧-好氧活性污泥法处理垃圾填埋场渗滤液，试验证明：在控制运行条件下，该工艺对渗滤液 COD、BOD_5、SS 的去除率分别为 96.4%、99.6% 和 83.4%。

北京市政设计院采用 UASB 和传统的活性污泥法组合工艺处理垃圾填埋场渗滤液，渗滤液 COD 和 BOD_5 总去除率分别达到 86.8% 和 97.2%。

赵宗升等采用厌氧-缺氧-好氧工艺（简称 A^2O 法）处理垃圾渗滤液，取得了很好的处理效果。该法对渗滤液 COD 的总去除率为 96%，对氨氮的总去除率高达 99%。

李忠明等采用单级 SBR 在厌氧/好氧/缺氧（AOA）运行方式下处理中期垃圾渗滤液。经长期试验研究，进水 COD、氨氮、TN 浓度分别为 6430～9372mg/L、1025.6～1327mg/L、1345.7～1853.9mg/L，出水 COD、氨氮、TN 浓度能达到 525～943mg/L、1.2～4.2mg/L、18.9～38.9mg/L。在未投加外碳源的情况下，SBR 法在 AOA 运行方式下能够实现中期垃圾渗滤液的深度脱氮，出水 TN$<$40mg/L。其中，好氧段（DO$<$1mg/L）通过同步硝化反硝化去除 TN 占总去除量的 1/3 左右；缺氧后置反硝化去除的 TN 占总去除量的 2/3 左右。

刘牡等采用两级 UASB-A/O 组合工艺处理实际高氨氮城市生活垃圾渗滤液，对反应器二次启动的方法和影响因素进行了分析与考察。试验结果表明，通过逐步提高两级 UASB 的有机负荷，并创造有利于厌氧消化的温度、pH 值、碱度和挥发性脂肪酸（Volatile Fatty Acid，简称 VFA）等条件，在较短的时间内使得两级 UASB 内颗粒污泥的悬浮固体物质（SS）、挥发性悬浮固体物质（VSS）、VSS/SS、沉降速率和平均粒径呈阶段性增加，生物活性得到迅速恢复；以脂肪酸（FA）为主要控制因素，创造适宜的温度、pH、碱度和溶解氧（DO）等其他条件，并辅以过程控制，使得 A/O 系统

中的 NO_2-N 累积率从启动初期的 19.4%上升到 90%，短程硝化得以稳定维持。兼顾两类生化系统使其达到相互协调而且优势互补的状态，6 周内即完成反应器的启动，在平均进水氨氮、TN 浓度和 COD 分别为 2315mg/L、2422mg/L、12800mg/L 的条件下，去除率分别可达 99%、87%、92%，能同时实现有机物和氮的高效深度去除。

孙洪伟等采用 UASB 与 SBR 耦合的新系统，实现了富铵垃圾渗滤液中有机氮的深度去除。当容积负荷为 6.8kg COD/(m^3·d) 时，UASB 对进水 COD 的去除率为 88.1%。在好氧/缺氧交替模式下，硝化脱氮对 SBR 中氨氮的去除率为 99.8%，总氮的去除率为 25%。UASB 同时进行反硝化和甲烷化，提高了 COD 和 TN 的去除率，并补充了亚硝化过程中消耗的碱度。

1.5.1.6 回灌处理

垃圾渗滤液的回灌处理是指通过一定的动力手段，将从填埋场底部收集到的渗滤液重新喷洒到填埋场覆盖层表面或覆盖层下部，在渗滤液以渗流的形式流经垃圾填埋体的过程中，利用垃圾中的微生物对渗滤液中的污染物质进行降解，从而达到降低渗滤液中污染物浓度目的的渗滤液处理技术。渗滤液的回灌处理实质是把填埋场作为一个以各年龄段垃圾为填料的生物滤床，当渗滤液流经覆土层和垃圾层时，发生一系列的生化和物化反应，将渗滤液中的污染物降解为稳定和半稳定的物质。同时，由于蒸发作用，回灌过程也间接达到了减少渗滤液产生量的效果。回灌法主要可分为表面回灌和地下回灌两类，表面回灌主要以减少垃圾渗滤液水量为目的，地下回灌主要以降低垃圾渗滤液中污染物浓度为目的。

赵庆良等在哈尔滨建立了室外模拟垃圾填埋场，进行了渗滤液回灌与不回灌的跟踪监测研究。结果表明：回灌能减量 87.05%的渗滤液，明显改善渗滤液水质，显著降低 COD、SS、氨氮浓度，提高 pH 值，降低渗滤液处理难度。

刘保成等结合工程实例对垃圾渗滤液浓缩液进行回灌处理研究，考察了将浓缩液进行回灌处理的可行性，并测定了浓缩液回灌渗入量和影响半径。结果表明，将浓缩液在垃圾堆体上进行回灌处理是可行的。试验中，1 号和 2 号回灌塘的初始入渗量分别约为 $140m^3/d$ 和 $80m^3/d$，其稳定入渗量分别为 28～$30m^3/d$ 和 14～$16m^3/d$；1 号和 2 号回灌井的初始入渗量分别约为 $7m^3/d$ 和 $4m^3/d$，其稳定入渗量分别为 5～$6m^3/d$ 和 3.5～$4m^3/d$；1 号和 2 号回灌塘的回灌影响半径均小于 50m，1 号和 2 号回灌井的回灌影响半径分别为 20～30m 和 10～30m。

刘珊等利用模拟垃圾填埋装置进行渗滤液回灌处理的研究，取回灌处理后期的渗滤液与未经回灌处理渗滤液进行水质监测，并运用气相色谱-质谱联用仪（Gas Chromatograph-Mass Spectrometer-Computer，简称 GC-MS）对两种水样的有机成分进行对比分析。结果表明，羧酸类物质在检出物中所占比例较大，回灌处理对渗滤液中羧酸类物质的去除率达到 61.26%，接近于 COD_{Cr}的去除率 59.65%。对一些毒害性物质也有一定的去除，哌啶类物质去除率为 79.52%，呋喃的去除率为 100%。

赵晓莉等利用天井洼垃圾处理厂的矿物垃圾生物床，采用不同的床层、不同的回灌速度、不同水力条件，研究对渗滤液中污染物的处理效率。结果表明，不同水力负荷对渗滤液中COD和硝酸盐的去除影响较大，当水力负荷不断增加时，污染物的去除率越来越低；随着回灌次数的不断增加，垃圾渗滤液中的硝酸盐浓度不断降低，硝酸盐的去除率大体呈现出下降的趋势；随着有机负荷的不断增加，氨氮的去除效果也越来越明显，呈明显的上升趋。

垃圾渗滤液进行回灌处理，可以通过回灌过程中的挥发作用而减少渗滤液的产生量，促进垃圾填埋场的稳定化，有效降低渗滤液中氮的含量。同时，回灌处理技术也具有耐冲击负荷强，设施简单、基建投资省，操作管理方便，易于实现自动化等优点。然而，渗滤液的回灌处理也存在一些不足之处，比如回灌过程中恶臭气体的挥发、产气量加大易引发安全问题、进水悬浮物浓度过高或者微生物过量繁殖容易造成土壤堵塞等。此外，单纯的渗滤液回灌工艺不能使渗滤液达标排放，必须与其他渗滤液处理技术结合才能使之达到排放标准。

1.5.2 垃圾渗滤液的物理化学处理技术

垃圾渗滤液的物理化学处理技术是指利用物理化学原理设计垃圾渗滤液处理工艺，通过工艺的运行去除垃圾渗滤液中的污染物质，从而达到净化垃圾渗滤液目的的渗滤液处理技术。垃圾渗滤液的物理化学处理方法主要有混凝-化学沉淀、吸附、膜处理、高级氧化、氨吹脱、蒸干等。

1.5.2.1 混凝-化学沉淀处理技术

垃圾渗滤液的混凝处理是通过外加混凝剂使渗滤液中不能直接通过重力去除的微小污染物质和混凝剂一起聚结成较大的颗粒，这些颗粒可以在重力的作用下迅速沉降，分离出渗滤液，从而减少渗滤液中的污染物质。混凝沉淀的机理主要包括压缩双电层、电中和、吸附架桥和网捕沉淀。化学沉淀法是向渗滤液中加入某种化学药剂，使渗滤液中的污染物质和化学药剂发生反应生成沉淀物，从而去除渗滤液中污染物质的处理方法。

近年来，许多学者对采用混凝-化学沉淀方法处理垃圾渗滤液进行了一系列的研究，取得了一些成果。

胡勤海利用天然风化煤为吸附剂，聚铁为混凝剂，处理经过氨吹脱和SBR处理后的渗滤液出水，当吸附剂和混凝剂的投加比例为1∶3时，COD的去除率为44.6%，色度的去除率在85.0%以上，取得了较好的处理效果。

郑怀礼等用硫酸铁、聚合硫酸铁和聚硅硫酸铁处理COD浓度为814mg/L的垃圾渗滤液，色度和COD去除率分别达到了93.1%和61.4%，对色度和COD的去除取得了较好的效果。

刘东等以聚合硫酸铁作为混凝剂处理经曝气塘处理后的垃圾渗滤液，COD去除率平均达到65%。

沈耀良等采用聚合氯化铝（PAC）混凝技术处理杭州天子岭垃圾填埋场的渗滤液，渗滤液原液COD浓度为3621mg/L，当PAC投加量为50～100mg/L时，COD去除率由18.4%上升至37.3%；当PAC投加量为200～280mg/L时，COD的去除率稳定在

38%左右；当PAC投加量为400mg/L时，色度去除率最高，为68%，而且此时水中重金属离子的去除率也较其他投加量时高。

李亚峰等对沈阳市赵家沟垃圾填埋场的渗滤液进行了混凝沉淀试验，结果表明，当pH值为9.0时混凝剂DH-3对渗滤液的COD去除率最高可以达到90%以上。

Amokrane采用$FeCl_3$和$Al_2(SO_4)_3$混凝剂处理COD浓度为4100mg/L的垃圾渗滤液，$FeCl_3$和$Al_2(SO_4)_3$对渗滤液COD的去除率分别为55%和42%；Tatsi等采用同样的混凝剂处理COD浓度为5320mg/L的垃圾渗滤液，结果发现$FeCl_3$和$Al_2(SO_4)_3$对渗滤液COD的去除率分别为80%和38%。

混凝沉淀技术常用于垃圾渗滤液原液的预处理以及二级出水的深度处理。其去除对象主要是废水中的胶体以及悬浮物、重金属和氨氮，而且对色度的去除效果尤为显著。采用混凝技术处理垃圾渗滤液，可以去除渗滤液中的大部分悬浮物和不溶性COD、部分重金属以及氨氮，此外，混凝还可以起到很好的降低渗滤液色度的作用。一般来说，混凝可去除渗滤液中分子量大于3000的大分子有机物，但对渗滤液中分子量小于1000的有机物去除率很低，因而混凝处理一般可用作渗滤液的预处理或者深度处理，只依靠混凝技术是不能将渗滤液处理达标的。

1.5.2.2 吸附处理技术

在相界面上，物质的浓度自动发生累积或浓集的现象称为吸附。利用固体物质表面对水中污染物质的吸附作用去除水中污染物质的方法是水处理技术中一种常用的方法。具有吸附能力的多孔性固体物质称为吸附剂，水处理中常用的吸附剂有活性炭、沸石、木炭等。

近年来，采用吸附方法处理垃圾渗滤液的研究日益增多，尤其是活性炭吸附法在垃圾渗滤液处理中得到了广泛应用。

Aziz等用颗粒活性炭吸附渗滤液中的氨氮，当氨氮浓度为1909mg/L时，42g/L颗粒活性炭对氨氮的去除率为40%。

王斐等采用煤灰和土壤对垃圾渗滤液进行吸附实验，结果发现，土壤对COD的去除能力高于煤灰，当土壤和煤灰的高度增加到90cm后，去除率则达到90%以上。

张富韬等研究了活性炭对渗滤液中甲醛、苯酚和苯胺等复杂有机物的吸附去除效果，结果发现活性炭对甲醛的去除率为55%，对苯酚的去除率为58.9%，对苯胺的去除率为65.0%。

Pirbazari M.等用生物颗粒活性炭，即在活性炭上培养生物膜以降解有机物，发现生物吸附处理渗滤液或高浓度的废水有很大潜力。

Fernanda M. Ferraz等用废咖啡渣活性炭吸附去除垃圾渗滤液中的有机物，结果表明，浸渍比例为50%，热解温度为500℃时制备的样品效率最高，其最大吸附能力为每克活性炭40mgCOD。在实际的垃圾渗滤液处理测试中，取得了良好的效果。

提高生物炭生产的可持续性和成本效益是满足日益增长的全球市场需求的关键。基于此，Su Shiung Lam等研制了一种单步微波蒸汽活化装置（STMSA），利用废棕榈壳（WPS）生产微波活化生物炭（MAB）。结果表明，STMSA是一种快速、高效生产活化生物炭的装置。

当前，采用锯末等廉价、易得、吸附效果好的新型吸附剂处理垃圾渗滤液成为垃圾渗滤液处理技术中的研究热点。

吸附法对渗滤液中绝大多数有机物都有效，可去除渗滤液中难降解有机物、金属离子和色度等。此外，吸附法还可适应渗滤液水量和有机负荷变化大的特点，保证渗滤液处理效果。由于大部分吸附剂是利用一些废物改制而成，因而采用吸附法处理渗滤液可达到以废治废的效果，而且垃圾填埋场本身具有足够的空间来处理废弃的吸附剂。尽管吸附法处理垃圾渗滤液有诸多优点，但由于吸附剂在吸附渗滤液中污染物质的过程中易受 pH 值和水温等因素的影响，吸附法处理垃圾渗滤液的应用受到了一定程度的限制。同时由于吸附剂的饱和吸附量的限制，吸附法一般仅可作为渗滤液的预处理或后续深度处理方法。

1.5.2.3 膜处理技术

膜处理技术是水处理技术中的一种常用技术，该技术主要是使污水在一定的压力下流过隔膜，在此过程中，由于水分子量较小，可以通过隔膜，而水中的污染物质分子量大于隔膜孔径，被隔膜所截留，从而分离出水中的污染物质，达到净化污水的目的。根据膜的孔径大小可以分为：微滤膜、超滤膜、纳滤膜、反渗透膜等。

(1) 微滤膜

微滤（Micro-Filtration，简称 MF）是一种精密过滤技术，利用孔径为 0.1～1.5μm 的滤膜对水进行过滤。微滤是一种低压膜滤，进水压力一般小于 0.2MPa，过滤精度介于常规过滤和超滤之间，可分离水中直径为 0.03～15μm 的组分，能去除水中的颗粒物、浊度、细菌、病毒、藻类等。

(2) 超滤膜

超滤（Ultra-Filtration，简称 UF）是以压力为推动力，利用孔径为 0.01～0.1μm 的滤膜对水进行过滤的方法。操作压力在 0.5MPa 以下，过滤精度介于纳滤和超滤之间，可分离水中直径为 0.005～10μm、分子量大于 500 的大分子化合物和胶体，能有效去除水中的悬浮物、胶体、细菌、病毒和部分有机物。

(3) 纳滤膜

纳滤（Nanometer-Filtration，简称 NF）过滤精度介于反渗透和超滤之间，早期又称松散反渗透（Loose RO），操作压力为 3MPa 以下。纳滤膜早期又称软化膜，对钙、镁离子具有很高的去除率，能有效去除水中分子量在 200 以上、分子大小约 1nm 的可溶性组分。

(4) 反渗透膜

反渗透（Reverse-Osmosis，简称 RO）是目前最微细的过滤技术。反渗透膜可阻挡所有溶解的无机分子以及任何相对分子质量大于 100 的有机物，而水分子可通过薄膜成为纯水。其对水中二价离子的脱除率最高可达 99.5%，对一价离子的脱除率也在

95%以上。

当前应用于垃圾渗滤液处理的膜主要为反渗透膜和超滤膜，这是因为反渗透分离技术相比其他污水处理技术具有这几处优点：反渗透技术的主动力是分离过程中施加的压力，不需要经过能量的密集交换，减少了处理过程中的能源消耗；反渗透技术的应用过程中不需要使用过多的吸附剂以及沉淀剂，降低了废水回用成本；反渗透技术的分离过程操作相对简单，不需要长时间的工程设计就能够实现，缩短了处理周期；反渗透技术对废水的净化效率较高，具有良好的运行环境。

膜处理技术具有适应垃圾渗滤液水质水量变化大的特点，而且操作及维护方便，占地面积小，易于实现自动化控制。垃圾渗滤液经膜处理后，出水能够达到国家相应的排放标准，不会对环境造成任何危害。但是，一般情况下，垃圾渗滤液在进行膜处理之前要先预处理，去除渗滤液的浊度和悬浮固体，以防止膜堵塞。常用的预处理方法有：絮凝过滤、多介质过滤、活性炭吸附、精密过滤器（保安过滤）、氧化处理、杀菌消毒、软化、阻垢剂加药等。

现在比较成熟的膜处理工艺有 MBR＋NF、MBR＋单级 DTRO、两级 DTRO，基本能够持续的保证达标排放。其中 MBR＋NF 工艺更依赖于前级膜生物反应器生化处理的效果，即当生化处理效果不好时，NF 不能完全保证出水达标（COD、氨氮）。相比较而言 MBR＋单级 DTRO 能持续保证出水达标，即使在生化效果出现偏差时，碟管式反渗透（Disc Tube Reverse Osmosis，简称 DTRO）也能做到较强的后续保障。

而用膜法处理污水，必然存在浓缩液的问题。而工程中追求更高的清水产出率（浓缩比更高），则使产生的浓缩液更难处理。碟管式反渗透技术由于可直接应用于垃圾渗滤液，进行两级处理后，排放即可持续达到标准要求。虽然解决了生化法工程构筑物多周期长的缺点，但由于其比其他反渗透膜装置有更高的浓缩比，从而使其浓缩液问题更为突出。为使膜法处理在垃圾渗滤液处理中更为有效和合理，有必要对后续浓缩液的处理展开工程化研究。

1.5.2.4 高级氧化处理技术

垃圾渗滤液的高级氧化处理技术包括氧化剂氧化法、电化学氧化法、光催化氧化法、活化过硫酸盐氧化法、超声波氧化法、超临界水氧化技术等。

(1) 氧化剂氧化法

氧化剂氧化是通过向垃圾渗滤液中加入强氧化剂，利用强氧化剂将渗滤液中的有机物氧化成小分子的碳氢化合物或完全矿化成二氧化碳和水，从而达到去除渗滤液中污染物目的的水处理技术。常用的氧化剂有 H_2O_2 和 O_3，对应的处理技术有 Fenton 法和臭氧氧化法，以下分别予以介绍。

① Fenton 法

Fenton 法是利用 Fe^{2+} 的均相催化作用使强氧化剂 H_2O_2 催化分解产生的羟基自由基（HO·）氧化有机分子，从而使其降解成为小分子有机物或矿化为 CO_2 和 H_2O 等无机物。Fenton 法是一种重要的高级化学氧化法，常用于废水的高级处理，以去除

COD、色度和泡沫等。将 Fenton 法用于垃圾渗滤液的预处理，能有效提高垃圾渗滤液的可生化性，用 Fenton 法对生化后的垃圾渗滤液的深度处理，COD 值可满足达标排放标准。

与其他氧化方法相比，Fenton 试剂具有下列特点：

a. 氧化能力强。羟基自由基是一种很强的氧化剂，其氧化电位（E）为 2.80V，在已知的氧化剂中仅次于氟；具有较高的电负性或亲和能（569.3KJ），容易进攻电子云密度点，HO·具有加成作用，当有碳碳双键存在时，除非被进攻的分子具有高度活泼的碳氢键，否则，将发生加成反应。

b. 过氧化氢分解速率快，氧化速率高。HO·与不同有机物的反应速率常数相差很小，而且都达到或超过了 108L/(mol·s)，反应异常迅速；同时，羟基自由基对有机物氧化的选择性很小，一般的有机物都可以氧化。

c. $Fe(OH)_2$ 胶体能在低 pH 值范围内使用。而在低 pH 值范围内大多以分子态存在，比较容易去除，这也提高了有机物的去除效率。

d. 方法控制简单。比较容易满足处理要求，既可以单独使用也可以与其他工艺联合使用，以降低成本，提高处理效果。

e. 对废水中干扰物质的承受能力较强，操作与设备维护比较容易，使用范围比较广。

f. 处理效率较高，处理过程中不引入其他杂质，不会产生二次污染。

由于 Fenton 法具有以上优点，现广泛用于以下四类废水的处理：难生物降解废水；含有少量难生物降解有机物的可生化废水；污染物生物降解的中间产物中具有抑制性的废水；生物难降解或一般化学氧化难以奏效的有机废水。

但是，该技术也存在许多问题，例如：由于 Fe^{2+} 浓度大，处理后的水可能带有颜色；Fe^{2+} 与 H_2O_2 反应降低了 H_2O_2 的利用率；反应要求在较低 pH 值范围内进行等。这些缺陷在一定程度上影响了该技术的推广应用。

② 臭氧氧化法

臭氧具有极强的氧化能力，仅次于 F，能与多种有机物或官能团发生反应。臭氧在污水处理中有着广泛的作用，不仅在消毒杀菌及除臭等方面有明显的优势，对废水中的污染物，特别是难生物降解污染物有着很强的氧化分解能力。臭氧去除污染物有两条途径，氧化机理主要分为臭氧直接反应和臭氧分解产生羟基自由基的间接反应。直接反应速度较慢且有选择性，一般是进攻具有双键的有机物，是去除水中污染物的主要反应；间接反应产生的羟基自由基氧化电位高，氧化能力更强，反应速度快且无选择性。酸性条件下，臭氧对有机物的降解主要为直接反应；而碱性条件下，则是直接反应和间接反应协同作用。

臭氧氧化法由于具有氧化性强，占地面积小，降解速度快，易控制管理；对废水的脱色、消毒及除臭有良好的处理效果；可以破坏难降解有机物，去除 COD；浮渣和污泥产生量较少，处理后臭氧易分解，不产生二次污染物等特点。现广泛应用于污水处理的以下几个方面：

a. 去除铁和锰。天然水体中都含有不同含量的铁和锰，它们以可溶性的还原态存在，臭氧对Fe^{2+}的氧化比Mn^{2+}的氧化更容易进行，溶解性的铁和锰变成固态物质后，可以通过沉淀和过滤除去。对于有机成分少的水来说，完全氧化铁和锰的臭氧投加剂量接近于理论值0.43mgO_3/mgFe和0.88mgO_3/mgFe。

b. 去除色度。臭氧氧化能力很强，脱色时不必向水中投加其他化学药剂，即可以使水得到深度脱色处理，其脱色的机理是臭氧及其产生的活泼自由基使燃料发色基团中的不饱和键（芳香基或共轭双键）断裂生成小分子量的酸和醛，生成低分子量的有机物，从而导致水体色度显著降低。一般认为，臭氧投加量为1～3mgO_3/mgC时，基本上可以达到脱色的目的。

c. 去除合成有机化合物。通过臭氧氧化反应可以降解多种有机微污染物，其中包括脂肪及其卤代物、芳香族化合物、酚类物质、有机胺化合物、染料等。臭氧对这些有机污染物的去除情况与有机物的结构以及臭氧投加量有关。

d. 去除颗粒物。臭氧的助絮凝作用使小颗粒变成大颗粒，使溶解性的有机物形成胶体粒子，在后续的沉淀、浮选或过滤时提高TOC和浊度的去除率，加快絮凝沉降速度。

e. 消毒及控制消毒副产物。臭氧在水处理中的应用是从利用它的消毒作用开始，目前臭氧仍是加药消毒法中最有效的消毒剂。利用臭氧的强氧化性，以预臭氧氧化取代预氯化，破坏形成三卤甲烷（Trihalomethanes，简称THMs）的前体物质（THMFP），同时原水的可生化性得到增强，与后续的过滤（颗粒活性炭过滤、砂滤）及生物处理相结合，能够达到减少氯化消毒出水中三卤甲烷类有机物生成的目的。

臭氧技术在水处理过程中发挥着重要作用，但也存在着以下几点不足：臭氧利用率低，处理效果不稳定；耗能大，运行成本较高，对设备要求高，技术不够成熟；反应机理不明确，臭氧技术存在局限性；在低剂量和短时间内不能完全矿化污染物，且分解生成的中间产物会阻止臭氧的氧化进程等。这些问题都限制了臭氧在水处理中的应用。

（2）电化学氧化法

电化学氧化法又称电解法，它对污染物的去除通常是利用阳极的直接氧化作用和溶液中的间接氧化作用。阳极氧化基本原理可分为2个部分，即直接氧化和间接氧化。直接电化学氧化是指通过阳极氧化是使有机污染物和部分无机污染物转化为无害物质。在对非生物相的有机物和无机物，如苯酚、含氮有机污染物、渗滤液等的处理过程中，阳极直接氧化能发挥有效的降解作用。其作用的原理是通过电化学作用在溶液中产生轻基自由基（HO·），由于HO·具有很高的氧化还原电位（E_0=2180V），具有很强的氧化活性，从而通过一系列的链式反应，破坏有机物结构，使有机物降解。间接电化学氧化则是通过阳极反应产生的具有强氧化作用的中间物质或发生阳极反应之外的中间反应，使污染物间接氧化，最终达到氧化降解污染物的目的。其作用原理是指添加于废水中的Cl^-（NaCl）在阳极放出电子而生成初生态氯［Cl］，初生态氯［Cl］很不稳定，具有很强的氧化能力，可以与任何有机物发生氧化反应，从而氧化分解废水中有机物。在实际的电化学技术处理垃圾渗滤液过程中，电化学氧化和电化学还原往往是同时进行的，通过施加电流产生氧化还原反应去除污染物。

电解水处理系统的核心部件是一个电解反应器，考虑到稀土金属的催化活性以及电极的耐腐蚀性，目前电解法多采用不锈钢为阴极，贵金属（钛、钌合金或钛、钌、铱合金）为阳极。传统的电解反应器采用的是二维平板电极，这种反应器有效电极面积很小，传质问题不能很好地解决。在工业生产中，对电极反应速度要求较高，对于提高电解槽单位体积有效反应面积，增强传质效果和电流效率的要求促成了三维反应器的产生。流化床电极的板电极不同，有一定的立体构型，比表面积是平板电极的几十倍甚至上百倍，电解液在孔道内流动，电解反应器内的传质过程得到很大的改善。三维电解反应器（又称三微电极、立体电极、三元电极）是借鉴化学工程中反应器理论而设计的，通常分为固定床和流动床两大类，这是根据电极在床内的运动状态进行区分的。

电极材料是影响电化学技术处理垃圾渗滤液效果的重要因素，电极材料的选择决定了电化学反应的类型，而电化学氧化过程的关键在于阳极材料选择。常见的阳极材料有铁、铝等活泼金属，这些金属电极直接参与电化学反应，能够高效去除垃圾渗滤液中的污染物，但阳极易消耗，而且会产生大量含金属的污泥，可能引起二次污染。随着电化学氧化技术的发展出现了尺寸稳定阳极（Dimensionstable Anode，简称 DSA），即不消耗阳极的电极。DSA 是在较稳定的金属基体（Ti、Zr、Ta、Nb 等）上固化一层微米或纳米级金属氧化物层（SnO_2、IrO_2、RuO_2、PbO_2 等）的阳极，其表面上主要发生电化学间接氧化反应。

Panizza 等利用 PbO_2 阳极氧化处理垃圾渗滤液，COD 由 780mg/L 降至 160mg/L 以下，通过分析紫外/可见光谱证明了 COD 的去除主要是依靠电化学过程将含氯物质转变为 ClO^- 等强氧化性中间体，由这些中间体氧化去除污染物。

有文献报道，不同电极对 COD 的去除效率排序为：Sn、Pd、Ru 氧化物涂层钛基电极＞Rn 氧化物涂层钛基电极＞Pb 氧化物涂层钛基电极＞石墨电极。

Panizza 等又利用 Ti-Ru-Sn 氧化物涂层电极、PbO_2 涂层电极、硼掺杂金刚石电极 3 种电极分别处理垃圾渗滤液（COD 浓度为 780mg/L，氨氮浓度为 266mg/L），结果显示处理效果排序为：硼掺杂金刚石电极＞PbO_2 涂层电极＞Ti-Ru-Sn 氧化物涂层电极，其中硼掺杂金刚石电极能够将渗滤液中的 COD 和氨氮完全去除。

陈青等以 Ru-Ta/Ti 三元电极为阳极，以不锈钢板为阴极，对垃圾渗滤液生物处理出水进行电化学处理实验，结果表明：COD 初始浓度为 243.2mg/L，在电压为 7V，处理时间 30min，pH＝9，曝气量 $0.04m^3/h$ 条件下处理垃圾渗滤液，COD 的去除率为 75.5％。

蒲柳等采用 RnO_2 涂层钛基电极为阳极，以钛板为阴极，对 COD 浓度 942mg/L、氨氮浓度 264mg/L 的工业废水进行电化学氧化法处理，反应 2h，废水中 COD 和氨氮去除率分别为 77.8％和 95.1％。

电化学氧化法有以下优点：过程中产生的 HO・无选择地直接与废水中的有机污染物反应，将其降解为二氧化碳、水和简单有机物，没有或很少产生二次污染；能量效率高，电化学过程一般在常温常压下就可进行；既可作为单独处理技术，又可与其他处理技术相结合，如作为前处理技术，可以提高废水的生物降解性；电解设备及其操作一般比较简单，如果设计合理，费用并不昂贵，是一种环境友好技术。

电化学氧化对垃圾渗滤液的处理效果受电极材料、垃圾渗滤液水质、处理装置的设计、运行条件（电压、电流、极板间距、pH 值等）处理时间等因素影响，须充分理解电化学原理，分析水质，设计条件和设备，才能达到最优的处理效果。

（3）光催化氧化法

光催化氧化的原理是光辐射照射光敏材料而产生电子-空穴对，将水中的 O_2、H_2O 等氧化物转化为 HO·、HO_2·等自由基，这些自由基具有强氧化性，能有效地将大分子有机物氧化分解。其反应只需要光、催化剂和空气，处理成本相对较低。

光催化氧化常用的催化材料是 TiO_2，它是钛系最重要的产品之一，其化学性质稳定，在常温下几乎不与其他化合物作用，不溶于水、稀酸，微溶于碱和热硝酸。只有在长时间煮沸条件下才溶于浓硫酸和氢氟酸，不与空气中 CO_2、SO_2、O_2 等产生反应。光化学性质也十分稳定，在紫外光照射下接触还原剂时，不会因为脱氧还原而被腐蚀。其生物学上是惰性的，不溶解、不水解、不参与新陈代谢、无急性或慢性毒性作用。

利用 TiO_2 光催化氧化，可以有效地处理一些常规方法难以处理的有机污水。城市生活垃圾渗滤液是高浓度难降解有机污水，利用光催化氧化处理垃圾渗滤液，可以得到良好的处理效果。以 TiO_2 催化剂的光催化氧化深度处理垃圾渗滤液，COD_{Cr}去除率为 40%～50%，脱色率为 70%～80%。

虽然光催化氧化处理效果好，但现在还基本停留在理论研究阶段，在实际运行时，还有许多问题有待解决，主要有以下几个方面：

① 从实际应用角度出发，光催化反应器是光催化技术转化的核心问题，但当前多数研究主要进行污染物降解的可行性测试，对反应器的合理设计考虑不多，因此反应器的合理设计和类型缺乏足够理论依据。

② 制备高效率的催化剂，提高催化剂的催化活性进一步完善催化剂的改性技术，金属离子、光活性物质加入催化剂中，或者将多种光催化剂复合，以提高光催化剂活性。另外，进一步研究制备超细易分散纳米材料，制备更高效的其他光催化剂。

③ 选择合适的载体，研究催化剂固定技术制备负载型催化剂，使其既能保护甚至提高 TiO_2 的光催化活性，又能提供较强的结合度，以便回收重复使用；研究载体与光催化剂之间的相互作用，探讨固载过程中各个影响因素对光催化过程的影响；解决负载化所带来的传质受限的问题等。

④ 催化剂的分离与回收，基于半导体材料纳米化研究的趋势，有效使用及回收超细 TiO_2 颗粒已成为此项技术转向工业化应用的迫切需要。

⑤ 高效率人造电光源的研制，目前发射光的激发能量偏低，在实际应用时存在有效功率过小的缺陷，因此，制作高效经济的人造光源有待进一步深入研究。

⑥ 与其他水处理技术联用的基础研究方面还需更多的理论支持，需更深入地研究其各自作用机理和相互协同机理。在应用研究上，对于各参数的影响情况还需做进一步的研究，以优化反应体系。

虽然光催化氧化技术发展不是很完善，还没有达到工业化的程度，但是由于反应条件温和、操作条件容易控制、氧化能力强、无二次污染，以及 TiO_2 化学稳定性高、无毒等优点，光催化氧化技术仍是一项具有广泛应用前景的新型的水污染处理技术。

(4) 活化过硫酸盐氧化法

过硫酸盐氧化法是国内外新兴起的一种高级氧化技术，是通过活化产生的硫酸根自由基（SO_4^-·）来降解有机污染物的一种技术。SO_4^-·的氧化电位为2.5～3.1V，其氧化性能超过了HO·，而且半衰期长，有足够的时间与有机污染物发生反应。SO_4^-·是通过活化过硫酸盐产生，主要活化方式包括热活化、紫外光活化以及过渡金属（Mn^{2+}、Fe^{2+}、Ag^{+}等）和零价铁活化。

刘占孟等采用零价铁用于过硫酸盐的活化，进行垃圾渗滤液的深度处理，COD去除率高达71%，色度几乎完全去除，而且过硫酸钠对垃圾渗滤液的处理效果比过硫酸钾好。

李仲对比了多种过硫酸盐（PS）激发法来处理生化后的垃圾渗滤液，发现Fe/PS体系对COD和色度的去除效果尚可，而热活化法的结果是COD、色度和氨氮去除率高达94%以上，在紫外光/过硫酸盐（UV/PS）体系下，氨氮和色度几乎被全部去除，矿化度高达94%，其处理效果明显比其他体系更好。

付冬彬等对比研究了单独超声（US）、单独过硫酸盐（PS）、US-PS、热-PS和US-热-PS 5种反应体系对垃圾渗滤液的处理效果，考察了不同温度、PS投加量和pH值对US-热-PS体系处理垃圾渗滤液的影响。结果表明，与其他反应体系相比，US-热-PS体系对垃圾渗滤液中色度、COD、氨氮和UV_{254}的处理效果最佳，该体系能够最大程度激活PS产生硫酸根自由基，进而氧化降解垃圾渗滤液中的污染物。在US-热-PS体系中，各指标的去除效果随着温度升高而提高，高温（50℃以上）更有利于PS的激活；PS投加量的增加能够促使体系产生更多的自由基，从而提高污染物的去除效果；酸性条件有利于色度、COD和UV_{254}的去除，而碱性条件有利于氨氮的去除。

过硫酸盐具有反应速度快、对目标污染物无选择性以及氧化彻底等优点，却存在副反应较多、氧化剂利用率低等问题，而且反应需要在酸性条件下才能进行。目前，针对过硫酸盐氧化的研究仍局限在模拟废水，对于实际废水的处理报道较少，采用这种氧化法处理垃圾渗滤液的生化尾水的研究尚处于起步阶段。

(5) 超声波氧化法

超声波氧化法的反应机理是利用超声波使溶液产生空化气泡，空化气泡中的水分子被空化气泡崩溃时所产生的高温高压裂解，形成强氧化性自由基（HO·），氧化降解有机污染物，特别适用于降解有毒和难降解的有机物。然而，超声波技术的单独使用很难达到国家排放标准，常常需要与其他工艺耦合使用。

陈盈盈等利用超声波活化过氧化氢和过硫酸盐氧化老龄垃圾渗滤液，考察基于超声的高级氧化技术在垃圾渗滤液处理中的影响因素，探究这一方法在实际应用中所面临的挑战。实验以COD_{Cr}、UV_{254}、色度以及氨氮作为渗滤液处理前后变化的指标，考察了温度、超声功率和pH值对渗滤液处理的影响。结果表明：超声功率和pH值对单独超声处理渗滤液无显著影响，而温度的升高可以促进超声与渗滤液的反应。从紫外光谱叠加曲线来看，单独超声可以有效改变渗滤液组分，但其氧化效果并不明显，所以单独超声并不适宜直接用于渗滤液的氧化；超声/过氧化氢体系在高温条件下可快速去除渗滤液中氨氮，并且在碱性条件下各指标去除率更高；超声/过硫酸盐体系对于氨氮的去除整体表现不佳，然而在酸性条件下各指标去除率表现更好；超声/过氧化氢/过硫酸盐联用时三者之间并无明显的促进作用，而试剂用量较大，不具备经济优势。最终得出结论：超声波氧化法具有显著加快反应进程的作用，有利于过硫酸盐的利用，但对于过氧化氢来说，超声有造成其过快分解为 H_2O 和 O_2 的风险。

Amir Hossein Mahvi 等研究探讨了超声波工艺对生物降解性改善的影响。结果表明，作为一种较短的预处理系统，超声催化过程对基体进行了几次改质，从而显著提高了其生物降解性。

超声波氧化法具有设备简单、操作简易，并且不易产生二次污染等特点，但也存在氧化降解不彻底、能量利用率低、副反应较多等缺点。因此，超声波氧化法在实际应用中，通常是与其他的方法联用处理垃圾渗滤液，来降低成本，改善渗滤液的处理效果。

(6) 超临界水氧化技术

超临界水氧化（Supercritical Water Oxidation，简称 SCWO）技术是指在温度和压力高于水的临界温度（374.3℃）和压力（22.1MPa）的反应条件下，以超临界水为反应介质，以空气或氧气为氧化剂，将水中的有机污染物彻底氧化成 CO_2 和 H_2O 的过程。超临界水氧化反应完全彻底：有机碳转化为 CO_2，氢转化为 H_2O，卤素原子转化为卤离子，硫和磷分别转化为硫酸盐和磷酸盐，氮转化为硝酸根和亚硝酸根离子或氮气。而且超临界水氧化反应在某种程度上和简单的燃烧过程相似，在氧化过程中释放出大量的热量。

SCWO 技术具有以下优点：效率高，处理彻底，有机物在适当的温度、压力和一定的保留时间下，能完全被氧化成二氧化碳、水、氮气以及盐类等无毒的小分子化合物，有毒物质的清除率达 99.99%以上，符合全封闭处理要求；由于 SCWO 是在高温高压下进行的均相反应，反应速率快，停留时间短（可小于 1min），所以反应器结构简单，体积小；适用范围广，可以适用于各种有毒物质、废水废物的处理；不形成二次污染，产物清洁不需要进一步处理，且无机盐可从水中分离出来，处理后的废水可完全回收利用；当有机物含量超过 20%时，就可以依靠反应过程中自身氧化放热来维持反应所需的温度，不需要额外供给热量，如果浓度更高，则放出更多的氧化热，这部分热能可以回收。

尽管 SCWO 技术具备了很多优点，但其高温高压的操作条件无疑对设备材质提出了严格的要求。另一方面，虽然已经在超临界水的性质和物质在其中的溶解度以及超临界水化学反应的动力学和机理方面进行了一些研究，但是这些与开发、设计和控制超临界水氧化过程必需的知识和数据相比，还远不能满足要求。在实际进行工程设计时，除了考虑体系的反应动力学特性以外，还必须注意一些工程方面的因素，例如腐蚀、盐的沉淀、催化剂的使用、热量传递等。

目前发现的耐超临界水氧化腐蚀性能最好的 Ni 基合金 Inconel625 和 Hastelloy C-276 在 SCWO 环境下的均匀腐蚀速率达到 17.8mm/a，远高于作为设备结构材料要求的腐蚀速率（低于 0.5mm/a），反应器和换热器的腐蚀问题成为直接制约 SCWO 技术大规模产业化应用的关键因素。美国 General Atomics 公司（GA）经过广泛研究，得出了解决腐蚀和盐沉积问题切实可行的方法。腐蚀问题的研究使得对材料在超临界水氧化条件下的性能有了深入认识。对于关键部位已选用先进材料和工程设计方案，并发展了相关专利处理盐沉淀问题。可以预见，随着人类社会的进步，利用超临界水氧化这种洁净、安全、节能、高效、高品质的绿色环保技术，将是未来工业化应用之一。

1.5.2.5 氨吹脱处理技术

垃圾渗滤液处理的氨吹脱技术主要是用来去除渗滤液中的高浓度的氨氮。垃圾渗滤液中的氨氮存在如下的化学平衡：$NH_3 \cdot H_2O \rightleftharpoons NH_4^+ + OH^-$，当用生石灰将渗滤液 pH 值调为 11 左右时，该化学平衡向左移动，渗滤液中的氨氮大多以 $NH_3 \cdot H_2O$ 的形式存在，此时向渗滤液中自下而上通入空气，可将渗滤液中大部分 $NH_3 \cdot H_2O$ 吹脱到空气中，从而去除渗滤液中的氨氮。

用于氨氮吹脱法的设备主要有吹脱池和吹脱塔。吹脱池占地面积大、效率低，吹脱出的氨氮常直接排入大气中，存在二次污染，工业应用较少。相比吹脱池，吹脱塔具有吹脱效率高、可回收氨气防止二次污染、操作简单、占地面积小等特点，因此工业上应用较广。吹脱塔又分为填料塔和筛板塔。填料塔具有结构简单、空气阻力小、分离效率高等优点，但抗堵性能较弱。常用填料有散堆填料和规整填料，散堆填料有鲍尔环、拉西环等，规整填料有丝网填料、波纹板填料等。筛板塔具有传质效率稳定、操作弹性大、清洗维护方便等优点，且具有一定的抗堵性。

Baris Calli 等通过氨吹脱法去除垃圾渗滤液中的氨氮，在氨氮浓度为 1260mg/L 时，加入 11g/L 的石灰，12h 后，氨氮去除率达到 94%。

I. Ozturk 等将垃圾渗滤液经厌氧预处理后，再用氨吹脱，当氨氮浓度为 1025mg/L 时，其去除率达到 85%。

苏州七子山生活垃圾填埋场渗滤液 pH=8.41，氨氮=732.2mg/L，当投加 0.34% 的生石灰，将 pH 值调至 10 进行吹脱试验时，吹脱后氨氮=86.64mg/L，氨氮吹脱去除率达到 88.1%。

段文江等在山东某垃圾填埋场垃圾渗滤液处理工程设计中，采用吹脱法对渗滤液接触氧化后的出水进行脱氨氮处理。工程设计废水处理能力为 $120m^3/d$，氨氮吹脱塔尺寸为 2.2m×10m，材质为 PP，吸收塔尺寸为 2.2m×4.5m，吹脱风机功率为 30kW，进入氨氮吹脱塔废水 pH 值控制在 10.5 以上，渗滤液原水氨氮含量为 2000～3000mg/L，吹脱塔出水氨氮控制在 200mg/L 以下；吹脱塔出水再利用 A/O 生物滤池+Fenton 氧化进一步处理。工程实际运行后，排放尾水氨氮可达 4.5～12.2mg/L，实现达标排放。

苏东辉等介绍了浙江某垃圾焚烧发电厂渗滤液处理工程，该项目采用曝气吹脱池对调节池出水进行氨氮吹脱，吹脱池尺寸为 4m×5.7m×2.5m，HRT 为 12h，碱液调节 pH 值 9.5～10.5；工程实际运行效果：调节池出水氨氮为 1520～1600mg/L，吹脱出水氨氮为 284～298mg/L，氨氮去除率为 80.4%～81.7%；吹脱出水经后续 ABR+两级 A/O 复合 MBR 组合工艺处理后，出水氨氮含量降至 97mg/L，整个工艺的氨氮脱除率可达 99.9%。

蔡圃等介绍了某生活垃圾填埋场渗滤液处理工程，采用的工艺为“混凝＋氨吹脱＋UASB＋缺氧＋两段接触氧化＋MBR＋活性炭过滤＋RO”，设计处理能力为 150m^3/d；其中吹脱塔设计进水温度 25℃，气液体积比 2500∶1，外形尺寸为 5m×7.5m，填料高度 600mm，配套风机功率 7.5kW，体积流量 10580m^3/h，废水 pH 值采用石灰调节至 11，吹脱气中的氨气用硫酸溶液吸收；工程实际运行效果：进水氨氮浓度为 400mg/L，系统出水氨氮浓度为 0.76mg/L。

高浓度氨氮是垃圾渗滤液处理的一个难题，传统的生物脱氮过程在渗滤液处理中难以实现，而且氨氮的分子量很小，即使反渗透技术也不能将其大部分去除。目前只有氨的吹脱技术是去除垃圾渗滤液中氨氮较为可行的方法。虽然氨吹脱可去除渗滤液中大部分氨氮，但也会将渗滤液中硫化氢等恶臭气体吹脱出来，造成空气污染。此外，氨吹脱需要吹脱塔和调节 pH 值装置，这些装置增加了渗滤液的处理成本。

1.5.2.6 蒸干处理技术

蒸干处理技术主要通过加热使渗滤液中的水分子气化，然后不断除去气化的水蒸气，使这一过程得以连续进行。垃圾渗滤液蒸干处理时，水从渗滤液中分离，污染物残留在浓缩液中，水蒸气经冷凝后形成液体，从而实现了水分子和污染物质的分离。

蒸干处理工艺可把渗滤液浓缩到原体积的 2%～10%左右。蒸干工艺的能耗极高，但研究表明：一个典型的现代化填埋场的填埋气体用作蒸干的能量来源是可行的。因此，渗滤液的蒸发处理是可行的，并且能有效控制渗滤液和填埋气体量。同时，蒸发对渗滤液水质特性的变化不敏感。

德国巴伐利亚州采用二级蒸干法处理混合生活垃圾填埋场的渗滤液，结果表明：此法可去除 92%的 COD 和 94%的氨氮。

杨卉等以生物膜海绵为微生物载体和膨胀剂，餐厨垃圾为补充碳源，生物蒸发处理垃圾渗滤液两级 DTRO 浓缩液。同时优化了生物蒸发过程中的 COD 浓度、最佳通风速率和每轮的投加量。结果表明：生物蒸发处理垃圾渗滤液浓缩液是可行的，且 COD 浓度越高，生物蒸发效果越佳。

李济源等采用蒸发浓缩法处理早期、中期和晚期垃圾渗滤液，研究渗滤液的 COD 和 TOC 的蒸发规律，并对不同填埋龄渗滤液及蒸发分离出的冷凝液进行三维荧光特性分析。结果显示：早期垃圾渗滤液主要为小分子类有机物，不适合用蒸发法处理，对主要为大分子、难降解类物质的中晚期垃圾渗滤液较适合采用蒸发法处理。

刘导明等对生活垃圾填埋场渗滤液原水、MBR 出水、NF 浓缩液分别进行机械蒸发试验。结果表明：机械蒸发装置适合 MBR 产水、NF 浓缩液的处理，回收率达到 90%；COD 和氨氮的去除率达到 92%以上，达到《生活垃圾填埋场污染控制标准》(GB 16889—2008) 的表 2 标准。渗滤液原水则不适合用机械蒸发法处理。

王彩虹等介绍了机械蒸发 (MVC)-离子交换 (DI) 铵回收工艺的原理及相关技术参数，该技术解决了常规渗滤液处理技术能耗高的问题，在去除氨氮的同时，实现铵盐的回收利用，具有流程简单、占地少、运行费用低等优点。工程出水水质良好，达到

《生活垃圾填埋场污染控制标准》（GB 16889—2008）和广东省地方标准《水污染物排放限值》（DB 44/26—2001）第二时段一级排放标准要求。

渗滤液的蒸干处理技术也存在一些不足之处。pH 值影响渗滤液中有机酸和氨的离解状态，从而改变它们的挥发程度。此外，蒸干处理系统的操作麻烦，易出现金属材料腐蚀等现象。在不能对填埋气体进行有效收集的填埋场，由于能耗较大，不宜采用蒸干技术处理垃圾渗滤液。

1.5.3 高级氧化技术的优化组合研究

近年来，由于不同垃圾渗滤液处理技术间的科学组合往往能够提高污染物的去除率，因而成为科研工作者们争相钻研的热点。其中主流的研究方向有：混凝沉淀-Fenton 氧化法、混凝沉淀-臭氧氧化法、电化学-Fenton 氧化法、电化学-臭氧氧化法、光催化-Fenton 氧化法、光催化-电化学法等。下面分别予以举例介绍。

1.5.3.1 混凝沉淀-Fenton 氧化法

目前，该工艺已广泛应用于垃圾渗滤液的实际处理中，下面通过工艺流程的讲解，介绍其去除污染物的机理。

实际工艺的氧化池包括 5 个区，分别是反应区、加碱回调区、混凝沉淀区、斜管沉淀区、污水排放区。在反应区内投加硫酸亚铁、双氧水、浓硫酸 3 种药剂。浓硫酸为反应提供酸性环境，硫酸亚铁和双氧水为反应原料。反应完成后投加氢氧化钠进行 pH 值回调，一方面保证了出水的微碱性，避免对管道的腐蚀；另一方面有利于三价铁离子与氢氧根形成氢氧化铁胶体，经过絮凝沉淀后去除，降低出水色度。回调区还投加粉末活性炭降低废水色度。混凝沉淀区投加絮凝剂去除胶体物质。在 Fenton 氧化过程中，会产生大小不一的絮凝物，主要是 Fe^{2+}/H_2O_2 链反应过程中的铁水络合物，絮凝物由于体积微小，在废水处理中难以沉降，投加化学絮凝剂后能快速有效地去除微小的絮凝物，提高 COD 去除率。影响该组合工艺处理效果的主要因素有反应 pH 值、反应温度、Fenton 试剂的配比以及化学絮凝剂的种类和投加量等。

张玉清、刘明华采用混凝沉淀-Fenton 氧化处理垃圾渗滤液生化处理出水，通过单因素试验研究了混凝沉淀和 Fenton 氧化中各因素对去除 COD_{Cr} 的影响。试验结果表明，最佳混凝试验工艺条件为：复合混凝剂比例 m(无机组分)：n(有机组分) 为 4.0：1、pH 值为 8.5、混凝剂投加量 0.6g/L，COD_{Cr} 的去除率可达到 88.6%。Fenton 氧化阶段，当体系 pH 值为 4.0、H_2O_2 投加量为 16mg/L、$FeSO_4 \cdot 7H_2O$ 投加量为 6g/L、反应时间为 110min 时，COD_{Cr} 去除率高达 95.9%。

林雨阳等采用絮凝-Fenton 联合工艺对垃圾渗滤液进行处理实验，在垃圾渗滤液生化废水中加入 $FeCl_3$ 溶液，搅拌后加入一定质量的 $FeSO_4 \cdot 7H_2O$ 和 H_2O_2，将 pH 值调到 8 后得到滤液。在 pH 值为 7.42 不变的条件下，随着 $FeCl_3$ 溶液的增加，絮凝出水的 COD 和色度大幅度减小后逐渐平稳，而总磷、氨氮变化不大，趋于平稳。这是由于三氯化铁水解和聚合生成带正电荷的多核聚合物，可以吸附和中和带负电的胶体颗粒，使溶液中的胶体颗粒脱稳，形成较大的絮体，在重力作用下沉降并卷扫其他胶体颗粒一起沉淀。实验结果表明，采用絮凝-Fenton联合工艺处理后的出水，COD、总磷、氨氮、色度指标符合《生活垃圾填埋场污染控制标准》(GB 16889—2008) 的排放浓度限值要求，可去除95%以上的COD、99%以上的色度。其工艺优化条件为：絮凝剂用量1g/L、双氧水用量2g/L、硫酸亚铁与双氧水摩尔比1∶3、Fenton反应时间3h。

1.5.3.2 混凝沉淀-臭氧氧化法

传统意义上的预臭氧-混凝工艺，预臭氧氧化和混凝在一个单元内同时进行，在一个系统中具有互混性。而臭氧-混凝耦合工艺中的混凝剂对臭氧氧化的促进机制主要是通过金属盐混凝剂及其水解产物作为臭氧氧化的催化剂，引起链式反应，促进臭氧分解产生氧化性更强、选择性更低的HO·，形成高级氧化机制，从而进一步氧化有机污染物。

廖书林等以垃圾中转站渗滤液为研究对象，分析了混凝-臭氧氧化工艺对渗滤液中COD和色度的影响。结果表明：在pH=11.2，$FeCl_3$加量为900mg/L，臭氧反应时间为20min，臭氧流量为35mg/L的优化条件下，垃圾中转站渗滤液的COD、色度分别可去除78.39%与95.34，BOD_5/COD由反应之前的0.152提升到了0.415，可生化性明显改善。

黄小琴以垃圾渗滤液MBR出水为研究对象，采用聚铁混凝-臭氧催化氧化-曝气生物滤池（BAF）组合工艺进行深度处理。结果表明：聚合硫酸铁（PFS）对渗滤液的混凝效果优于聚合氯化铝（PAC）和三氯化铁（FC），且在投加量为1400mg/L、初始pH值为6.0、PAM投加量为4mg/L时获得最佳处理效果；含锰催化剂能有效提高臭氧氧化能力，臭氧最佳投加量为150mg/L，适宜pH值为7～8；曝气生物滤池（BAF）停留时间为6h时，出水COD_{Cr}低于100mg/L，达到了《生活垃圾填埋场污染控制标准》(GB 16889—2008) 表2的排放标准。

1.5.3.3 电化学-Fenton氧化法

电化学法（电解法）和Fenton法的组合工艺，又称电Fenton法。它的基本原理是在酸性溶液中，通过电解的方式，O_2先在阴极通过两电子还原反应生成H_2O_2，生成的H_2O_2迅速与溶液中外加的或Fe阳极氧化生成的Fe^{2+}反应生成HO·和Fe^{3+}，利用HO·无选择性的强氧化能力达到对难降解有机物去除的目的，Fe^{3+}又能在阴极被还原成Fe^{2+}，从而使氧化反应循环进行。此外，电极可对水中的阴阳离子产生定向的吸附和凝聚作用，从而也具有一定的絮凝沉降效果。电Fenton法的实质是把用电化学法产生的Fe^{2+}和H_2O_2作为Fenton试剂的持续来源。电Fenton法克服了普通Fenton法有机物矿化程度不高，H_2O_2消耗量大造成成本升高，难以实用化的缺点；较光Fenton法具有自动产生H_2O_2的机制较完善、H_2O_2利用率高、有机物降解因素多（除HO·的间接氧化作用外，还有阳极的直接氧化，电混凝和电絮凝作用）等优点。

Annabel Fernandes等使用碳毡氟化物和氟化硼金刚石阳极研究了电Fenton法对反渗透浓缩垃圾渗滤液的去除效果，结果表明，当pH值等于3，水体溶解态铁离子浓度为 61mg/L 时，有机物和氮的去除率降低，电流强度增大，在实验条件下最大电流为 1.4A 条件，反应 8h，COD 去除率超过 40%。

何祥等应用活性炭载 Ti 颗粒作为粒子电极的三维电-Fenton 系统处理垃圾渗滤液纳滤浓缩液。通过单因素实验确定最佳反应条件并分析各因素对纳滤浓缩液处理效果的影响。在电流密度为 15mA/cm^2，Fe 投加量为 1.0mmol/L，极板间距为 10cm，粒子电极投加量为 10g/L 的最佳反应条件下处理 100min 后，COD、UV_{254} 的去除率分别为 72.4%与 62.8%，B/C 由 0.002 提升至 0.15，处理后的浓液生物毒性明显降低。此外，应用三维电-Fenton 系统处理后的 NF 浓缩液出水总磷以及重金属浓度满足国家排放标准要求。

1.5.3.4 电化学-臭氧氧化法

电化学-臭氧联用技术作为一种新型的高级氧化技术，不仅能快速地降解水中普通生物难降解的有机污染物，还能降解使用其他化学方法难以降解的顽固性有机污染物。电化学-臭氧联用技术在常温常压条件下，通过对臭氧与电化学技术的联合使用，使得水中有机污染物的降解效率远大于两者单独作用之和。视反应条件而定，耦合效应是通过电化学技术与臭氧技术的联合，水中生成了远大于两者单独处理水污染时的羟基自由基，以此来达到净化水的目的。另外，耦合效应还表现为电化学反应与之在降解有机污染物时的协同作用，显著缩短了有机污染物被彻底矿化所需的时间，提高水处理的效率。

李怀森以江村沟垃圾渗滤液厂产生的污泥脱水液为研究对象，采用 COD 去除率、氨氮去除率为降解指标，利用二维电极法、三维电极法及三维电极法联合臭氧工艺处理污泥脱水液。利用三维荧光光谱及 GC-MS 分析了原水及三种处理方法处理后的水样，结果表明：三种方法对荧光有机物均有较好的去除效果，其中三维电极法相比于二维电极法对于Ⅳ区（可溶解性微生物代谢产物）有更强的去除效果，通过三维电极联合臭氧处理后，Ⅴ区（类腐殖质酸类有机物）去除效果明显增强。三维电极联合臭氧处理后水样中的有机物含量明显下降，有机污染物降解更彻底。

Mina Ghahrchi 等做了一项电催化臭氧氧化提高垃圾渗滤液生物降解性的研究，旨在研究一体化均相催化臭氧氧化及电化学工艺对提高垃圾填埋场生物可降解性的效果。本实验是在实验室规模上对实际填埋场渗滤液进行的试验研究。变量为电流密度（O_3/H_2O_2-42.1mA/cm^2）、臭氧浓度（100～400mg/h）、初始 pH 值（3～9）、反应时间（1～6h）。在臭氧浓度为 1.42mA/m^2、臭氧浓度为 400mg/h、初始 pH 值为 3、反应时间 3h 的条件下，臭氧氧化-电化学一体化工艺将 COD 和 BOD 分别去除到 3381.9mg/L 和 1521.8mg/L。在最佳条件下，生物降解指数从 0.27 提高到 0.45。结果表明，电催化-臭氧氧化工艺对垃圾渗滤液的可生化性指标有显著影响，可以提高垃圾渗滤液处理的去除效率。

1.5.3.5 光催化-Fenton 氧化法

光催化和 Fenton 法的组合工艺。光照可大大提高 Fenton 体系的有机污染物降解效果，然而研究表明，对 Fenton 体系起促进作用的仅是占太阳光 3%～5%的紫外光，所以此法又称紫外-Fenton 氧化法（UV-Fenton）。在 UV 光照条件下，H_2O_2 可直接分解成 HO·，Fe^{3+} 水解羟基化的 $Fe(OH)^{2+}$ 较为容易转化为 Fe^{2+}，促进 Fe^{2+} 与 Fe^{3+} 之间的循环，提高药剂的利用率。

Daiana Seibert 等研究了不同螯合剂（EDTA，草酸，柠檬酸）对光 Fenton 法处理垃圾渗滤液去除效果的影响，结果表明，使用 EDTA，pH＝6，Fe 浓度为 100mg/L，消耗 275mmol/LH_2O_2 和 8kJ/L 的紫外光照能量时，垃圾渗漏处理效果最好，实现了脱色和 80%UV_{254} 的去除。

Jianshu Zhao 等做了一项关于分析紫外-Fenton 法在常温常压下对经生物预处理后的垃圾渗滤液中的难降解有机物进行纳滤浓缩的可行性的研究。为了探索其有效性，进行了中试规模的研究。中试结果表明，UV-Fenton 法可以有效地处理 COD 含量不同的渗滤液纳滤液。生物降解性分析、荧光激发发射矩阵结合平行因子分析和气相色谱-质谱分析进一步验证了 UV-Fenton 法去除难降解有机污染物和提高渗滤液纳滤生化性能的有效性。

杨运平等采用 UV/TiO_2 与 Fenton 试剂法的联合工艺处理垃圾渗滤液，考察了反应温度、pH 值、TiO_2 投加量、H_2O_2 用量等对去除率和脱色率的影响，比较了单一的 Fenton 法、UV/TiO_2 法和 UV/TiO_2/Fenton 法处理垃圾渗滤液的效果。结果表明：反应温度越高，对垃圾渗滤液中的去除率和脱色率也越高；pH＝4 时处理效果较好，pH 值过低会抑制 HO·的产生，pH 值过高则水中胶体不易被去除，且 Fe^{2+} 易失去催化活性；TiO_2 投加量需适当，TiO_2 过量会引起光散射，降低紫外光辐射效率，过量的 H_2O_2 会引发自由基链反应终止；UV/TiO_2 与 Fenton 试剂耦合，可促进 TiO_2 表面羟基化，提高 HO·的生成效率，加快自由基的链传递，提高对污染物的降解速率。

1.5.3.6 光催化-电化学法

光电催化氧化技术是在电化学氧化基础之上，添加光催化物质，在电化学反应过程中施加光照，氧化反应得以增强。例如，利用 TiO_2 在紫外光照射下产生光电子的反应机理，将 TiO_2 固化在电极表面，电化学反应过程中施加紫外光照射。光电催化氧化技术具有处理效果好、污泥产生量少、运行成本低的优点。

魏晓云等利用混凝和光电催化氧化结合的工艺处理垃圾渗滤液的膜滤浓缩液，实验结果表明，被光电催化氧化处理的有机物，其结构被迅速破坏，COD 浓度由初始的 4700mg/L 降低至 650mg/L。

王超以 TiO_2/Ti 光电极为阳极，不锈钢为阴极，紫外灯为光源，利用光电催化氧化技术处理反渗透浓水，着重分析了 COD，氨氮、色度及 UV_{254} 的去除情况，同时借助紫外-可见分光光度计（UV-VIS）吸收光谱、三维荧光光谱分析和凝胶色谱分析对反渗透浓水中溶解性有机物的变化进行分析。结果表明，在电流密度为 2.0mA/cm^2，紫外灯光强度为 30μW/cm^2 的条件下，处理 150min 后，COD 的去除率为 92.06%，氨氮浓度从 44.61mg/L 下降至 2.84mg/L，色度去除率达到 100%，UV_{254} 去除率为 74.22%。

1.6 垃圾渗滤液的常见处理工艺

目前，垃圾渗滤液的常见处理工艺主要有三大类，分别是生物处理＋膜处理工艺、全膜吸附过滤处理工艺和低耗蒸发＋离子交换处理工艺。

1.6.1 生物处理＋膜处理工艺

（1）工艺流程

预处理—微生物处理—膜吸附过滤。

（2）典型工艺

中温厌氧系统＋MBR＋RO。

（3）工艺内容

垃圾渗滤液通过调节池流入到中温厌氧池，经大分子有机污染物降解后进入缺氧段MBR反应器中，与回流水混合进入好氧段MBR进行曝气，去除渗滤液中的TN，好氧池出水进入MBR分离器，将分离的污泥浓液回流至MBR缺氧段，MBR出水进入反渗透系统，渗滤液经反渗透处理后实现达标排放。中温厌氧＋MBR＋RO处理工艺如图1-1所示。

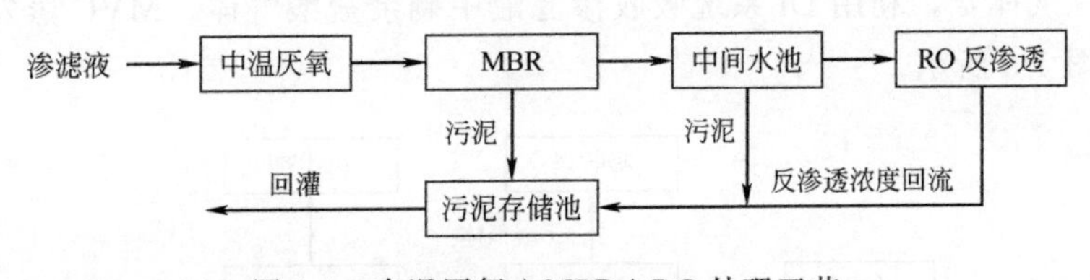

图1-1 中温厌氧＋MBR＋RO处理工艺

1.6.2 全膜吸附过滤处理工艺

（1）工艺流程

预处理—两级反渗透膜过滤。

（2）典型工艺

两级DTRO反渗透处理工艺。

（3）工艺内容

垃圾填埋场渗滤液原液经由调节池进入到高压泵后，通过循环高压泵进入到一级DTRO反渗透膜过滤，出水后进入到二级DTRO反渗透系统，经两级反渗透过滤后出水达标排放，循环进入到系统进行处理。一级浓液回灌垃圾填埋区进行集中处理，二级浓液回流到总进水口，系统总产水率在60%左右。两级DTRO处理工艺如图1-2所示。

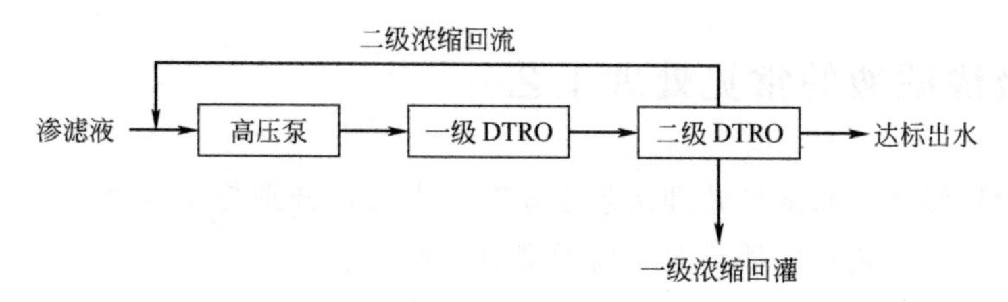

图 1-2 两级 DTRO 处理工艺

1.6.3 低耗蒸发+离子交换处理工艺

(1) 工艺流程

预过滤—蒸汽压缩分离水—吸收气体氨。

(2) 典型工艺

MVC 蒸发+DI 离子交换。

(3) 工艺内容

填埋场垃圾渗滤液经调节池过滤器在线反冲过滤，除去渗滤液中的 SS、纤维，提高去除效率，再经 MVC 压缩蒸发原理，将渗滤液中的污染物与水分离，实现水质净化效果。通过特种树脂去除蒸馏水中的氨，达到水质的全面达标排放。在 MVC 蒸发过程中排出挥发性气体氨，利用 DI 系统吸收渗滤液中剩余盐酸气体。MVC 蒸发+DI 离子交换工艺如图 1-3 所示。

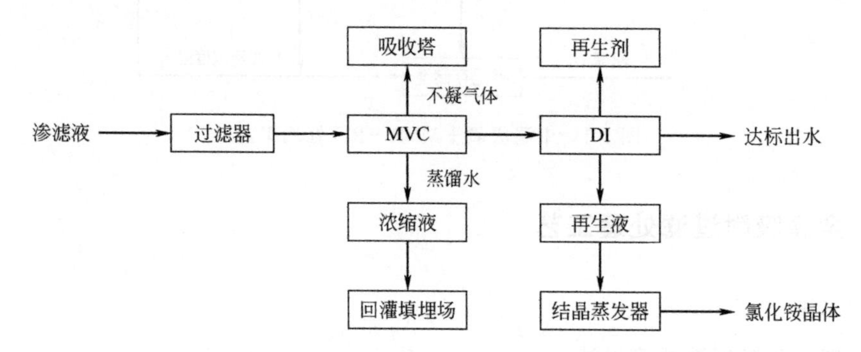

图 1-3 MVC 蒸发+DI 离子交换工艺

1.6.4 三类常见处理工艺的对比

目前，三种工艺在渗滤液处理中的应用较为广泛，在实际应用中有着各自的优点和不足。主要表现在以下几个方面。

(1) 生物处理+膜深度处理工艺

该工艺原理为生化反应和物理处理工艺，由于生化系统运行过程中受到的影响因素较多，需要各单元之间密切协调配合，该工艺自控程度较高，技术风险较低，但对老龄渗滤液处理难度较大。因此，总体来看该工艺投资较低，主体设备多为国产，污染物总量能够达到很好的削减效果，管理较便捷。该工艺的不足之处在于出水率较低，增加了回灌的难度；生物处理效果不稳定，生物菌种需要培养、驯化，增加了运行成本；对老龄渗滤液的生化效果极差；不能长时间停运，需要连续运行。

(2) 两级DTRO反渗透处理工艺

该工艺操作简便，能够间歇式运行，自动程度高，易于维护管理，膜产品类型多。其不足之处在于对渗滤液原水水质较为敏感，出水率容易受到SS、电导率以及温度等因素的影响；两级反渗透处理工艺中，前级预处理缺乏，容易导致反渗透膜堵塞，更换频率高，增加处理成本；出水率低（正常状态下为55%～70%），回灌难度大，增加运行成本。

(3) MVC蒸发+DI离子交换处理工艺

该工艺的优点在于受渗滤液的原始水质影响较小，出水率较高，通常可以达到90%，能够做到间歇式运行，自控程度较高，维护简单，浓液量较少。不足之处是蒸发工艺实际应用较为复杂，电耗等能耗较高，维护成本较高；设备材质要求较高，尤其是要具有较强的耐强酸、强碱腐蚀性；运行设备噪声较大；后期蒸发罐清洗频次较大，药剂成本高。

为了达到国家规定的排放标准，一般完整的垃圾渗滤液处理工艺应包括3个部分：预处理、主处理和深度处理。预处理常采用吹脱、混凝沉淀、化学沉淀等方法，主要去除垃圾渗滤液中的重金属离子、氨氮、色度或改善其可生化性。主处理应采用成本低、效率高的工艺，如生物法、化学氧化等联合工艺，目的是去除大部分有机物，并进一步降低氨氮等污染物含量。经过前2个阶段的处理后，某些污染物仍可能存在，所以深度处理是必需的，深度处理可采取光催化氧化、吸附、膜分离等方法。

由于垃圾渗滤液成分复杂，并且会随着时间、地点而变化，在实际工程中对垃圾渗滤液进行处理之前，首先需要详细测定垃圾渗滤液的成分并分析其特点，选择合适的处理技术。现阶段垃圾渗滤液的处理技术各有优缺点，因此，升级改造现有技术，开发新型的处理技术，加强不同技术之间的集成研究与开发（如光催化氧化技术和生化处理技术的集成，沉淀法和膜处理的集成），从整体上提高垃圾渗滤液的处理效率，降低投资及运行成本是今后垃圾渗滤液研究工作的重点。

1.7 垃圾渗滤液处理技术存在的问题

1.7.1 生物处理技术存在的问题

当前我国的垃圾渗滤液处理以生物处理技术为主，这类处理技术的主要特点是：技术成熟、工艺相对简单，但对处理的污水水质要求较高。特别对于垃圾渗滤液这种高浓度、成分复杂的废水来说，仅靠生物技术无法将其处理达标排放，需要结合其他工艺共同处理，在实际运行过程中存在着诸多亟待解决的问题。

好氧处理工艺中的活性污泥法和生物转盘工程具有投资大、运行管理费用高、处理效果受温度影响较大的缺点；稳定塘工艺停留时间长（10～30d）、占地面积大且净化能力随季节变化较大；膜生物反应系统需氧量大、能耗高，难生物降解物质的积累容易造成微生物的毒害和膜污染，并且膜组件价格目前比较昂贵。

厌氧处理工艺适合高浓度有机废水，但缺点是停留时间长，污染物的去除率相对较低，对温度的变化比较敏感。普通厌氧消化池体积较大，需要有足够的搅拌，所以能耗较高；升流式厌氧污泥床工艺最大的缺点在于其对有毒物质较为敏感，从而影响处理性能；厌氧生物滤池则是布水不均匀、填料昂贵且易堵。

厌氧-好氧组合工艺在处理早期渗滤液方面优势较为明显，但在晚期渗滤液处理上，存在COD去除率不高、脱氮流程复杂、TN去除率低等不足。另外还有投资大、运行管理费用高的缺点。

为了弥补生物组合工艺的不足，国内外学者提出了更多新型生物组合工艺，它们既保留了传统生物组合工艺的优点又耦合了短程硝化反硝化、同时硝化反硝化、厌氧氨氧化等新型脱氮技术，在处理中晚期渗滤液上具有很大的潜力。然而目前这些组合工艺大多数处于实验室研究阶段，这些生物组合工艺能否顺利应用于实际工程，还需在提高处理效果、获得最佳运行条件、控制运行成本、高效管理等方面进行深入研究。

1.7.2 物化处理技术存在的问题

国外发达国家的垃圾渗滤液处理以物化处理技术的研究和应用为主。这类技术大多存在污染物去除率高，污水排放能达标，但是处理成本不低的特点。除此之外，许多处理工艺也存在技术上的不足，需要不断创新、改进。

① 混凝沉淀可去除渗滤液中大部分的悬浮物和高分子有机物，但产生的化学污泥难以处理。

② 活性炭吸附仅对渗滤液中分子量小于1000的物质有吸附去除能力。同时，活性炭依靠的是物理吸附，并没有将污水中的有害物质分解掉，所以需要定期反冲洗，直至吸附饱和，应马上更换新的活性炭，因此活性炭的总体运行维护成本很高。

③ 膜工艺对氨氮的去除效果不理想；运行需要通过高压泵提供克服渗透压的压力，耗电量大；膜极易被污染，除需经常清洗外，使用寿命相对较短，一般为2～3年，导致处理成本很高；经膜分离后得到的垃圾渗滤液浓缩液难以处理。以上这些原因使得膜工艺在垃圾渗滤液的深度处理中难以工程化应用推广。

④ 光催化氧化技术则是因为紫外光的吸收范围较窄、光能利用率较低，需要解决透光度的问题以及目前使用的催化剂多为纳米颗粒（太大时催化效果不好）、回收困难等原因，导致其使用效益大打折扣。

⑤ 电化学氧化技术由于反应器效率不高，彻底分解水中有机物的电能消耗较高，污染物处理效果不稳定且设备成本高等原因，不能满足大规模处理的要求，这是电化学法单独使用时需要克服的问题。

⑥ 相比之下，渗滤液的化学催化氧化技术尽管存在常用氧化剂（臭氧和过氧化氢）价格较高的问题，但可以通过合成新型催化剂减少氧化剂的使用量和提高氧化剂的利用

率，从而降低渗滤液处理成本。

目前，渗滤液的化学催化氧化处理技术在我国正处于实验室研究阶段。由于化学催化氧化技术可改善渗滤液的可生化性、不产生化学污泥等二次污染，因而近些年来成为学者们研究的热点。尽管学者们取得了一定的研究成果，但催化剂的优化问题仍然是一个需要深入研究的问题，而且有很大的研究价值。只有通过合成高效、廉价、易得的新型催化剂，垃圾渗滤液的催化氧化技术才能降低处理成本，应用于实际工程。

垃圾渗滤液的处理方法取决于垃圾渗滤液的性质、处理成本要求、渗滤液各项指标的达标排放要求以及实际的渗滤液处理量等，目前国内尚无完善的工艺可以借鉴。渗滤液的处理应从增强处理效果、降低处理成本的角度考虑，从渗滤液处理的实际情况出发，灵活采用渗滤液的生物和物化组合处理技术。此外，采用简单的技术手段减少渗滤液产生量是降低渗滤液处理成本的重要途径。

2 生活垃圾加速降解及渗滤液减量途径

近几年来，随着我国城市化速度的加快和城市居民生活水平的不断提高，城市生活垃圾以惊人的速度不断增长，每年的增长率高达10%以上。如果不能对数量巨大的城市生活垃圾及时进行无害化和减量化处理，不仅会给我国的城市建设和可持续发展带来严峻的挑战，而且会给人民的身体健康造成严重危害。

我国生活垃圾一般采用厌氧填埋的方法进行处理，这种处理方法会产生大量的垃圾渗滤液。垃圾渗滤液是一种高浓度有机废水，其水质特点主要是COD浓度高，一般为2000～80000mg/L，是一般生活污水或工业废水的几十倍甚至几百倍；氨氮浓度高，一般为1000～6000mg/L，是一般生活污水的几十倍；重金属离子浓度高，垃圾渗滤液中含有的铜、铁、锌、铬、镉、铅等重金属离子浓度是一般生活污水的上百倍。由于成分极其复杂，垃圾渗滤液的处理成为一个世界性的难题。

迄今为止，国内外对垃圾渗滤液的处理方法进行了广泛、深入的研究，取得了一定的研究成果，但对如何加速垃圾降解、减少垃圾渗滤液产量的研究很少。显然，垃圾渗滤液的处理成本要远高于一般生活污水和工业废水的处理成本，因而若能采取操作简单、成本低的方法加速垃圾降解、减少渗滤液产生量，不仅可以减少填埋垃圾所需的库容量，还可以减轻垃圾渗滤液的处理负担，降低垃圾渗滤液的处理费用。

2.1 垃圾降解的机理

垃圾降解又称垃圾消化。在微生物的代谢作用下，将垃圾中的有机物破坏或产生矿化作用，使垃圾稳定化。

认识填埋垃圾的生物降解过程，有助于更好地理解生物反应器填埋单元的工作原理。一般而言，填埋垃圾的生物降解既能够在好氧条件下进行，也能够在厌氧条件下进行。在好氧条件下，CO_2 和 H_2O 是有机化合物生物降解的两种最终产物，二者可在植物光合作用中被有效利用。在厌氧条件下，有机化合物的生物降解由厌氧微生物完成，氧气则会对其产生不利影响。厌氧生化反应的许多末端产物并未达到稳定化，可进一步被微生物转化。垃圾降解速率直接关系到填埋场稳定化进程和对土地的占用周期。生活垃圾是含有多种物质的混合材料，含有大量可降解成分，如蔬菜、水果、废纸和木头等这些成分随着时间的推移而被逐渐分解，产生填埋气和渗滤液的同时，在降解龄期的不同阶段，垃圾内部的成分也相应地发生变化，进而引起垃圾填埋体性质的变化。

垃圾填埋场稳定化是一个同时进行着物理、化学、生物反应的复杂而漫长的过程，一般要持续几十年甚至上百年。根据垃圾的分解过程，Hossain 等将垃圾的降解过程分为好氧阶段、厌氧酸化阶段、甲烷加速生成阶段和甲烷减速生成四个阶段。

(1) 好氧阶段（第一阶段）

垃圾孔隙中的氧气被消耗，而且常规填埋场中并没有氧气补给。

(2) 厌氧酸化阶段（第二阶段）

多种酸性物质生成、积累，垃圾 pH 值降低，垃圾的产气量很少，渗滤液呈酸性，此时的环境条件不适合垃圾分解所需的细菌繁殖，所以几乎没有纤维素和半纤维素的分解。

(3) 甲烷加速生成阶段（第三阶段）

由于条件适宜，甲烷生产率在这一阶段达到峰值，酸性物质转化为甲烷和二氧化碳，pH 值升高，纤维素和半纤维素开始分解。

(4) 甲烷减速生成阶段（第四阶段）

甲烷生成速度降低，酸性物质分解殆尽，纤维素和半纤维素的分解限制了甲烷的生成，在降解作用下，垃圾内部的成分发生改变，生活垃圾在降解和自重作用下产生沉降。随着沉降的增大，垃圾填埋场的库容也会增大，但封场后过大的沉降会导致填埋体防渗系统的破坏，从而引起环境污染。

2.2 投加微生物营养盐加速生活垃圾降解速率

2.2.1 投加营养盐加速生活垃圾降解研究的目的及意义

垃圾卫生填埋场中垃圾的降解速率直接影响填埋场所占据土地资源的回用周期，我国不少大城市已经形成垃圾围城的局面。垃圾降解的速率直接关系到填埋场对土地的占用周期。在垃圾卫生填埋场设计中，需要根据垃圾的降解速率估算渗滤液中污染物的浓度、垃圾产气速率以及地表沉降的程度。在设计填埋场的容量和使用年限时，降解速率也有一定的影响，因而垃圾降解速率是很重要的参数。垃圾的降解是一个由多种细菌参与的多阶段复杂生物化学过程，受多种因素综合作用。概括起来说，这些因素可以分为两大类：一类是垃圾自身性质，包括有机物组成、营养比、微生物量等混合接触条件；另一类是环境因素，包括温度、pH 值、湿度和氧化还原电位等。此外，填埋场的构造及运行方式也会对垃圾的降解产生影响。当其他因素不可改变时，可以投加营养盐加速垃圾降解速率。

通过向厌氧填埋的生活垃圾中添加不同量的营养元素，研究分析营养元素对生活垃圾降解速率的影响；通过控制投加营养元素的种类和投加量来增加垃圾填埋场容量，增加垃圾填埋场的使用年限。这些研究成果对减少垃圾填埋场需要的库容量，增加垃圾填埋场的使用年限都具有重要的意义。

2.2.2 营养盐加速生活垃圾降解实验方案及实验装置

2.2.2.1 实验方案

(1) 加速生活垃圾降解实验

实验中所用垃圾为生活垃圾，垃圾中大部分为厨余垃圾。实验中采用多个同样标准的圆柱形有机玻璃反应器，向每个反应器中分别加入成分相同、质量相同的生活垃圾。其中的2个反应器除垃圾外不添加任何营养物质，用作对比反应器。其余反应器中分别在填埋垃圾顶部用喷壶喷洒的方式加入配制的相同体积的0.25mol/L KCl、0.5mol/L KCl、1.0mol/L KCl、0.25mol/L NH_4Cl、0.5mol/L NH_4Cl、1.0mol/L NH_4Cl、0.25mol/L KH_2PO_4、0.5mol/L KH_2PO_4、1.0mol/L KH_2PO_4、0.25mol/L 复合维生素、0.5mol/L 复合维生素、1.0mol/L 复合维生素溶液。每隔6d测定1次各个反应器的垃圾堆体高度，经过180d实验，确定能够加速垃圾降解速率的营养混合溶液，按一定比例加入生活垃圾中重新实验，确定生长因子和无机盐等营养物质对于加速垃圾降解的最佳效果。

(2) 垃圾降解最佳参数控制实验

选择垃圾在含水率为20%、50%、70%、80%，垃圾降解温度为25℃、40℃、50℃、70℃和垃圾压实密度为300kg/m³、600kg/m³、900kg/m³进行垃圾降解速率的正交实验，确定使垃圾降解速率最快时的以上各参数值。

2.2.2.2 实验装置

实验中所用的生活垃圾加速降解实验装置如图2-1所示。

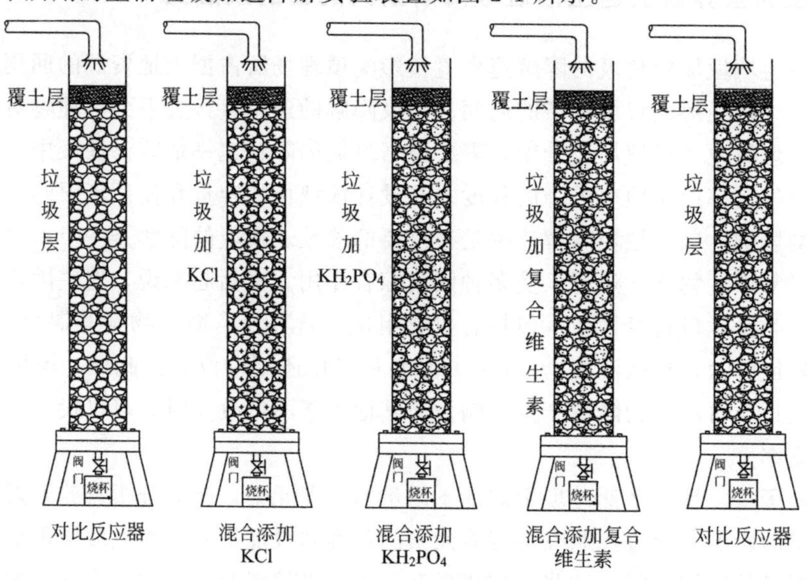

图2-1 生活垃圾加速降解实验装置

实验装置是直径为0.10m，高2.00m的圆柱形有机玻璃柱。该实验需要的玻璃柱数量为14个。这些玻璃柱用作垃圾厌氧填埋反应器，在反应器中添加一些厨余垃圾和废旧报纸、玻璃、金属等。将这些垃圾按特定的质量百分比进行混合，组成比例见营养盐加速垃圾降解实验中所用生活垃圾的组成（见表2-1）。

表2-1 营养盐加速垃圾降解实验中所用生活垃圾的组成

垃圾成分	厨余垃圾	废纸	废塑料	废金属	玻璃	陶瓷
质量百分比/%	75	8	5	2	0.3	9.7

厨余垃圾的主要成分为豆角、蛋壳、地瓜、调料包、剩菜（青椒和鸡蛋）、面包片、青菜叶、海螺蛳壳、茄子、大蒜等。14个反应器中加入的垃圾均经过破碎和均匀混合，成分几乎完全相同。14个反应器中2个为对比反应器，不添加任何营养盐或维生素，其余12个反应器分别加入不同浓度的KCl、KH_2PO_4、复合维生素。在垃圾层顶部按与填埋垃圾体积比1∶4进行覆土（遵照国家标准）。每个反应器的填埋垃圾质量为10kg，反应器中垃圾的压实密度为750kg/m^3。实验中产生的垃圾渗滤液通过底部的烧杯收集，实验中所用有机玻璃柱与垃圾渗滤液不发生任何反应，反应器底部设有阀门。反应器内部中间位置设置直径为10mm的穿孔导气管，用于导出填埋气体。由于穿孔管的体积仅为78.5mL，故忽略其体积。为了更好地模拟厌氧填埋，除测量时间外，每个反应器均用黑布完全覆盖，以防止光照对垃圾堆体内微生物的影响。

2.2.3 营养物质添加对生活垃圾降解速率的影响

实验获得的添加不同量KCl、KH_2PO_4、NH_4Cl、复合维生素（主要是维生素C）等营养盐后生活垃圾降解速率与不添加营养盐的生活垃圾降解速率的对比情况，不同营养盐添加时垃圾层沉降高度随垃圾降解时间变化曲线如图2-2所示。

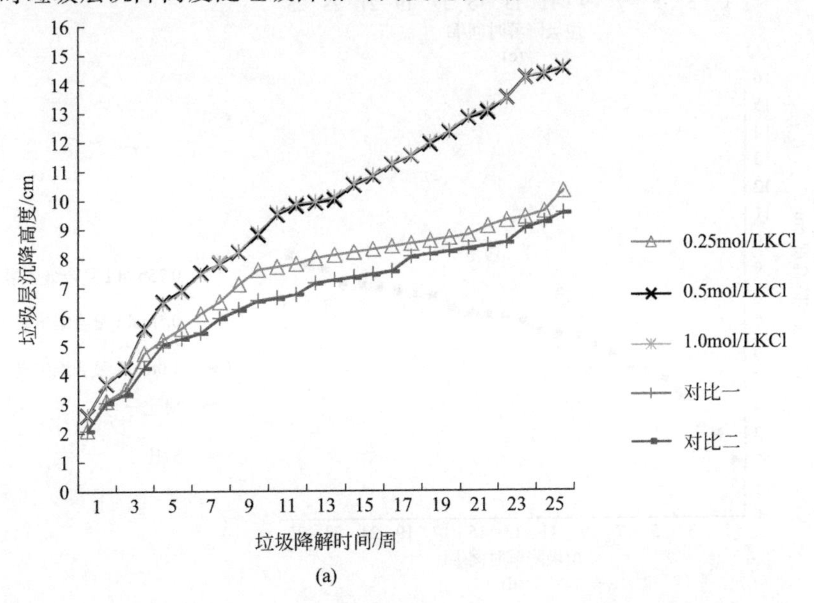

(a)

图2-2

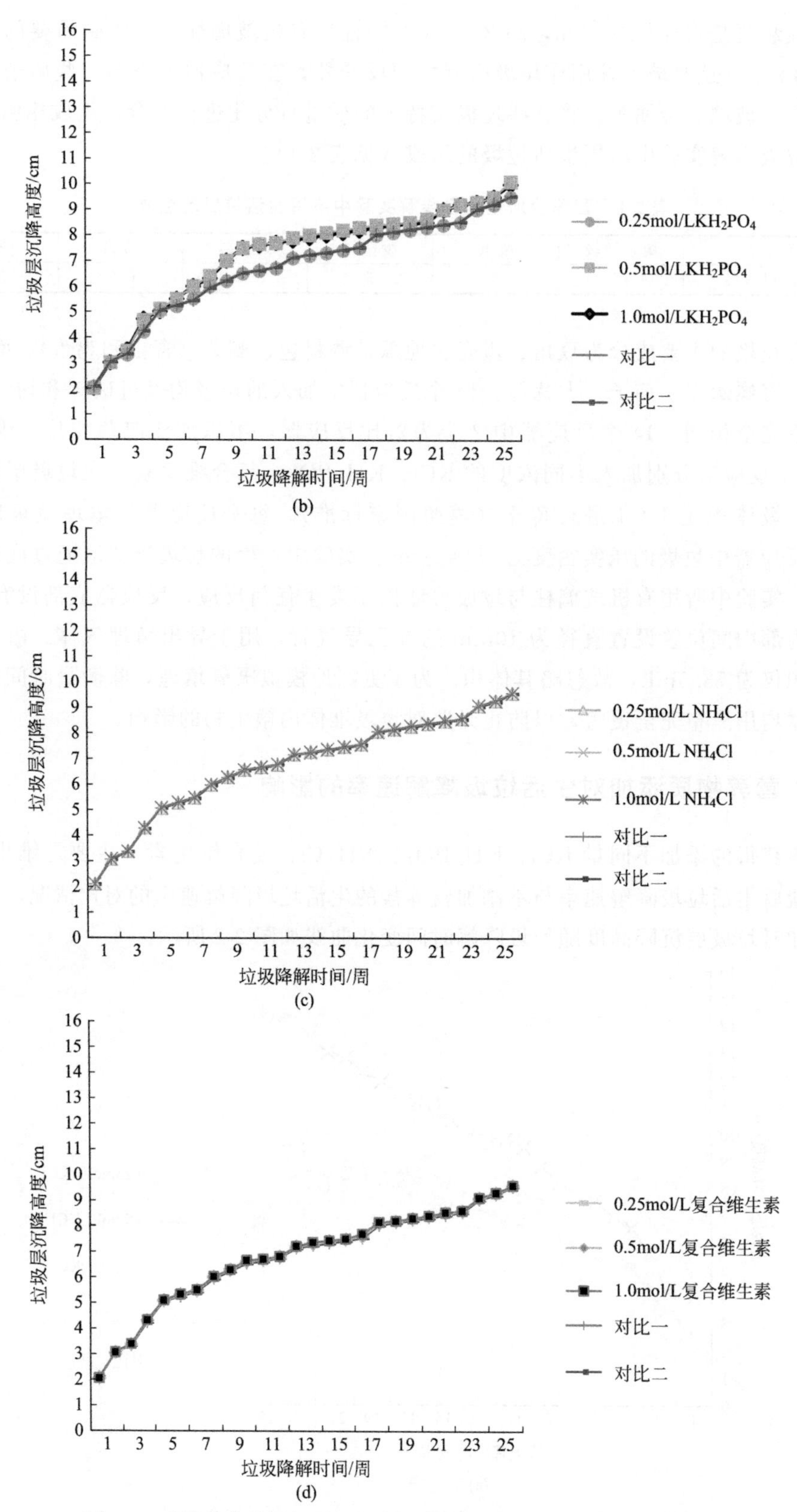

图 2-2 不同营养盐添加时垃圾层沉降高度随垃圾降解时间变化曲线

由图 2-2 可知，两个对比反应器在整个 180d 的实验过程中，降解速率几乎完全相同，证明了对比的有效性和其他反应器与对比反应器中垃圾降解速率的不同是由于添加不同量和不同类型营养盐所致。

由图 2-2 还可知，添加 KCl 的反应器中垃圾降解最快，其次是添加 KH_2PO_4 的反应器，再次是分别添加 NH_4Cl 和复合维生素的反应器，最后是两个对比反应器。其中添加 NH_4Cl 和复合维生素对于提高垃圾降解速率的作用较低。

实验结果表明，无机营养盐（营养元素为氮、磷、钾）和维生素的加入均能够加速生活垃圾的降解速率。实验所用的营养元素加速垃圾降解的效果由好到坏依次为：KCl＞KH_2PO_4＞NH_4Cl≈复合维生素。从营养盐投加量来看，0.5mol/L KCl 和 1.0mol/L KCl 对加速垃圾降解的效果几乎相同，均好于 0.25mol/L KCl 加速垃圾降解的效果，说明 0.5mol/L KCl 的加入量基本上是加速生活垃圾降解的最佳 KCl 投加量。对生活垃圾中的有机物进行厌氧分解过程中，影响厌氧微生物活性的主要因素是温度和营养元素。厌氧微生物的主要营养元素是氮、磷、钾和维生素，这些营养元素微生物不能自身合成且又为其生长所必需，因而也称为生长因子。

从本实验研究的结果看，KCl、KH_2PO_4、NH_4Cl、复合维生素的单独加入均能加速生活垃圾的降解速率，证明了氮、磷、钾和维生素是厌氧微生物自身生长所需的营养元素。从加速生活垃圾降解的实际效果来看，厌氧微生物在降解生活垃圾过程中对钾元素的需求大于对维生素和氮、磷元素的需求。实验结果表明加速生活垃圾降解的最佳添加物为 KCl。这主要是因为生活垃圾中有机物（特别是含氮有机物）含量较高，随着生活垃圾厌氧填埋过程的进行，含氮有机物的分解能够给厌氧微生物提供一定量的氮元素和磷元素，因而微生物不缺乏氮、磷元素或只缺乏少量的氮、磷元素。而从生活垃圾的成分上看，其厌氧分解基本上不能给微生物提供钾元素，从而导致厌氧垃圾填埋堆体中微生物钾元素缺乏，因而添加 KCl 和 KH_2PO_4 的垃圾堆体中生活垃圾降解相对快于添加 NH_4Cl 的垃圾堆体。至于 KCl 加速垃圾降解的效果好于 KH_2PO_4，可能是加入的磷元素超出微生物对磷元素的需求时对微生物的活性产生了微弱的抑制作用。

为了获得营养元素加速生活垃圾降解的最佳效果，在肯定氮、磷、钾和维生素能够加速生活垃圾降解速率的基础上，同时考虑到生活垃圾中基本不缺乏氮和磷，将 KCl 和复合维生素加入新鲜的生活垃圾中，以同样的不添加营养元素的生活垃圾降解速率做对比，研究获得了加入 KCl 和复合维生素后生活垃圾的降解速率情况，实验结果如图 2-3 所示。

由实验结果可知，在 180d 的生活垃圾降解过程中，添加了 KCl 和复合维生素的生活垃圾填埋堆体比没有加任何营养元素添加的生活垃圾堆体在温度、垃圾成分、压实密度等其他影响垃圾降解条件相同的情况下多沉降了 17.87cm。对于一个中等类型的垃圾填埋场来说，其填埋区的平面面积平均约为 $106m^2$，则添加 KCl 和复合维生素可使填埋的生活垃圾在 180d 时间内多降解 $178700m^3$。一个中等大小的生活垃圾填埋场的总填埋库容量平均在 $6\times10^5 m^3$ 左右，如果此填埋场计划使用 15 年，则添加 KCl 和复合维生素后此填埋场可延长使用寿命至将近 20 年。在处于垃圾围城、填埋场选址困难、可使用的填埋土地不断减小的现状下，采用添加营养元素 KCl 和复合维生素加速生活垃

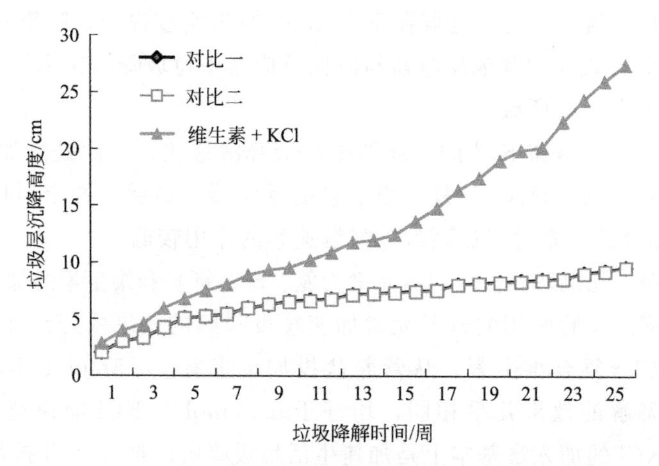

图 2-3 垃圾层沉降高度随垃圾沉降时间变化曲线

圾降解来增加填埋场库容量，对垃圾厌氧填埋处理将是一个巨大的贡献。

同时，从实验结果也可知，并非营养物质的浓度越高越能加速生活垃圾降解。这是因为营养物浓度高时，对于任何营养物质来说，只要引起了渗透压的增加，都能成为微生物生长的抑制剂。

2.3 厌氧填埋生活垃圾最佳降解主要参数

2.3.1 厌氧填埋生活垃圾降解最佳含水率

实验中获得的生活垃圾不同含水率下垃圾层沉降高度随垃圾降解时间变化曲线如图 2-4 所示。

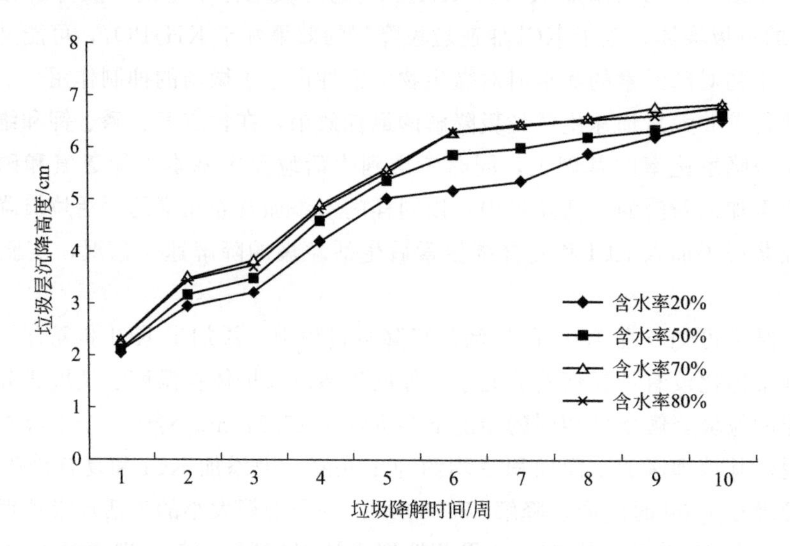

图 2-4 不同含水率下垃圾层沉降高度随垃圾降解时间变化曲线

从图 2-4 中可以看出，含水率为 70%的生活垃圾沉降高度始终大于含水率为 20%、

50%、80%时的垃圾沉降高度，表明在其他条件相同的情况下，含水率为70%的生活垃圾的降解速率快于含水率为20%、50%、80%的生活垃圾的降解速率，但含水率为70%和80%的生活垃圾的降解速率相差不大。

水是生活垃圾中微生物降解有机物必不可少的物质，微生物所需营养物质的溶解需要水作为溶剂，并通过微生物的细胞膜进入微生物体内，如此才能保证各种生物化学反应在溶液中正常进行。同时水分也是占微生物机体70%～90%的必不可少的组成成分。垃圾中水分含量高，垃圾中的微生物容易得到所需的营养物质，有助于微生物的生长繁殖，从而能够加速生活垃圾中有机物的降解速率。

一般情况下，生活垃圾的含水率都低于其中微生物生理活动所需的最佳含水率，但也并非含水率越高越有利于生活垃圾降解。生活垃圾在填埋时，其垃圾堆体存在最大的持水能力，成为其持水量。当生活垃圾中的含水率过高，微生物会随水分迅速进入渗滤液中，从而造成垃圾中微生物数量减少，不利于生活垃圾的降解。从实验结果来看，当垃圾含水率达到80%时，生活垃圾降解速率已开始下降。可以预见，当生活垃圾的含水率大于80%时，其降解速率会进一步下降。本实验结果显示，生活垃圾降解的最佳含水率为70%左右。

2.3.2 厌氧填埋生活垃圾降解最佳压实密度

压实是一种普遍采用的固体废弃物预处理方法，是指用机械方法增加固体废物聚集程度，增大容重，减少表观体积，对废物实行减量化。压缩对于垃圾处理具有预稳定的作用。我国生活垃圾一般为混合固体，甚至有时是固液混合体。生活垃圾中的易腐垃圾的含水率较高（50%～90%），当其接受压缩时，极易产生渗滤液。实验中获得的生活垃圾压实密度为300kg/m³、600kg/m³、900kg/m³时垃圾层沉降高度随垃圾降解时间变化曲线如图2-5所示。

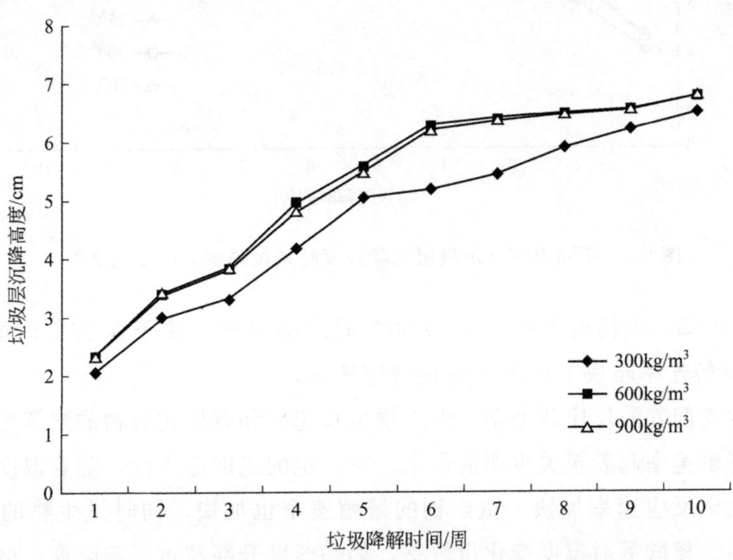

图2-5 不同压实密度下垃圾层沉降高度随垃圾降解时间变化曲线

从图 2-5 中可知，压实密度为 600kg/m^3 和 900kg/m^3 的生活垃圾的沉降速率快于压实密度为 300kg/m^3 的沉降速率。压实密度为 600kg/m^3 的垃圾的沉降速率和压实密度为 900kg/m^3 的垃圾的沉降速率几乎相同。

厌氧填埋的生活垃圾的压实密度对生活垃圾的降解速率有重要影响。当垃圾水分含量低于饱和状态时（生活垃圾的含水率大都低于饱和），垃圾压实密度越大，单位体积垃圾内的水量越多，垃圾中的微生物获得水分越容易，微生物越有活性，也就越有利于垃圾的降解。但当垃圾的压实密度大到一定程度时，会导致水分在垃圾层中流动不畅，这在一定程度上不利于垃圾的降解，600kg/m^3 和 900kg/m^3 的垃圾降解速率几乎相同可能就是此原因所致。此外，将生活垃圾压实到 900kg/m^3 比将生活垃圾压实到 600kg/m^3 要使压实器消耗更多的电量，如果这种消耗不能加速生活垃圾降解，则除了浪费外，没有任何实际意义。结合实验结果和理论分析可知，厌氧填埋的生活垃圾的最佳压实密度为 600kg/m^3 左右。

2.3.3 厌氧填埋生活垃圾降解最佳温度

实验中获得的生活垃圾在 25℃、40℃、50℃外部环境下垃圾层沉降高度随垃圾降解时间变化曲线如图 2-6 所示。

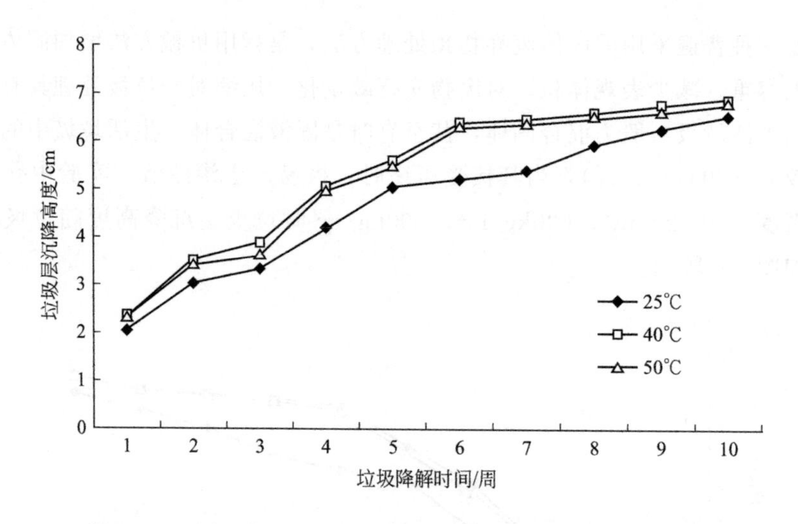

图 2-6 不同温度下垃圾层沉降高度随垃圾降解时间变化曲线

由图 2-6 可知，生活垃圾在 40℃和 50℃时的降解速率快于在 25℃时的降解速率，在 40℃时的降解速率略快于在 50℃时的降解速率。

因为温度支配着酶反应动力学、微生物生长速率和有机化合物的溶解度等，因此对生活垃圾的降解速率起着至关重要的作用。在一定的温度范围内，随着温度的升高，细胞中的生物化学反应速率加快，微生物的繁殖速率也加快。同时微生物的细胞组成物质，如蛋白质、核酸等对温度变化很敏感，如果温度升高超过一定限度，微生物细胞会遭到不可逆的破坏，而不同种类的微生物对温度的适应能力有很大差别。降解生活垃圾的微生物活性的适宜温度应在一定范围内，对实验结果的分析可知，超过 40℃时，生活垃圾的降解速率已开始下降。此实验结果也说明，在填埋场中生长的大多是中温微生物，在 40℃左右时最适宜其生长繁殖和降解有机物。

这里需要指出的是，垃圾填埋堆体的外部温度和垃圾层的内部温度有一定的差别，这种差别随填埋深度的增加而加大。本实验中垃圾填埋高度仅为 1.3m 左右，因而这种差别较小，试验结果有很大的参考价值，即生活垃圾最佳的降解温度为 40℃左右。

向厌氧填埋的生活垃圾中添加 KCl、KH_2PO_4、NH_4Cl、复合维生素等营养物质，均能加快生活垃圾降解速率。在这几种微生物所需的营养物质中，向生活垃圾中加入 0.5mol/L KCl＋0.5mol/L 复合维生素对加速生活垃圾降解速率的效果最好。同不添加营养元素填埋的垃圾堆体相比，添加 0.5mol/L KCl＋0.5mol/L 复合维生素可使垃圾层在 180d 内多沉降 17.87cm，这对增加垃圾填埋场库容量，增加垃圾填埋场的使用年限具有重要意义。

实验证明，向厌氧填埋的生活垃圾中添加营养盐能加速生活垃圾降解速率。这对减少垃圾填埋场需要的库容量，减少垃圾渗滤液的产生量和处理量，增加垃圾填埋场的使用年限具有重要意义。

2.4 垃圾渗滤液减量途径

2.4.1 垃圾渗滤液减量实验研究的目的及意义

垃圾渗滤液是垃圾填埋处理过程中产生的高浓度有机废水，在填埋后的厌氧发酵、地表水浸滤、地下水浸泡等作用都会促使渗滤液产生。填埋场在运行与封场后的很长时期内都会产生渗滤液。垃圾渗滤液的污染控制，包括其水质净化与水量消减，对于垃圾处理都具有积极的意义。

从垃圾渗滤液处理的实际需要出发，本实验以减少垃圾渗滤液产生量、降低垃圾渗滤液处理成本和提高渗滤液处理效果为目的，探索垃圾渗滤液减量化的方法和化学催化氧化处理技术。通过在填埋的垃圾中加入具有吸附性和吸水性的填料，对填料添加对于垃圾渗滤液的产生量、垃圾降解速率、垃圾渗滤液水质的影响进行研究，以此确定最佳的渗滤液减量方案。

垃圾渗滤液作为一种成分复杂的高浓度有机废水，处理难度远大于一般的生活污水和工业废水。因此，减少渗滤液的产生量是减轻渗滤液处理负担的一条重要途径。通过在垃圾中添加对渗滤液具有吸附作用的锯末，减少垃圾渗滤液的产生，是一种既简单又耗费少的渗滤液减量方法。锯末是一种来源丰富且价格低廉的农林废弃物，可用作低成本的吸附物质，在环境污染治理中的应用正日益受到人们重视，但目前国内外对其应用的报道还不是很多，因此对锯末在环境保护中的应用特别是在减少渗滤液产量中的应用进行研究是很有意义的，如能将锯末吸附减量垃圾渗滤液的研究成果应用于垃圾填埋场，将会产生很好的社会效益。

2.4.2 垃圾渗滤液减量化实验装置及方法

2.4.2.1 垃圾渗滤液减量化实验装置

实验装置为5个内径为0.15m，高为1.75m的圆柱形有机玻璃柱，用作垃圾厌氧填埋反应器，反应器中添加的垃圾是取自长春市三道垃圾卫生填埋场的新鲜生活垃圾，组成见减量化实验中所用生活垃圾的组成（见表2-2）。

表2-2 减量化实验中所用生活垃圾的组成

垃圾成分	厨余垃圾	废纸	废塑料	废金属	玻璃	陶瓷
质量百分比/%	约70	约8	约5	约1.5	约0.5	约15

5个反应器中加入的垃圾均经过破碎和均匀混合，可视为成分相同。5个反应器中1个为对比反应器，不加填料，其余4个反应器分别加入锯末、颗粒活性炭、沸石、废旧报纸作为填料，添加方式为均匀混合，添加量为反应器容积的1/30，且5个反应器中加入的垃圾量相同。在垃圾层顶部按与填埋垃圾体积比1∶4进行覆土。每个反应器的填埋垃圾质量为20kg，压实后对比反应器中的垃圾填埋高度为1.335m，其余4个反应器中的垃圾高度均为1.38m，垃圾体积为23.58L，反应器中垃圾的压实密度为850kg/m^3。实验中产生的垃圾渗滤液通过底部的烧杯收集，实验中所用有机玻璃柱与垃圾渗滤液不发生任何反应，反应器底部设有阀门。反应器内部中间位置设置直径为10mm的穿孔导气管，用于导出填埋气体。由于穿孔管的体积仅为78.5mL，故忽略其体积。

生活垃圾渗滤液试量化实验装置如图2-7所示。

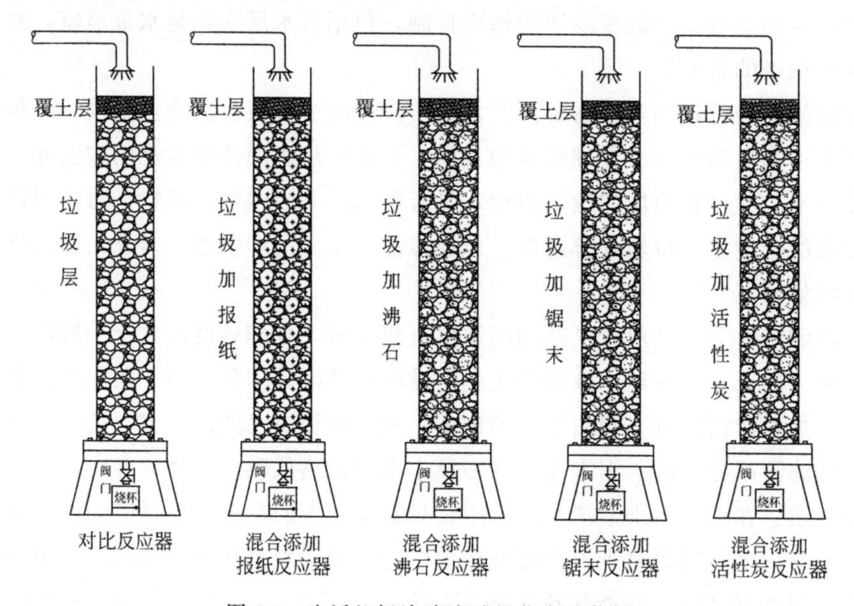

图2-7 生活垃圾渗滤液试量化实验装置

2.4.2.2 垃圾渗滤液减量化实验方法

实验通过向反应器顶部均匀喷洒蒸馏水的方式模拟降雨，以产生垃圾渗滤液。考虑到我国南方地区降雨量较大，渗滤液产量高，因而本实验模拟降雨量采用我国南方某市年均降雨量 1300mm，实验中每 5d 模拟降雨一次，一年中的降雨时间按 8 个月计，则每次模拟降雨在反应器顶部喷洒的蒸馏水量可用式(2-1) 表示：

$$V=\frac{\pi}{4}\times d^{2}\times P_{1}\times P_{2} \tag{2-1}$$

式中 V——模拟降雨反应器顶部喷洒的蒸馏水量，mL；

d——实验装置内径，mm；

P_1——我国南方某市年均降雨量，mm；

P_2——全年降水量，mm；

由式(2-1) 可得

$$V=\frac{\pi}{4}\times 0.15^{2}\times 1300\times 10^{-3}\times\frac{5}{240}\times 1000\times 1000=478(\text{mL})$$

实际取用 500mL。

喷水强度按照大雨的降雨强度设计，取 28mm/12h。模拟降雨后，每 5d 测定一次各个反应器收集到的垃圾渗滤液体积、垃圾填埋层高度、垃圾渗滤液的 COD 及氨氮浓度，每 10d 测定一次渗滤液中典型的重金属离子铜、铁、锌、锰的浓度。然后对测得的各个反应器的同一指标进行对比分析。实验中 COD 的测定采用重铬酸盐法（HJ 828—2017)，氨氮的测定采用纳氏试剂分光光度法（HJ 535—2009)，重金属离子的测定采用原子吸收分光光度计法。模拟雨水在装置中的水力停留时间约为 24h。

2.4.3 添加填料减少垃圾渗滤液产生量实验分析

实验获得的 5 个反应器中垃圾渗滤液的产生量随时间变化曲线如图 2-8 所示。

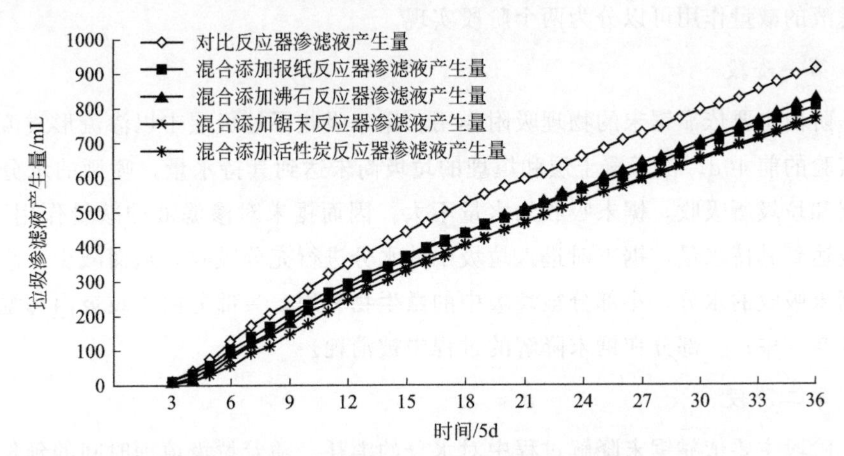

图 2-8 垃圾渗滤液产生量随时间变化曲线

由图 2-8 可知，添加填料的 4 个垃圾层产生的渗滤液量始终比对比反应器产生的渗滤液量少，而且添加锯末的垃圾层的渗滤液产生量明显少于添加活性炭、沸石和报纸的垃圾层。在实验进行的前50d里，添加填料的反应器产生的渗滤液量比对比反应器产生的渗滤液量略少，此后，4个添加填料反应器的渗滤液产生量开始逐渐明显少于对比反应器。添加锯末的反应器中每升垃圾的渗滤液产生量一直比对比反应器的渗滤液产生量低100～200mL，且大部分时间稳定在100～150mL；添加活性炭的反应器中每升垃圾的渗滤液产生量一直比对比反应器的渗滤液产生量低100～150mL，且大部分时间稳定在100～120mL；添加沸石的反应器中每升垃圾的渗滤液产生量一直比对比反应器的渗滤液产生量低80～100mL，且大部分时间稳定在85～90mL；添加报纸的反应器中每升垃圾的渗滤液产生量一直比对比反应器的渗滤液产生量低20～180mL，且大部分时间稳定在30～40mL。在实验进行的前50d，由于覆土层和填埋的垃圾尚未达到其持水量，喷洒的水分大部分被覆土层和垃圾所吸收，5个反应器的渗滤液产生量较少且基本相同。随着覆土层和垃圾层达到其持水量，渗滤液的产生量逐渐增大。达到持水量的对比反应器的渗滤液产生量可以用式(2-2) 表示：

$$L=P+W-E-S \tag{2-2}$$

式中 L——5d内产生的渗滤液水量，mL；

P——5d内填埋场内模拟降雨量，mL；

W——由于垃圾降解而产生的水量，mL；

E——垃圾中水分的蒸发量，mL；

S——微生物生理活动消耗的水量，mL。

由于5个反应器中的模拟降雨量相同，垃圾降解消耗和产生的水分相对渗滤液产生量来说是很小的，因而添加填料的垃圾层渗滤液产生量小于对比反应器是由于填料对水分的吸收，由此导致的蒸发量不同造成的。实验结果表明，锯末、活性炭、沸石和报纸对渗滤液有明显的减量作用，而锯末的减量效果最好。

锯末对垃圾渗滤液具有减量作用的根本原因在于锯末具有很强的吸水能力，锯末对垃圾渗滤液的减量作用可以分为两个阶段实现。

(1) 第一阶段

第一阶段主要依靠锯末的物理吸附作用。锯末吸收了垃圾层中以渗流形式流动的水分，在实验的前40d，由于覆土层和填埋的垃圾尚未达到其持水量，喷洒的水分大部分被覆土层和垃圾所吸收，锯末吸收的水量不大，因而锯末对渗滤液的减量作用不明显。随着垃圾达到其持水量，锯末对进入垃圾中的水分进行充分吸收，从而减少了渗滤液的产量。锯末吸收的水分，小部分被垃圾中的微生物利用；一部分由于垃圾内部温度较高而蒸发到空气中；一部分在锯末降解的过程中被消耗。

(2) 第二阶段

第二阶段主要依靠锯末降解过程中对水分的消耗。随着垃圾填埋时间的延长，反应器中的锯末逐渐被垃圾中的微生物所降解，锯末的主要成分是纤维素，占锯末成分的50%以上。纤维素的降解过程可用以下生化反应方程式表示：

$$纤维素 \longrightarrow 葡萄糖 \begin{cases} \xrightarrow{丙酮丁醇发酵} 丙酮+丁醇+乙酸+二氧化碳+氢气 \\ \xrightarrow{丁酸发酵} 丁酸+乙酸+二氧化碳+氢气 \end{cases}$$

$$CH_3CH_2CH_2COOH（丁酸）+2H_2O \xrightarrow{产氢产乙酸菌} 2CH_3COOH+$$

$$2H_2CH_3CH_2CH_2CH_2OH（丁醇）+3H_2O \xrightarrow{产氢产乙酸菌} 2CH_3COOH+4H_2$$

$$CH_3COCOOH \xrightarrow{厌氧去CO_2} CH_3CHO \xrightarrow{H_2} CH_3CH_2OH$$

$$CH_3CH_2OH+H_2O \xrightarrow{产氢产乙酸菌} CH_3COOH+2H_2$$

$$CH_3COOH \xrightarrow{产甲烷菌} CH_4+CO_2$$

从以上反应式可知，纤维素在降解过程中消耗了垃圾层中的水分，所消耗水分中的氢最终转变成甲烷中的氢，水分中的氧最终转变成二氧化碳中的氧，而锯末在整个降解过程中并未产生水分，从而消耗了一部分进入垃圾中的水分。由于第二阶段消耗的水分一部分来自第一阶段锯末吸收的水分，因此第二阶段的减量作用比第一阶段稍差。报纸的主要成分是植物纤维，其降解过程与锯末的降解过程类似。由于报纸中的植物纤维降解很快，因而其对渗滤液的减量作用虽明显，但持续时间短，整体减量效果不如锯末。活性炭和沸石同样对垃圾层中的水分具有吸附和吸收作用，活性炭和沸石吸收的水分，除少部分被微生物的生理活动消耗掉外，大部分通过蒸发的形式进入空气中。此后，沸石和活性炭继续吸收进入垃圾层中的水分，使这一过程得以连续进行，从而减少了渗滤液的产生量。沸石和活性炭不能像锯末那样在垃圾层中降解消耗水分，且其吸水能力不如锯末，因而对渗滤液的减量作用不如锯末明显。

2.4.4 填料添加对垃圾渗滤液水质的影响

2.4.4.1 填料添加对垃圾渗滤液 COD 的影响

图 2-9 所示为 5 个反应器产生的垃圾渗滤液 COD 浓度随时间变化曲线。图 2-10 所示为 5 个反应器产生的垃圾渗滤液 COD 含量随时间变化曲线。COD 含量是指垃圾渗滤

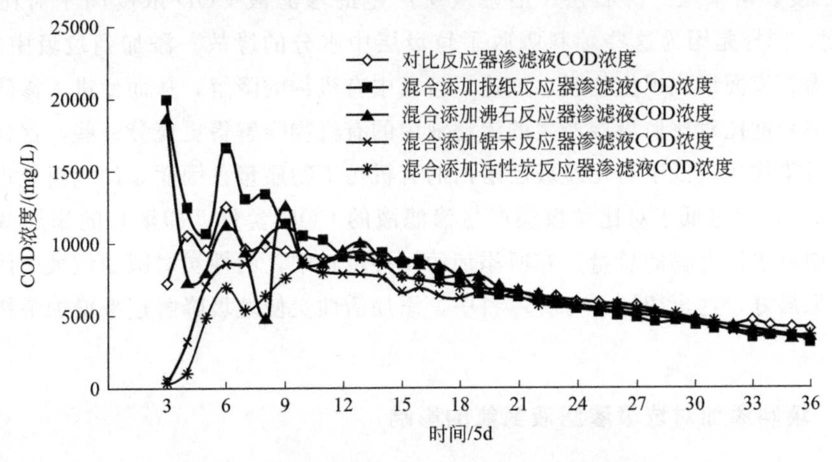

图 2-9 垃圾渗滤液 COD 浓度随时间变化曲线

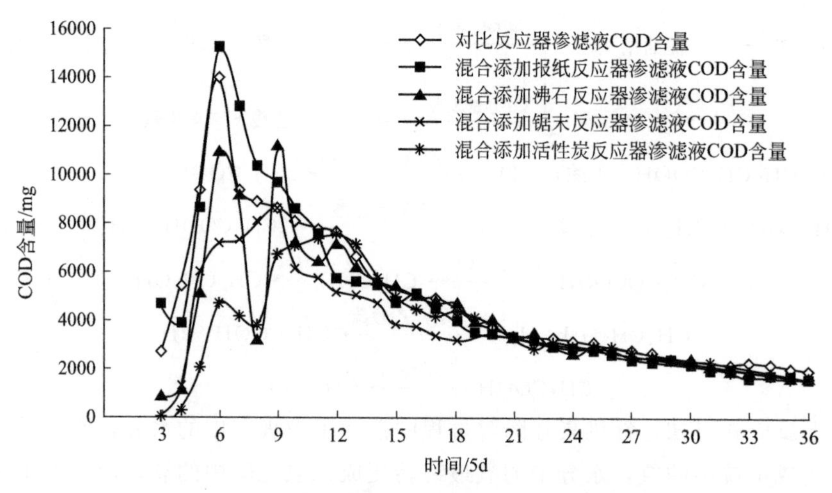

图 2-10 垃圾渗滤液 COD 含量随时间变化曲线

液的 COD 浓度与垃圾渗滤液产生量的乘积。

由图 2-9 可知，在实验的前 55d 里，添加锯末、活性炭和沸石垃圾层产生的渗滤液 COD 浓度均低于对比垃圾层产生的渗滤液 COD 浓度，而添加报纸的垃圾层产生的渗滤液 COD 浓度高于对比垃圾层产生的渗滤液 COD 浓度，之后都逐渐下降。实验进行 55d 后，5 个反应器产生渗滤液 COD 浓度呈现一定的规律性，由高到低的顺序依次是添加沸石垃圾层、添加报纸垃圾层、对比垃圾层、添加锯末垃圾层、添加活性炭垃圾层。实验进行 105d 后，所有添加填料的垃圾层产生渗滤液 COD 浓度均低于对比垃圾层产生的渗滤液 COD 浓度。

由图 2-10 可知，实验进行到第 55d 后，5 个垃圾层的 COD 含量由高到低的顺序依次是对比垃圾层、添加报纸垃圾层、添加沸石垃圾层、添加锯末垃圾层、添加活性炭垃圾层。报纸中含有油墨等成分，这些成分在报纸降解过程中溶入渗滤液中，同时报纸吸收了垃圾中的水分，使渗滤液产生量减少，这些都导致了渗滤液 COD 浓度的升高。随着报纸降解完成，添加报纸垃圾层产生渗滤液 COD 浓度逐渐趋向与对比垃圾层的渗滤液 COD 浓度。锯末层、沸石层、活性炭层产生的渗滤液 COD 浓度高于对比垃圾层 COD 浓度，同样是因为这些填料吸收了垃圾层中水分的缘故。添加到垃圾中的锯末、活性炭、沸石表面形成了生物膜，加速了垃圾中有机物的降解，从而使进入渗滤液中的有机物降解程度比对比垃圾层产生的渗滤液中的有机物降解得更充分一些，这样就使溶出的有机污染物质量低于对比垃圾层溶出的有机污染物质量，因而添加填料垃圾层产生渗滤液的 COD 含量低于对比垃圾层产生渗滤液的 COD 含量，即填料的添加减少了进入渗滤液中有机污染物的总量。在所添加的 4 种填料中，活性炭对减少垃圾中污染物质溶出的效果最好，这也印证了 4 种填料中，添加活性炭使垃圾降解速率增加最快的实验结果。

2.4.4.2 填料添加对垃圾渗滤液氨氮的影响

考虑到氨氮浓度高是垃圾渗滤液的一个重要特点和处理过程中的难点，实验中对 5

个垃圾层产生的渗滤液氨氮浓度随时间的变化情况进行了监测。

图 2-11 所示为 5 个垃圾层产生的垃圾渗滤液氨氮浓度随时间变化曲线。图 2-12 所示为 5 个垃圾层产生的垃圾渗滤液氨氮含量随时间变化曲线，这里的氨氮含量是指渗滤液的氨氮浓度与渗滤液产生量的乘积。

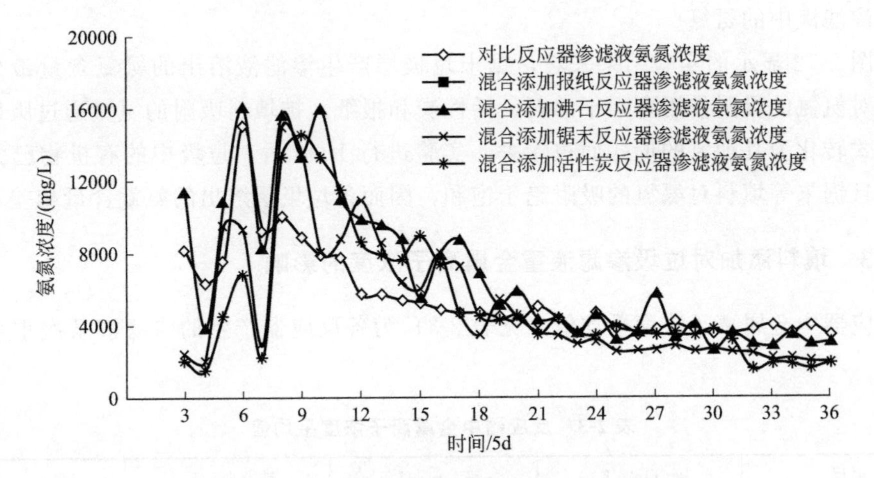

图 2-11 垃圾渗滤液氨氮浓度随时间变化曲线

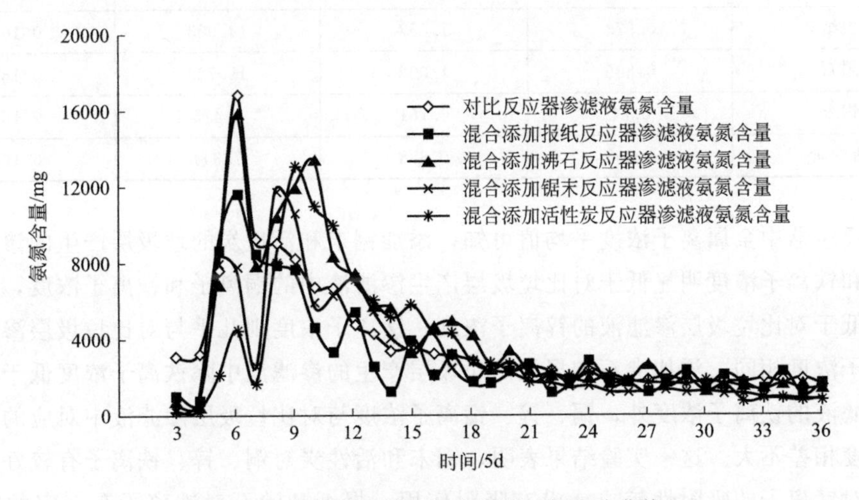

图 2-12 垃圾渗滤液氨氮含量随时间变化曲线

由图 2-11 的 5 条曲线可知，在实验的前 50d 里，4 个加填料的反应器产生的渗滤液氨氮浓度均低于对比反应器产生的渗滤液氨氮浓度，接着添加填料的反应器产生的渗滤液氨氮浓度开始高于对比反应器产生的渗滤液氨氮浓度。这种现象一直持续到 105d，之后产生渗滤液氨氮浓度由高到低的顺序依次是对比垃圾层、添加报纸垃圾层、添加沸石垃圾层、添加活性炭垃圾层、添加锯末垃圾层。

由图 2-12 可知，在实验的前 50d 里，5 个反应器产生的渗滤液氨氮含量随时间变化没有规律性，从实验的第 50～105d，5 个反应器产生的渗滤液氨氮含量由高到低的顺序与对应的渗滤液氨氮浓度由高到低的顺序相同。从实验的第 105～180d，5 个反应器产生的渗滤液氨氮含量相差不大。由于添加了锯末、活性炭、沸石、报纸的垃圾层的渗滤液产生量少于对比垃圾层的渗滤液产生量，而且添加这4种填料的垃圾层中有机物降解速率快于对比垃圾层的有机物降解速率，这样就会产生更多的氨氮，但添加填料的垃圾层产生的渗滤液氨氮浓度不仅没有明显高于对比垃圾层的渗滤液氨氮浓度，反而在实验进行50d后一直低于对比垃圾层的渗滤液氨氮浓度，说明填料对氨氮有吸附作用，减少了进入渗滤液中的氨氮。

从图2-12显示的实验结果来看，锯末垃圾层产生渗滤液溶出的氨氮含量最少，表明锯末对氨氮的吸附作用要强于沸石、活性炭和报纸。被填料吸附的氨氮通过厌氧氨氧化等方式转化为其他氮的形式而被除去。实验进行105d后，垃圾中的有机物已大部分降解，且锯末等填料对氨氮的吸附趋于饱和，因而各垃圾层溶出的氨氮含量相差不大。

2.4.4.3 填料添加对垃圾渗滤液重金属离子浓度的影响

反应器中金属离子浓度平均值（见表2-3）为各反应器产生的渗滤液某次重金属测定情况。

表2-3 反应器中金属离子浓度平均值

项目	铜/(mg/L)	锌/(mg/L)	铁/(mg/L)	锰/(mg/L)
对比	1.044	1.08	23.647	0.162
报纸	0.973	1.058	14.963	0.163
沸石	0.806	1.002	15.725	0.164
锯末	0.61	0.761	7.475	0.164
活性炭	0.598	0.878	7.344	0.161

由反应器中金属离子浓度平均值可知，添加锯末和活性炭的垃圾层产生的渗滤液中铜离子和铁离子浓度明显低于对比垃圾层产生渗滤液中的铜离子和铁离子浓度，锌离子浓度略低于对比垃圾层渗滤液的锌离子浓度，锰离子浓度则几乎与对比垃圾层渗滤液中的锰离子浓度相同。添加沸石和报纸的垃圾层产生的渗滤液中除铁离子浓度低于对比垃圾层渗滤液的铁离子浓度外，铜、锌、锰离子浓度与对比垃圾层渗滤液中对应的重金属离子浓度相差不大。这一实验结果表明，锯末和活性炭对铜、锌、铁离子有较好的吸附作用，对锰离子的吸附性较差或没有吸附作用；报纸和沸石对铁离子有一定的吸附作用，但对铜、锌、锰离子的吸附作用较弱。填料对金属离子吸附能力的差异是由于填料的表面性质不同，整体来看，在垃圾填埋的初期和中期，锯末和活性炭的添加能对渗滤液中重金属离子的减少起一定的作用。随着填埋进入后期，垃圾内部环境逐渐呈碱性，重金属离子形成沉淀固定在垃圾层中，渗滤液中的重金属离子浓度将进一步降低。

2.4.5 添加填料对生活垃圾降解速率的影响

图2-13所示为对比垃圾层、添加锯末垃圾层、添加活性炭垃圾层、添加沸石垃圾层、添加报纸垃圾层中垃圾填埋层高度随时间变化曲线；图2-14所示为垃圾降解速率随时间变化曲线。

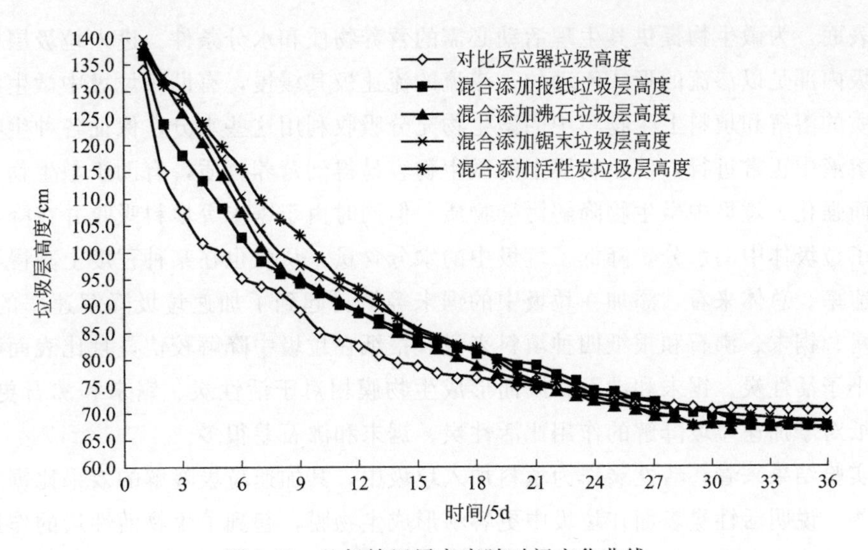

图 2-13　垃圾填埋层高度随时间变化曲线

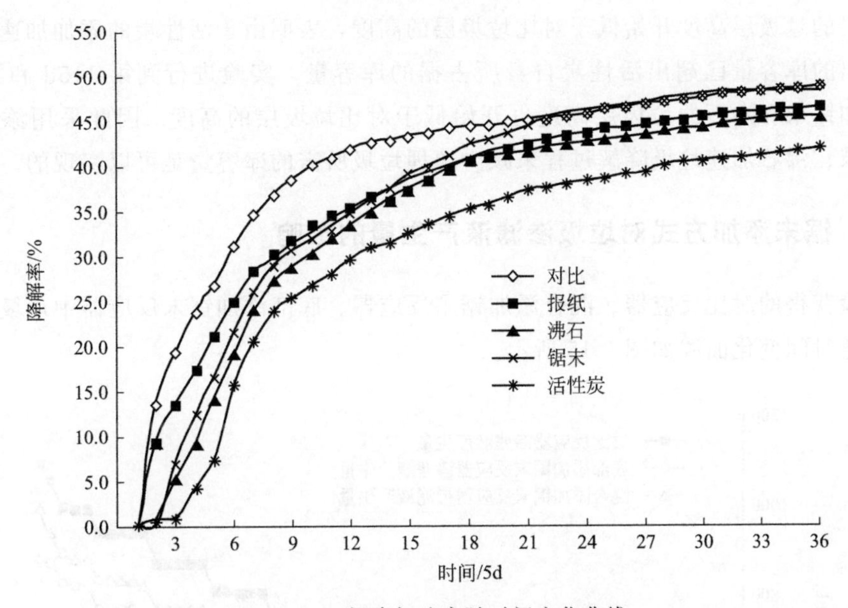

图 2-14　垃圾降解速率随时间变化曲线

由图中的各条曲线可知，添加填料的垃圾层均比对比垃圾层的沉降速率快，添加活性炭的垃圾层比添加锯末、沸石和报纸的垃圾层沉降速率更快，添加报纸的垃圾层和对比垃圾层沉降速率相差不多。实验进行 180d 后，对比垃圾层的高度为 70.4cm，添加活性炭垃圾层的高度为 62.1cm，添加锯末垃圾层的高度为 63.2cm，添加沸石垃圾层的高度为 65.3cm，添加报纸垃圾层的高度为 67.9cm，添加活性炭的垃圾层比对比垃圾层在 180d 内多沉降了 8.3cm。由此可见，垃圾中混合添加活性炭、锯末、沸石、报纸可导致垃圾降解速率加快。

生活垃圾降解的实质是垃圾中的微生物对垃圾中可降解物质的分解过程。活性炭等填料有很大的比表面积和一定的粗糙度，将其添加到垃圾层后，其表面易形成生物膜，微生物易于附着在生物膜上。活性炭等填料有很强的吸附能力，可将污染物质和水分吸附到其表面，为微生物提供其生理活动必需的营养物质和水分条件。进入垃圾层中的水分在垃圾内部是以渗流的形式流动的，渗流的流速极其缓慢，有助于垃圾中微生物所需营养物质的溶解和填料上生物膜中的微生物充分吸收利用这些水分，保证各种生物化学反应在溶液中正常进行，使生物膜上的微生物容易得到营养物质，有助于微生物生长繁殖，从而强化了垃圾中微生物降解污染物质。但同时由于锯末等填料吸收并在降解过程中消耗了垃圾体中的水分，降低了垃圾中的水分含量，从而也在某种程度上减慢了垃圾的降解速率。总体来看，添加在垃圾中的锯末等填料起到了加速垃圾降解速率的作用。就活性炭、锯末、沸石和报纸四种填料来说，报纸在垃圾中降解较快，且比表面积和粗糙度均小于活性炭、锯末和沸石，因而形成生物膜相对于活性炭、锯末和沸石更困难，因而报纸对于加速垃圾降解的作用比活性炭、锯末和沸石差很多。

从实验结果来看，活性炭作为填料加入垃圾中，其加速垃圾降解的效果比锯末和沸石略好些，说明活性炭表面在垃圾中更容易形成生物膜，起到了生物活性炭的作用，这可能与活性炭的比表面积大于锯末和沸石的比表面积有关。实验进行到第 115d 时，添加活性炭的垃圾层高度开始低于对比垃圾层的高度，表明由于活性炭的添加加速垃圾降解所让出的库容量已超出活性炭自身所占据的库容量。实验进行到第 115d 和第 130d 时，添加锯末和沸石的垃圾层高度也开始低于对比垃圾层的高度。因此采用添加活性炭、锯末、沸石加速垃圾降解过程来减少填埋垃圾所需的库容量是可以实现的。

2.4.6 锯末添加方式对垃圾渗滤液产生量的影响

实验获得的对比反应器、混合添加锯末反应器、底部添加锯末反应器中垃圾渗滤液产生量随时间变化曲线如图 2-15 所示。

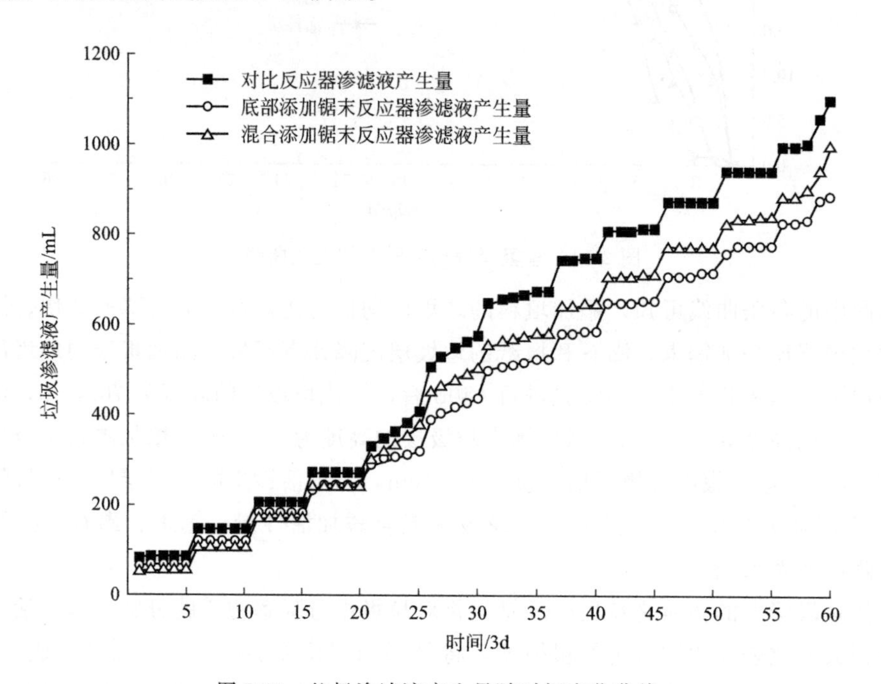

图 2-15 垃圾渗滤液产生量随时间变化曲线

曲线上每个点的横坐标为实验进行的天数，纵坐标为从实验开始到实验进行当天的渗滤液产生量之和与初始填埋垃圾体积的比值。由图 2-15 可知，添加锯末的 2 个反应器的渗滤液产生量始终比对比反应器的渗滤液产生量少，而且混合添加锯末的反应器的垃圾渗滤液产生量少于底部添加锯末反应器的渗滤液产生量。从图 2-15 还可知，混合添加锯末的方式比底部添加锯末的方式对渗滤液的减量效果更好。在反应器运行 50d 后，底部添加锯末的反应器中的锯末开始逐渐发黑并沉降，锯末量减少，表明锯末已经开始发生明显的降解。

根据前面的分析，锯末在降解的过程中要消耗垃圾中的水分，垃圾内部比底部锯末层中含有更多的微生物，这就使锯末在达到饱和吸附量后，混合添加的锯末可以比底部添加的锯末得到更充分的降解，消耗更多的水分，从而产生更少的渗滤液。此外，垃圾中的水分在垃圾层的水力停留时间要长于在底部锯末层的水力停留时间，混合添加的锯末比底部添加的锯末和垃圾中的水分接触得更充分，因而混合添加的锯末可以比底部添加的锯末吸收更多垃圾中的水分，这也导致了混合添加锯末反应器产生的渗滤液产生量少于底部添加锯末反应器产生的渗滤液产生量。

2.4.7 锯末添加方式对垃圾渗滤液 COD 的影响

图 2-16 所示为对比反应器、混合投加锯末反应器、底部添加锯末反应器产生的垃圾渗滤液 COD 浓度随时间变化曲线。

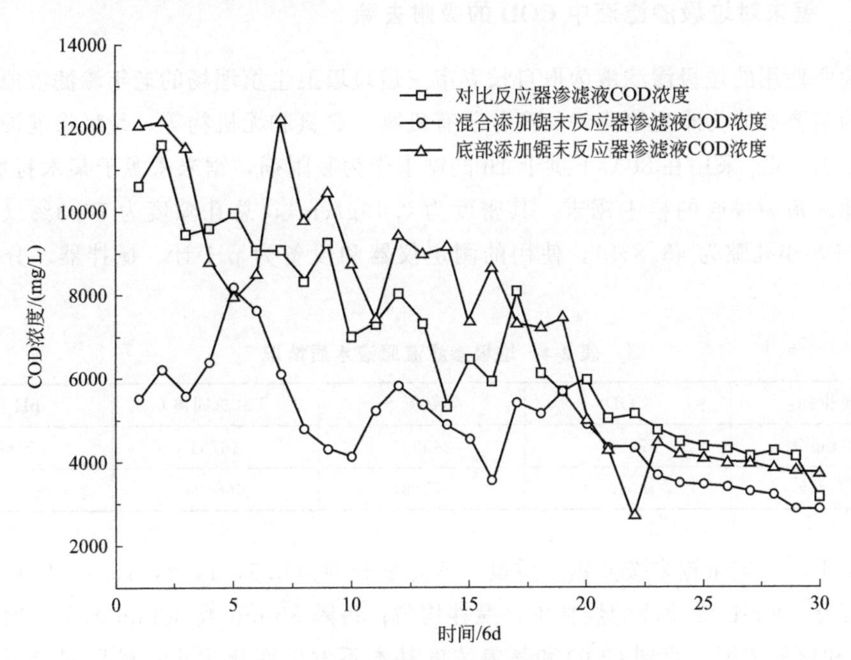

图 2-16 垃圾渗滤液 COD 浓度随时间变化曲线

由图 2-16 可知，在实验的前 120d 内，对比反应器产生的渗滤液 COD 浓度低于底部添加锯末反应器产生渗滤液的 COD 浓度，高于混合添加锯末反应器产生渗滤液的 COD 浓度。在实验的后 60d 内，对比反应器产生的渗滤液 COD 浓度高于底部添加锯末反应器和混合添加锯末反应器产生渗滤液的COD浓度，混合添加锯末反应器产生渗滤液的COD浓度低于底部添加锯末反应器产生渗滤液的COD浓度。由于锯末吸收了垃圾中的水分，导致渗滤液产生量减少，因而底部添加锯末反应器溶出的渗滤液COD浓度高于对比反应器溶出的渗滤液COD浓度。混合添加的锯末吸收了垃圾中的水分，可导致渗滤液的COD浓度升高，但同时锯末也起到了填料的作用，锯末表面形成了生物膜，加速了垃圾中有机物的降解，因此溶入渗滤液中的有机物比溶入对比反应器渗滤液中的有机物降解得更充分一些，这样可以使溶出的有机物COD浓度低于对比反应器产生渗滤液的COD浓度。

实验结果表明，在锯末加速垃圾降解和吸水综合作用下，产生渗滤液的COD浓度低于不添加锯末垃圾层产生渗滤液的COD浓度。底部添加的锯末不与垃圾充分接触，锯末层中的微生物数量较少，因此几乎没有加速垃圾降解的作用。在从垃圾中溶出同样污染物的情况下，由于底部添加锯末吸收了渗滤液中的水分，从而导致底部添加锯末反应器溶出的渗滤液COD浓度高于对比反应器溶出的渗滤液COD浓度。在实验进行120d后，底部添加的锯末和混合添加的锯末已发生明显降解，3个反应器产生渗滤液的COD浓度逐渐趋于相同。

2.4.8 锯末对渗滤液中污染物质的吸附去除

2.4.8.1 锯末对垃圾渗滤液中COD的吸附去除

实验所使用的垃圾渗滤液为取自长春市三道垃圾卫生填埋场的老年渗滤液原液，渗滤液中的主要成分为难生物降解的高分子有机物、氨氮和无机物等，垃圾渗滤液原液水质情况见表2-4。采用在80℃下烘干1h的锯末作为吸附剂，锯末来源于某木材加工厂，为东北地区最为普通的杉木锯末，其密度为0.19g/cm³，总孔隙度为78.3%（大孔隙为34.5%，小孔隙为43.8%），使用的测定仪器和设备为pH计、搅拌器、分光光度计等。

表2-4 垃圾渗滤液原液水质情况

水质指标	COD	氨氮	TS(总固体)	pH值
浓度/(mg/L)	7525	2439.6	16701	7.66
总量/mg	3010	975.84	668.04	

将烘干的一定量锯末按照锯末质量/TS总量分别为0.5，1，2，4，8，16的比例加入6个装有400mL渗滤液的烧杯中，搅拌均匀；每隔30min或60min测定一次渗滤液的COD和氨氮浓度，直到COD和氨氮浓度基本不发生变化为止；最后测定不同锯末投加量时渗滤液的pH值。同时做投加比为8的蒸馏水空白试验，按同样时间间隔测定锯末的吸水体积后，测定空白样品的COD、氨氮和pH值等，以确定因投加锯末造成的COD、氨氮和pH值的增加值。

计算锯末对COD和氨氮的吸附量：

吸附量=(吸附前某指标总量+锯末某指标溶入量)-吸附后某指标总量

实验中不同投加比的锯末投加量见表 2-5。

表 2-5 不同投加比锯末投加量

投加比(锯末质量/TS总量)	0.5	1	2	4	8	16
锯末理论投加量/g	0.33402	0.66804	1.33608	2.67216	5.34432	10.68864
锯末实际投加量/g	0.3684	0.6885	1.3760	7.7351	5.3915	10.6449

实验中 COD 的测定采用重铬酸盐法（HJ 828—2017），氨氮的测定采用纳氏试剂分光光度法（HJ 535—2009），pH 值采用 pH 计测定。

锯末在吸附垃圾渗滤液污染物的同时，对水分也有一定的吸附作用，为考察锯末的吸水性能，将投加比为 8 的锯末浸于蒸馏水中，按同样间隔时间测定蒸馏水剩余体积，方法为用湿纱布过滤后测定滤液体积，其值小于投加锯末前的水样体积，而两者之差再与锯末质量相除即为单位重量锯末的吸水量；同时在 240min 时测定空白样品中的各项指标。不同吸附时间条件下，锯末单位质量吸水体积随时间变化曲线如图 2-17 所示。

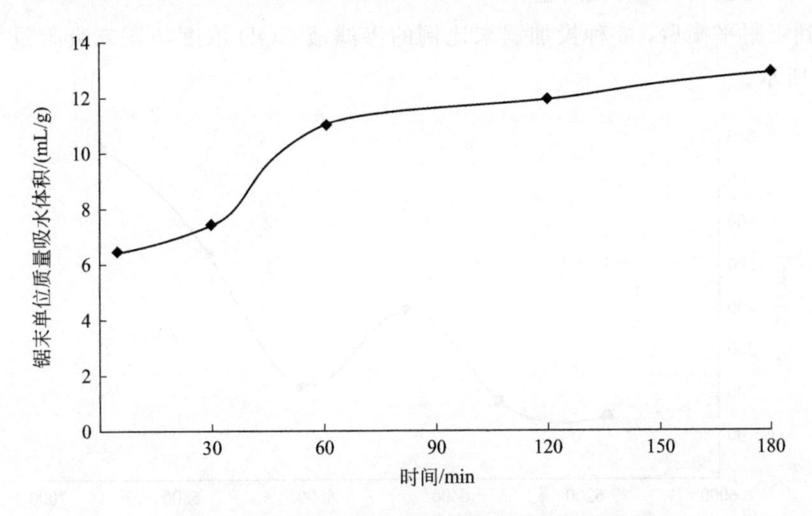

图 2-17 锯末单位质量吸水体积随时间变化曲线

由图 2-17 可知，在前 180min 内，锯末对渗滤液中水分的吸收量随着时间的增加而增加，在 180min 左右时，锯末对渗滤液中的水分的吸收达到饱和，饱和吸水量为 12.88mL(水)/g(锯末)，之后继续增加吸水时间，吸水量也不再增加。从实验数据来看，锯末对渗滤液中水分的吸收量很大，说明锯末有很强的吸水功能，在垃圾中添加锯末可以减少渗滤液产生量。

不同投加比锯末吸附渗滤液 COD 总量随时间变化曲线如图 2-18 所示。

试验结果表明，投加锯末造成的 COD 溶入量为 8.327mg(COD)/g(锯末)，因该值不是很大，当渗滤液中 COD 浓度较大，且投加的锯末较少时也可忽略。

由图 2-18 可见，当吸附进行到 180min 时，继续增加吸附时间，各投加比例的吸附量基本都不再增大，表明当温度为 20℃、COD 初始浓度为 7525mg/L 时，锯末对垃圾渗滤液中 COD 的吸附平衡时间是 180min。由该图还可知，高比例的锯末投加量可明显

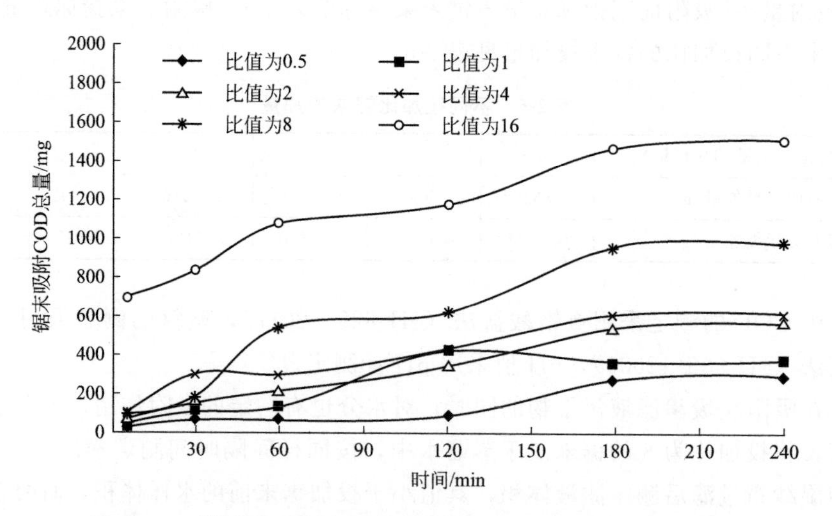

图 2-18 不同投加比锯末吸附渗滤液 COD 总量随时间变化曲线

增加锯末对渗滤液 COD 的吸附量。

在达到吸附平衡后，6 种投加锯末比例的渗滤液 COD 浓度与锯末吸附量关系曲线如图 2-19 所示。

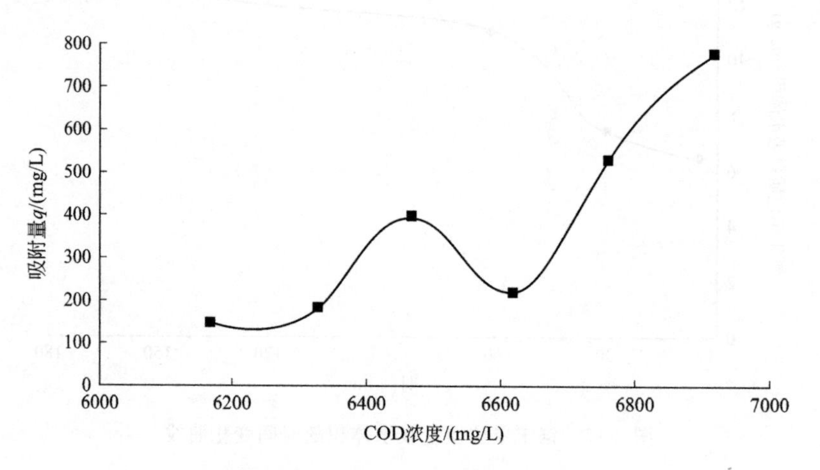

图 2-19 吸附平衡后渗滤液 COD 浓度与吸附量关系曲线

吸附平衡后渗滤液 COD 浓度与吸附量对数关系曲线如图 2-20 所示。R^2 为回归平方和占总误差平方和的比例。

图 2-20 对数关系曲线其线性关系为

$$y=13.828x-50.273, \quad R^2=0.8102$$

由此可以推断，锯末对渗滤液中 COD 的吸附符合费兰德利希吸附等温式：

$$q=KC^{\frac{1}{n}} \tag{2-3}$$

式中 q——吸附量；

C——吸附平衡浓度；

K，n——常数。

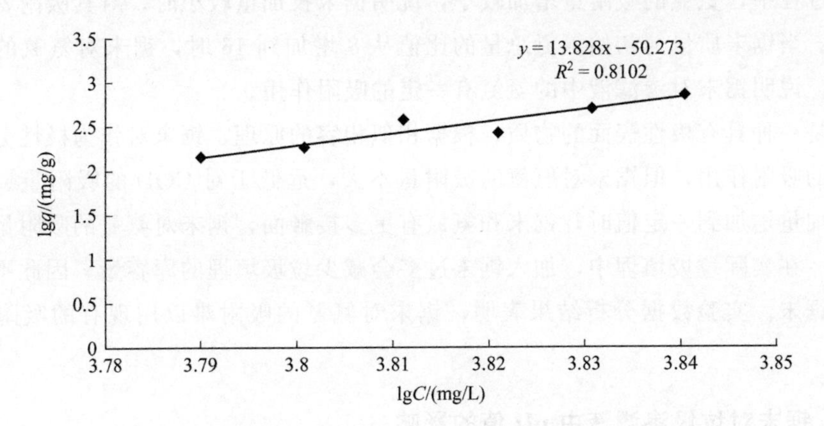

图 2-20 吸附平衡后渗滤液 COD 浓度与吸附量对数关系曲线

根据实验数据，通过计算得到 $K=10^{-50.273}$，$\frac{1}{n}=13.828$。由于$\frac{1}{n}$较大，所以渗滤液的 COD 平衡浓度越高，则锯末对其吸附量越大。实验结果计算表明，在实验室温度 20℃，锯末投入比例为 16，即锯末投加量为 10.6449g 时，通过锯末吸附可使渗滤液的 COD 浓度从 7200mg/L 降至 6020mg/L 左右，经计算锯末吸附 COD 容量约为 142.44mg(COD)/g（锯末），说明通过锯末具有的孔隙结构可吸附去除渗滤液中的 COD。

2.4.8.2 锯末对垃圾渗滤液中氨氮的吸附去除

不同投加比锯末吸附渗滤液中氨氮总量随时间变化曲线如图 2-21 所示。

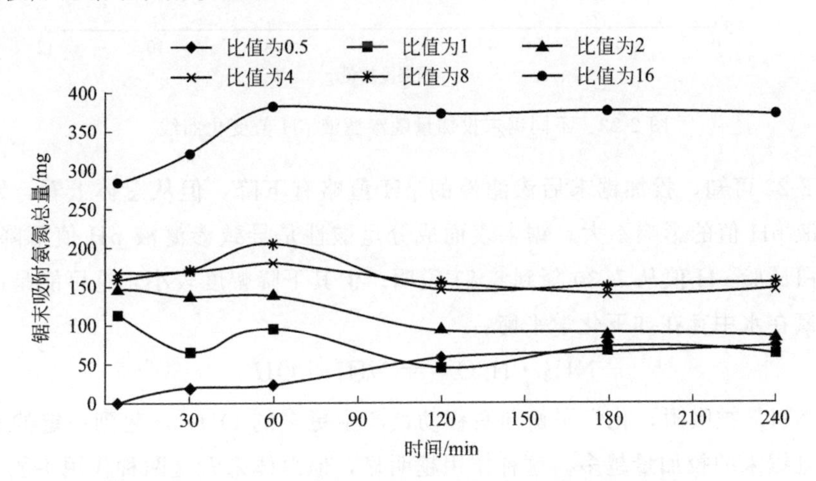

图 2-21 不同投加比锯末吸附渗滤液氨氮总量随时间变化曲线

试验结果表明，投加锯末造成的氨氮溶入量为 0.734mg(氨氮)/g(锯末)。

由图 2-21 可知，不同投加比的锯末在 60min 内已基本达到对氨氮的吸附平衡，继续增加吸附时间，锯末对氨氮的吸附量几乎没有增加，可见锯末对氨氮的吸附速率要明显快于 COD 的吸附速率。由该图还可知，在锯末质量/初始氨氮总量的比值从 0.5 增加到 8 的过程中，氨氮的吸附量增加较小，说明锯末投加量较小时，对其吸附氨氮的量影响不大。当锯末质量与初始氨氮总量的比值从 8 增加到 16 时，锯末对氨氮的吸附量明显增加，说明锯末对渗滤液中的氨氮有一定的吸附作用。

锯末是一种具有极性表面的物质，根据相似相容的原理，锯末对作为极性分子的氨氮有一定的吸附作用，但锯末对氨氮的吸附量不大，远低于对 COD 的吸附量。只有当锯末的投加量增加到一定值时，锯末和氨氮有更多接触面，锯末对氨氮的吸附量才有明显的增加。在实际垃圾填埋中，加入锯末过多会减少垃圾填埋的库容量，因此不宜加入过多量的锯末。实验数据分析结果表明，锯末对氨氮的吸附难以用现有的吸附等温式表达。

2.4.8.3 锯末对垃圾渗滤液中 pH 值的影响

吸附 180min 后，不同锯末投加量随渗滤液 pH 值变化曲线如图 2-22 所示。

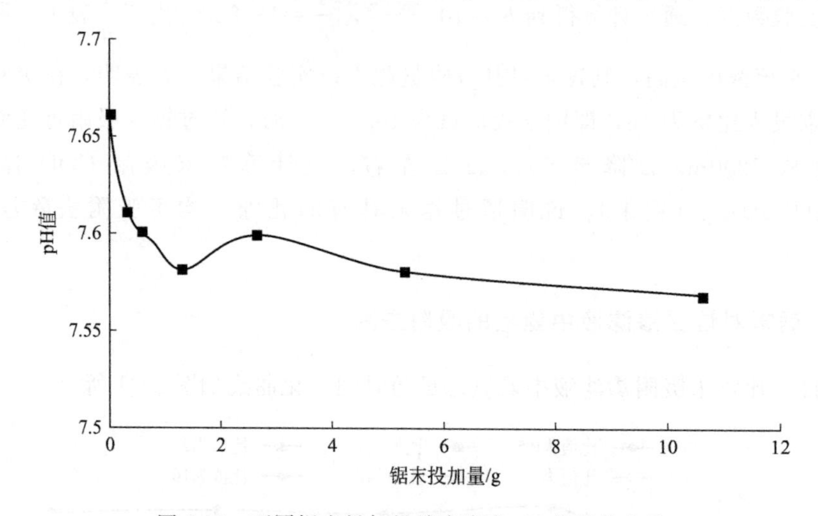

图 2-22 不同锯末投加量随渗滤液 pH 值变化曲线

由图 2-22 可知，投加锯末后渗滤液的 pH 值略有下降，但从总体上看，锯末的投加对渗滤液 pH 值的影响不大。锯末表面成分呈酸性是导致渗滤液 pH 值下降的原因，可以由空白试验 pH 值从 7.30 降到 6.81 说明。但其下降幅度较小，这可能是由于锯末吸附的氨氮在水中存在如下化学平衡：

$$NH_3 \cdot H_2O \rightleftharpoons NH_4^+ + OH^-$$

随着 NH_4^+ 被吸附，化学平衡向右移动，产生更多的 OH^-，起到一定的水质缓冲作用，而且锯末的投加量越多，这种作用越明显，但总体来看这两种作用不能使渗滤液 pH 值发生太大的变化。

锯末是一种呈细小颗粒的疏水性物质，具有一定的孔隙结构，大孔隙为 34.5%，小孔隙为 43.8%。通过锯末的大孔隙结构可吸附垃圾渗滤液中构成 COD 的大分子有机物，而通过锯末的小孔隙结构可吸附垃圾渗滤液中的氨氮等小分子物质。锯末的这种吸附作用可能主要是通过物理吸附进行的，物理吸附是由分子力引起的，可形成单分子吸附层或多分子吸附层。由于分子间力普遍存在，所以当以吸锯末作为吸附剂时，可吸附垃圾渗滤液中COD、氨氮等多种吸附质，但由于锯末和垃圾渗滤液中的吸附质的极性强弱不同，锯末对各种吸附质的吸附量也不同，所以表现在锯末对垃圾渗滤液中COD、氨氮及水分的吸附量差异较大。

锯末对氨氮的吸附速率要明显快于COD的吸附速率的原因，可能是氨氮在垃圾渗滤液中的液膜扩散速度和锯末颗粒内部扩散速度要高于构成COD物质的扩散速度的缘故。

3 垃圾渗滤液传统催化氧化处理技术

由于垃圾渗滤液的催化氧化处理技术具有处理成本低、处理效果好、不受垃圾渗滤液水质水量变化影响、不产生二次污染等诸多优点，因而成为越来越多科研工作者们的研究热点，并被业内一致评为当前最具发展前景的垃圾渗滤液处理技术。

3.1 催化氧化技术的机理及分类

3.1.1 催化氧化技术机理

催化氧化技术是一种去除难降解有机污染物的新技术，由于该技术产生大量非常活泼的具有强氧化性的羟基自由基（HO·），这些自由基无选择性地直接与废水中的有机污染物作用诱发后续链反应，将难降解有机污染物无害化降解，并且操作条件易于控制，因此该技术被广泛应用于废水处理中，是一项值得研究的污水处理技术。

3.1.2 催化氧化技术分类

垃圾渗滤液的传统催化氧化处理技术主要包括 Fenton 试剂催化氧化技术、臭氧催化氧化技术等，这里主要介绍这两种技术。

3.1.2.1 Fenton 试剂催化氧化技术

Fenton 试剂催化氧化技术的实质是利用催化剂与过氧化氢反应，在反应的过程中产生具有强氧化性的羟基自由基（HO·），可以氧化大部分的有机物。Fenton 试剂是利用亚铁离子做催化剂、过氧化氢做氧化剂来进行有机物处理的，近年来该技术逐渐应用于垃圾渗滤液的处理。

3.1.2.2 臭氧催化氧化技术

臭氧催化氧化技术是一种高级氧化技术，该技术常被用于去除废水的色度和难降解有机物。臭氧是一种强氧化剂，其氧化还原电位与 pH 值有关，在酸性溶液中 $E^{\ominus}=2.07V$，氧化能力仅次于氟；在碱性溶液中 $E^{\ominus}=1.24V$，氧化能力略低于氯（$E^{\ominus}=$

1.36V)。单独使用臭氧处理垃圾渗滤液时，存在处理费用高、氧化能力不足、在低剂量和短时间内不能完全矿化污染物、分解生成的中间产物会阻止臭氧的进一步氧化等问题，因此，本书采用臭氧催化氧化技术与多种催化剂结合的方法，筛选出对垃圾渗滤液COD和氨氮去除率最高的催化剂，以达到提高氧化效率、改善垃圾渗滤液可生化性的目的。

3.2 Fenton试剂催化氧化垃圾渗滤液实验研究

3.2.1 Fenton试剂在垃圾渗滤液中的应用

近年来，采用Fenton试剂和混凝-Fenton试剂联用工艺处理垃圾渗滤液成为研究热点，相关的研究成果已有报道，但大多集中于Fenton试剂或混凝-Fenton试剂联用处理渗滤液的最佳药剂投加量和处理效果上，对混凝-Fenton工艺和Fenton-混凝工艺处理垃圾渗滤液的效果和成本的比较研究则未见报道，而且研究大多是把Fenton试剂或混凝-Fenton试剂用于垃圾渗滤液的后续处理，并未将其用于垃圾渗滤液的原液处理。

由于垃圾渗滤液的处理成本要远高于一般生活污水和工业废水的处理成本，因而若能找到混凝-Fenton工艺处理垃圾渗滤液的最佳技术路线，则可减轻垃圾渗滤液的处理负担，降低垃圾渗滤液的处理费用。本节内容介绍了采用混凝-Fenton和Fenton-混凝两种工艺分别处理相同的垃圾渗滤液原液，比较考察了两种处理工艺对渗滤液COD的去除情况和处理成本。

3.2.2 Fenton催化氧化渗滤液的实验材料及方法

3.2.2.1 Fenton催化氧化渗滤液的实验材料

实验所使用的垃圾渗滤液为实验室垃圾渗滤液减量化实验装置产生的年轻垃圾渗滤液原液和取自长春市三道垃圾卫生填埋场的老年渗滤液原液，水质情况如表3-1所示。

表3-1 垃圾渗滤液原液水质情况

项目	实验室模拟年轻渗滤液	填埋场老龄渗滤液
COD/(mg/L)	13100	31680
BOD_5/(mg/L)	5633	7603
氨氮/(mg/L)	1879	4478
pH值	7.5	7.2
色度/倍	1340	2580

实际渗滤液中污染物质的主要成分是难生物降解的高分子有机物、无机物和重金属离子等，而实验室模拟垃圾渗滤液的降雨用水为蒸馏水，且垃圾成分简单、垃圾量较

小，故COD、氨氮等指标的浓度比实际渗滤液小。采用30% H_2O_2、$FeSO_4 \cdot 7H_2O$、聚合氯化铝（PAC）及硫酸等作为整个实验的Fenton试剂和混凝药剂，主要测定仪器和设备为pH计、搅拌器和分光光度计等。

3.2.2.2 Fenton催化氧化渗滤液的实验方法

① 取若干份300mL渗滤液分别置于1L的烧杯中，加硫酸将渗滤液的pH值调节至Fenton试剂氧化的适宜pH值3.5，向各个烧杯中投加相同量的H_2O_2和不同量的Fe^{2+}，使H_2O_2/Fe^{2+}的摩尔比分别为4、4.5、5、5.5、6、6.5和7。将烧杯放到搅拌器上搅拌1h，加NaOH调节pH值至8左右，然后静沉2h，取上清液测定其COD和色度。定义H_2O_2和Fe^{2+}的摩尔比为nH_2O_2/nFe^{2+}，H_2O_2和COD的质量比为mH_2O_2/mCOD，PAC和COD的质量比为mPAC$/m$COD。

② 取若干份300mL渗滤液分别置于1L的烧杯中，向烧杯中分别投加不同量的H_2O_2和Fe^{2+}，使H_2O_2与渗滤液原液的COD质量比分别为1、2、3、4、5和6。将烧杯放到搅拌器上搅拌1h，加NaOH调节pH值至8左右，再静沉1h，每隔1h取上清液然后测定其COD和色度，直到找到最佳反应时间为止。

③ 取若干份300mL渗滤液原液，按照对其COD去除率最高的H_2O_2和Fe^{2+}的投加量和反应时间对其进行Fenton氧化，测定氧化后水样的COD，再按照PAC与氧化后水样的COD质量比分别为0.2、0.4、0.6、0.8和1.0，向水样中投加不同量的PAC。将烧杯放到搅拌器上搅拌1h，再静沉2h，取上清液测定其COD和色度，计算COD去除率。

④ 取若干份300mL渗滤液分别置于1L的烧杯中，按照PAC与渗滤液原液的COD质量比分别为0.2、0.4、0.6、0.8和1.0，向烧杯中投加不同量的PAC，将烧杯放到搅拌器上搅拌1h，再静沉2h，取上清液测定其COD和色度，计算COD去除率。将经PAC混凝处理后的各份上清液水样，按照对其COD去除率最高的H_2O_2和Fe^{2+}投加量及反应时间，对其进行Fenton试剂氧化处理，测得处理后的水样COD值，计算COD去除率。

3.2.3 Fenton技术对垃圾渗滤液的处理效能

3.2.3.1 Fenton技术的最佳反应条件

在H_2O_2投加量一定（H_2O_2和COD的质量比为4）、而nH_2O_2/nFe^{2+}比值不同的条件下，Fenton试剂随渗滤液COD去除情况如图3-1所示。

由图3-1可知，在nH_2O_2/nFe^{2+}从4增加到6的过程中，Fenton试剂对渗滤液COD的去除率逐渐增高，当nH_2O_2/nFe^{2+}继续从6增加到7时，Fenton试剂对渗滤液COD的去除率开始下降。按照传统的自由基机理，Fenton试剂对渗滤液中污染物的去除是由于催化产生氧化性极强的HO·，HO·将污染物质氧化分解的结果。Fe^{2+}在Fenton反应中起到催化剂的作用，如果Fe^{2+}相对于H_2O_2过少，则不能对H_2O_2充分

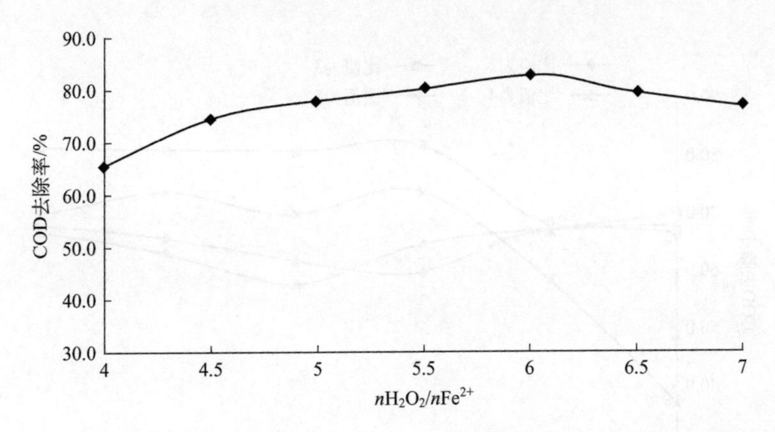

图 3-1　不同 H_2O_2 与 Fe^{2+} 摩尔比时 Fenton 试剂随渗滤液 COD 去除率变化曲线

催化来产生更多的 HO·，从而不能氧化分解更多的污染物质，导致 Fenton 试剂对渗滤液 COD 去除率降低；相反，如果 Fe^{2+} 相对于 H_2O_2 过多，则在将 H_2O_2 充分催化产生最大量 HO·的基础上，由于化学平衡的缘故，即使投加 NaOH 仍有剩余的 Fe^{2+} 留在上清液中，构成上清液中的 COD，导致 Fenton 试剂对渗滤液 COD 去除率降低。实验结果显示，在固定 H_2O_2 和 COD 的质量比为 4 的条件下，当 $nH_2O_2/nFe^{2+}=6$ 时，Fenton 试剂对渗滤液 COD 去除率最高，表明 Fenton 试剂处理垃圾渗滤液的最佳 nH_2O_2/nFe^{2+} 为 6。

当 $nH_2O_2/nFe^{2+}=6$ 时，在不同 H_2O_2 与渗滤液原液 COD 质量比条件下，模拟渗滤液 COD 去除率随反应时间变化曲线如图 3-2 所示。填埋场渗滤液 COD 去除率随反应时间的变化曲线如图 3-3 所示。

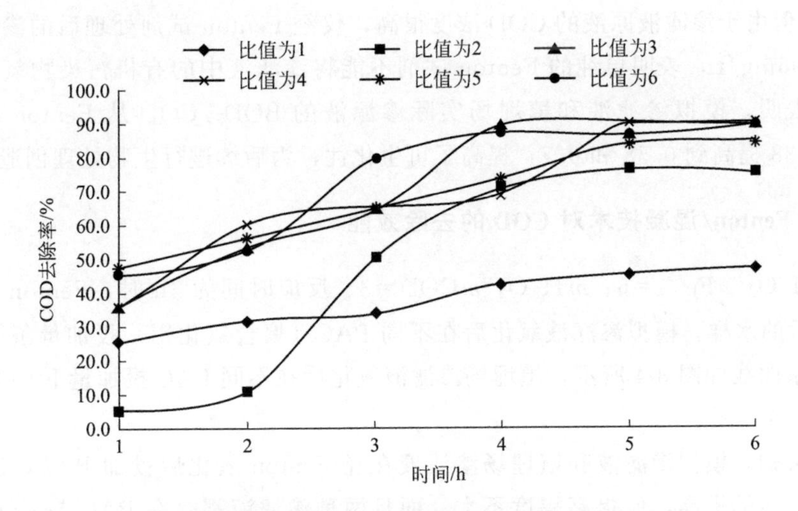

图 3-2　模拟渗滤液 COD 去除率随反应时间变化曲线

由图可知，随着反应时间的延长，不同 $mH_2O_2/mCOD$ 条件下的 COD 去除率均随反应时间的增加而升高，但在反应进行 4h 以后，再增加反应时间，COD 去除率几乎没有升高。表明 4h 后，Fenton 试剂对渗滤液中污染物质的氧化已基本完成。实验还表

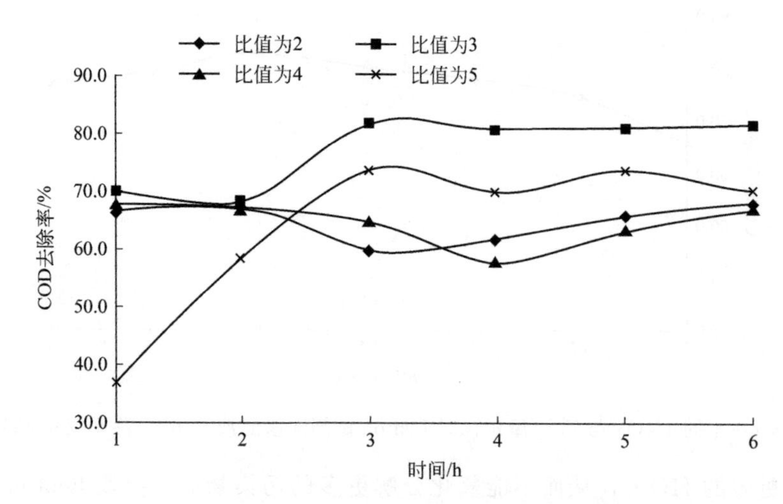

图 3-3 填埋场渗滤液 COD 去除率随反应时间变化曲线

明，$mH_2O_2/mCOD=3$ 时，Fenton 反应对渗滤液 COD 的去除率高于其他 $mH_2O_2/mCOD$ 条件下 Fenton 反应对渗滤液 COD 的去除率。污染物质的种类与数量不同，对其进行充分氧化的 H_2O_2 和 Fe^{2+} 投入量也不一样，渗滤液的 COD 浓度越高，投入的 H_2O_2 量应越多。从实验结果来看，$mH_2O_2/mCOD=3$ 时，Fenton 试剂最大限度地发挥了氧化渗滤液中污染物的作用，将渗滤液中的高分子有机污染物氧化为小分子物质；当 $mH_2O_2/mCOD>3$ 时，由于反应体系中 Fe^{2+} 含量过高，导致 COD 去除率下降。

这一实验结果说明 Fenton 试剂对渗滤液的 COD 有较高的去除率，在 $mH_2O_2/mCOD=3$ 且 $nH_2O_2/nFe^{2+}=6$ 时，Fenton 试剂对渗滤液的 COD 去除率高达 88.58%，但由于渗滤液原液的 COD 浓度很高，仅经 Fenton 试剂处理后的渗滤液浓度仍高达 1496mg/L，表明单纯的 Fenton 试剂不能将渗滤液中的有机污染物氧化降解完全。实验表明，模拟渗滤液和填埋场实际渗滤液的 BOD_5/COD 从 Fenton 氧化前的 0.26 和 0.38 提高到 0.58 和 0.7，提高了可生化性，为后续进行生物处理创造了条件。

3.2.3.2 Fenton/混凝技术对 COD 的去除效能

当 $nH_2O_2/nFe^{2+}=6$、$mH_2O_2/mCOD=3$、反应时间为 4h 时，Fenton 氧化并调节 pH 值后的水样，模拟渗滤液氧化后在不同 PAC（聚合氯化铝）投加量条件下 COD 去除率关系曲线如图 3-4 所示，填埋场渗滤液氧化后在不同 PAC 投加量下 COD 去除率曲线如图 3-5 所示。

由图可知，模拟渗滤液和填埋场渗滤液在经 Fenton 氧化后投加 PAC，COD 去除率均有进一步的提高，但提高幅度不大，而且两种渗滤液都是在 PAC 与 COD 质量比为 0.6 时对渗滤液 COD 去除率最高，模拟渗滤液为 90%，填埋场渗滤液为 86%。在 Fenton 试剂不能继续提高对渗滤液 COD 去除率的情况下，PAC 仍然能去除一些渗滤液中的 COD，说明某些不能被 Fenton 氧化的高分子有机物能够通过 PAC 混凝沉淀去除。但由于 PAC 主要适于去除长链的高分子有机物，而经 Fenton 氧化后，渗滤液中的高分子

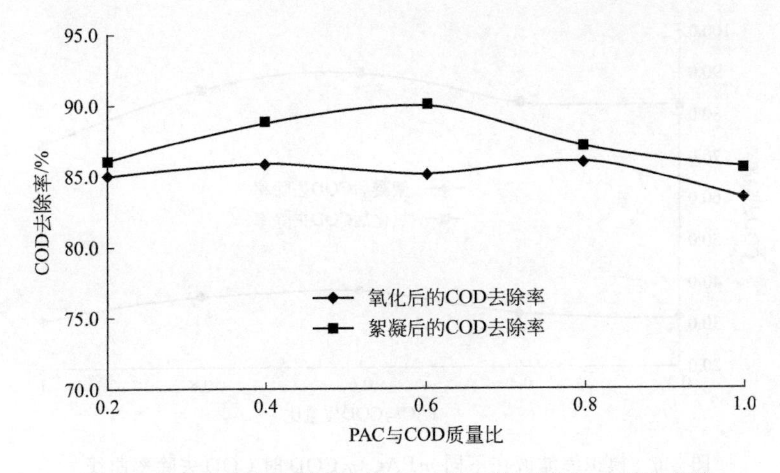

图 3-4 模拟渗滤液氧化后不同 PAC 投加量下 COD 去除率曲线

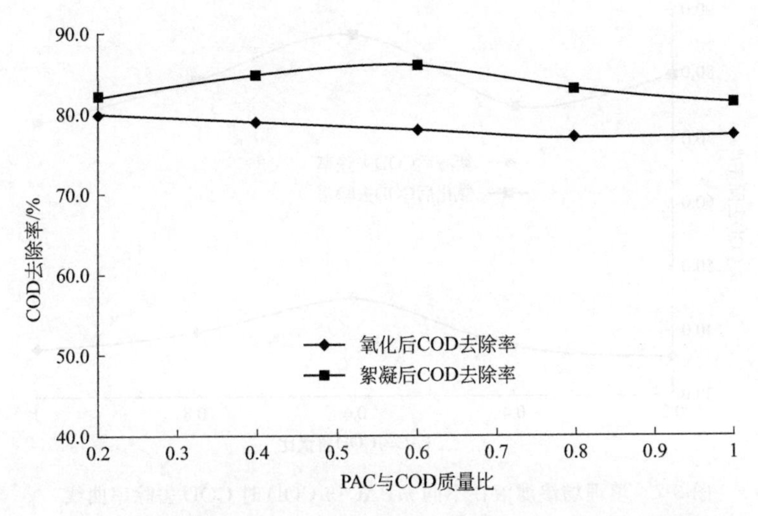

图 3-5 填埋场渗滤液氧化后不同 PAC 投加量下 COD 去除率曲线

有机物已经很少，因此渗滤液的 COD 去除率很难通过投加 PAC 来提高。PAC 投加过多时，不仅不能提高对 COD 的去除率，反而会因为 PAC 沉淀不完全导致 COD 去除率下降。实验结果显示，在 PAC 与 COD 质量比为 0.8 时，COD 去除率已开始下降。

3.2.3.3 混凝/Fenton 技术对 COD 的去除效能

在不同 PAC 投加量条件下，模拟渗滤液在不同 mPAC/mCOD 时先混凝后 Fenton 氧化的 COD 去除率曲线如图 3-6 所示，填埋场渗滤液在不同 mPAC/mCOD 时先混凝后 Fenton 氧化的 COD 去除率曲线如图 3-7 所示。

由图可知，在 mPAC/mCOD=0.6 时，PAC 混凝对模拟渗滤液原液和填埋场渗滤液原液的 COD 去除率最高，分别为 38.17%和 45.18%；在 mPAC/mCOD=0.6 的条件下，模拟渗滤液和填埋场渗滤液的 COD 去除率最高，分别达 90.55%和 86.6%，略高于先 Fenton 氧化再 PAC 混凝对渗滤液 COD 的去除率；mPAC/mCOD＞0.6 时，COD 去除率下降。PAC 混凝主要适于去除渗滤液中的高分子有机物质，为增强后续

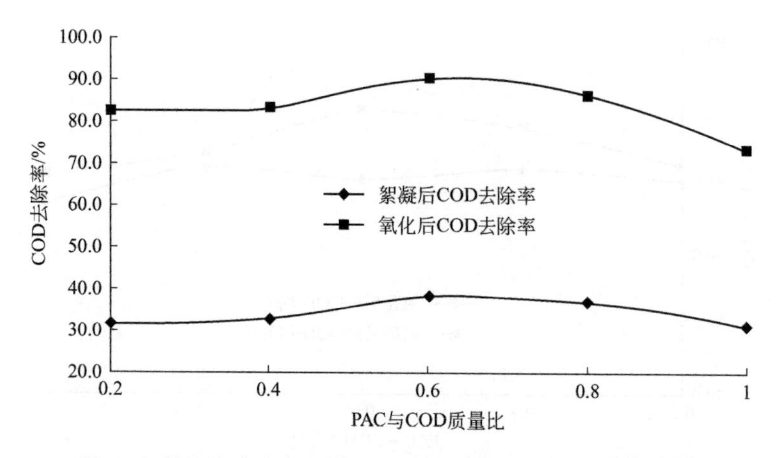

图 3-6 模拟渗滤液在不同 $mPAC/mCOD$ 时 COD 去除率曲线

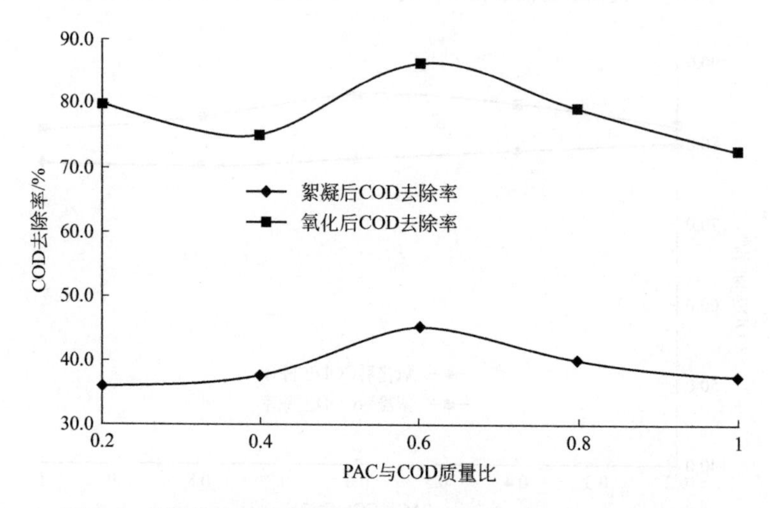

图 3-7 填埋场渗滤液在不同 $mPAC/mCOD$ 时 COD 去除率曲线

Fenton 氧化的处理效果创造条件，但实际的 COD 去除率并不明显高于先 Fenton 后混凝方法，说明 Fenton 氧化不能将渗滤液中的污染物氧化完全。当 $mPAC/mCOD>0.6$ 时，由于投加的 PAC 过量，过多的 PAC 很难完全沉淀，导致处理后的渗滤液 COD 升高。

3.2.4 两种渗滤液处理方案的比较

采用先混凝后 Fenton 氧化工艺和先 Fenton 氧化后混凝工艺处理同样的垃圾渗滤液原液，实验结果表明，先混凝后 Fenton 氧化对垃圾渗滤液 COD 的去除率略高于先 Fenton 氧化后混凝工艺，但两种方案的差异并不明显。从处理成本角度来看，先混凝后 Fenton 工艺比先 Fenton 后混凝工艺少消耗了过氧化氢，多消耗了 PAC。

按照本实验对长春三道垃圾填埋场渗滤液的处理结果，垃圾渗滤液和 H_2O_2 的密度均按 $1000kg/m^3$ 计，用 COD 浓度为 31680mg/L 计算，氧化去除率均为 80%，混凝去除率均为 45%，则每处理 1t 垃圾渗滤液，先 Fenton 氧化后混凝工艺消耗 30%过氧化氢的量为：

$$\frac{31680\times1000\times10^{-6}\times3}{0.3}=316.8(\mathrm{kg})$$

消耗硫酸亚铁的量为：

$$\frac{31680\times1000\times10^{-6}\times3}{34\times6}\times278=129.51(\mathrm{kg})$$

消耗 PAC 的量为：

$$31680\times(1-80\%)\times0.6\times1000\times10^{-6}=6.336(\mathrm{kg})$$

式中 0.3——30%过氧化氢；

34——过氧化氢分子量；

278——七水硫酸亚铁分子量；

其他为单位换算和实验所得最佳比例。

按照市场价格，30%过氧化氢为 500 元/t，硫酸亚铁为 90 元/t，PAC 为 1100 元/t，处理 1t 垃圾渗滤液的费用为 177.03 元。同样对于先混凝后 Fenton 氧化工艺，过氧化氢消耗量为 174.24kg，硫酸亚铁消耗量为 71.23kg，PAC 消耗量为 19kg，此时处理 1t 垃圾渗滤液的费用为 114.43 元。

以上比较分析表明，在处理相同垃圾渗滤液效果相差不大的条件下，每处理 1t 垃圾渗滤液，混凝-Fenton 工艺比 Fenton-混凝工艺节约 62.6 元，而且混凝-Fenton 工艺比 Fenton-混凝工艺产生的沉淀少，Fenton 氧化产生的污泥比混凝产生的污泥更难处理，因此混凝-Fenton 工艺处理垃圾渗滤液的费用会更低于 Fenton-混凝工艺。

3.3 臭氧催化氧化垃圾渗滤液实验研究

3.3.1 催化剂简介

现有工业生产应用的催化剂有三种：均相催化剂、非均相催化剂和酶催化剂。

3.3.1.1 均相催化剂

均相催化剂与反应物和产物在同一相内，最常见的是液相均相反应。这类反应要实现工业化往往其反应条件严格，反应装置复杂，催化剂和产物分离困难。

3.3.1.2 非均相催化剂

非均相催化剂是催化剂和反应物处于不同相态，最常见的催化剂是固体催化剂，反应物是气相或液相，或气、液两相。非均相催化最突出的优点是反应物的消失和产物的出现，对研究和生产带来诸多的方便，也符合催化剂参与反应历程而不消失的特点。

固体催化剂存在如下种类。

① 单一金属，如网状铂、银金属，多孔性金属镍、钴等；

② 多金属簇或合金，如 Pt-Re，Cu-Ni 分散在 Al_2O_3上；

③ 氧化物，可以是单一的如 Al_2O_3、V_2O_5，二元的如 SiO_2-Al_2O_3；

④ 分散在载体上的硫化物，如 MoS_2/Al_2O_3；

⑤ 酸性的，如二元工凝胶 SiO_2-Al_2O_3，晶体太沸石，天然黏土蒙脱土；

⑥ 碱性分散型催化剂，如 CaO、K_2O；

⑦ 其他不同类型的化合物，如 $TiCl_3$、$AlCl_3$等；

⑧ 其他形态的熔盐，如 $ZnCl_2$；

⑨ 固定化均相催化剂和固定化酶；

⑩ 膜催化剂。

非均相催化剂的制备方法一般分为浸渍法、沉淀法、混合法、离子交换法及熔融法。

(1) 浸渍法

浸渍法是将载体放入有活性组分的溶液中浸泡（称为浸渍），浸渍平衡后取出载体，经干燥、焙烧和活化制得催化剂。浸渍法直接采用外购载体，处理量大，可以选择合适的载体。负载组分多数情况分布在载体的表面上，利用率高，用量少，成本低。此法更适用于低含量贵重金属负载型催化剂，但焙烧分解工序常产生废气污染。

(2) 沉淀法

沉淀法是在搅拌的情况下，把碱类物质（沉淀剂）加入金属盐类的水溶液中，再将生产的沉淀物洗涤、过滤、干燥、成型和焙烧，制得催化剂与载体。沉淀法能使活性组分、载体均匀混合，高度分散，可提高催化剂活性、选择性，多组分催化剂也能得到均匀的混合。但生产流程较长，消耗较多，操作影响因素复杂，制备重复性欠佳。

(3) 混合法

混合法是将两种或多种催化剂组分，以粉末粒子在球磨机或碾压机上经机械混合后成型、干燥、焙烧、还原制得催化剂。此法分为湿法混合、干法混合两种。混合法设备简单，操作方便，生产能力大，可用于制备高含量的多组分催化剂，尤其是混合氧化物催化剂，但分散性和均匀性较低，粉尘较多，劳动条件差。

(4) 离子交换法

离子交换法是利用载体表面存在着可以进行交换的离子，将活性组分通过离子交换负载在载体上，再经过洗涤、还原等制成负载型金属催化剂。离子交换法所负载的活性组分分散度高，分布均匀，尤其适合低含量、高利用率贵金属催化剂的制备。

(5) 熔融法

熔融法是一种特殊的催化剂制备方法，是将金属或其氧化物在电炉中高温熔融制成合金或氧化物的固体溶液，冷却后粉碎制得催化剂。其耗电量大、对电熔设备要求高，工艺有较大的局限性，通用性不大。

3.3.1.3 酶催化剂

酶是一种生物催化剂，近几十年来，随着酶工程不断的技术性突破，酶在工业、农业、医药卫生、能源开发及环境工程等方面的应用越来越广泛。其中，酶催化剂在环境净化尤其是工业废水和生活污水的净化处理中引起人们的重视。经常用于有机合成的酶主要有以下几类：水解酶、氧化还原酶、转移酶、裂解酶、异构化酶、连接酶等。尽管酶作为催化剂长期受到化学合成领域的关注，但其在化学工业上的应用发展缓慢，远逊于其他领域的应用。垃圾渗滤液作为一种水质复杂、含有高浓度有机物或无机成分的液体，具有与城市污水所不同的特点，其性质取决于垃圾的成分、填埋时间、气候条件和填埋场设计等多种因素。因此对于成分复杂的垃圾渗滤液，酶催化剂对其的处理过程还有待进一步研究。

3.3.2 垃圾渗滤液臭氧催化氧化实验装置

垃圾渗滤液在实验室自行设计的磨口密封玻璃反应器（内径 100mm，高度 280mm）内进行催化氧化。臭氧发生器型号为 3S-A3 型，空气为其氧气源。臭氧经过湿式气体流量计（LML-2）测定体积，通过微孔曝气头充入臭氧反应柱液体中，尾气用碘化钾溶液进行吸收。为避免出现臭氧发生器的臭氧出气不稳定的情况，每次实验前首先检查线路与反应区的密封性，确定无泄漏后，进行两点清水实验，即用蒸馏水作为反应对象，测定臭氧浓度，吸收液先敞开大约 30s，使整个系统充满臭氧，然后进行密封吸收，每次以 3min 和 5min 作为两个测试点，通过计算来确定当次实验臭氧发生器的实际产气能力，然后进行实际的催化氧化实验。本研究的臭氧产生量范围为 17.21～23.59mg/min，即 2.46～3.02mg/L。垃圾渗滤液臭氧催化氧化装置如图 3-8 所示。

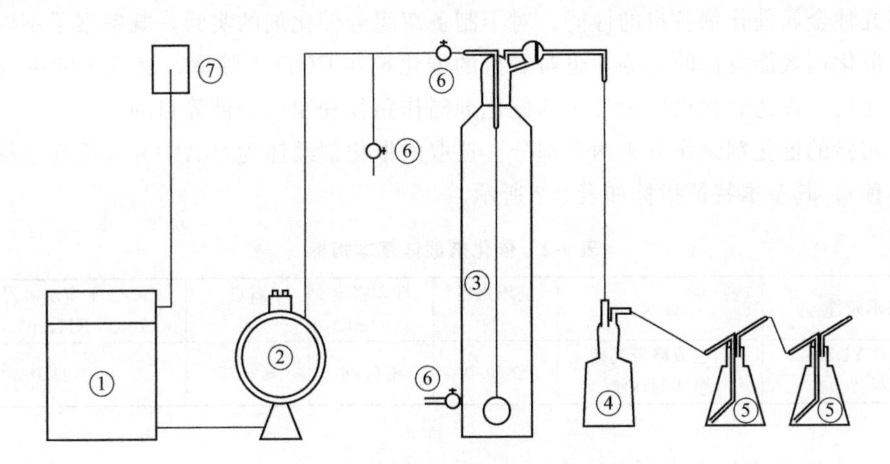

图 3-8 垃圾渗滤液臭氧催化氧化装置

1—臭氧发生器；2—气体流量计；3—臭氧反应柱；4—保护瓶；5—臭氧吸收瓶；6—阀门；7—电源

3.3.3 垃圾渗滤液臭氧催化氧化实验方法

3.3.3.1 催化剂的制备方法

为了研究能应用于催化氧化法处理垃圾渗滤液的非均相催化剂中的固体催化剂，采用浸渍法来制备和筛选用于臭氧催化氧化垃圾渗滤液中的催化剂。

(1) 催化剂制备方法的选择

通过比较发现浸渍法适用于臭氧催化氧化垃圾渗滤液中催化剂的筛选，该法制得的催化剂有利于垃圾渗滤液高级催化氧化的研究。

(2) 催化剂载体的选择

载体的选择原则一般考虑 4 点：强度；控制催化剂的密度，使其达到工艺要求最佳值；要有合适的孔结构与最佳孔径分布；不同要求的粒度和形状。

氧化铝是一种优良的载体，具有以下特点：

① 高熔点，在一般反应操作条件下具有良好的热稳定性；

② 存在表面酸性中心和表面碱性中心，从而使其具有许多重要的催化性能；

③ 在很宽的温度范围内存在着不同的过渡相；

④ 有多种来源，可大量生产，价格适中。

(3) 催化成分的选择

本研究选择的铬、镉、钴、铜、镍 5 种重金属元素的各类催化剂，在相关的文献中可能均已单独使用过，但用于渗滤液的研究甚少，且系统性比较也较少。

(4) 催化剂性能的比较

参照相关文献的制取流程，本次实验在初始的单成分催化剂制取时，并没有考察在不同浸渍液浓度、投入比例和焙烧温度的条件下，其对催化剂效能发挥的影响，没有重点考察五种金属催化剂各自的性能。对于制备双组分催化剂的实验，既考察了不同制取条件对催化剂效能发挥的影响，也对制得的催化剂在 COD 去除率、氨氮去除率等方面进行了比较，以达到找出较为理想的催化剂制作路径和制取条件等目的。

本实验的催化剂制作分为两个部分。选取的催化剂载体为 γ-Al_2O_3（活性三氧化二铝的一种），其基本特征指标如表 3-2 所示。

表 3-2 催化剂载体基本指标

技术条件	性状	抗压强度/N	堆积密度/(g/mL)	露点/℃	动态平衡水吸附量(100% RH,20℃)/%
Q/CYDZ 238—2004	白色或略带其他色调的球状	≥50.0	≤0.96	≤−55	≥25.0

(1) 单组分催化剂的制作

在制备金属负载型催化剂时，用高浓度浸渍液容易得到较粗的金属晶粒，并使催化金属晶粒的粒径分布变窄。为了克服这些缺点，实验在参考相关文献的基础上，采用低浓度浸渍液多次浸渍的方法制备催化剂，具体方法为：分别配制 0.1mol/L 铬、镉、钴、铜、镍的氯化物溶液；称取 5 份 40g 的活性氧化铝分别进行 3 次过饱和浸渍，每次均沥干浸渍后的浸渍液，每次浸渍时间为 1h；在 180℃条件下烘干 2h，然后在马弗炉中以 600℃的温度焙烧 3h；最后放置冷却，取出放入干燥器中备用。

单组分催化剂实验分为两种方式。

① 实验一：每次实验所用垃圾渗滤液体积均为400mL，充入臭氧4min，以同样的不投加催化剂渗滤液作为对比，催化剂用量为渗滤液原液中COD质量（COD浓度与渗滤液体积的乘积）的5倍，催化氧化后取出渗滤液，静置1h，测定其COD、氨氮、色度等指标。本实验采用的垃圾渗滤液取自垃圾渗滤液减量实验装置产生的模拟渗滤液原液。

② 实验二：每次实验所用垃圾渗滤液体积均为1000mL，投加臭氧的时间分别为2min、4min、6min、8min、10min，催化剂用量为渗滤液原液中COD质量的5倍，催化氧化后取出渗滤液，静置1h，然后测定其COD、氨氮、色度等指标，同时以不投加催化剂渗滤液作为对比进行实验。本实验采用的垃圾渗滤液取自垃圾渗滤液减量实验装置产生的模拟渗滤液原液。

（2）双组分催化剂的制作

通过对5种单组分催化剂进行催化剂用量、臭氧投加量、反应条件等的研究，发现铜催化剂能提高臭氧对垃圾渗滤液COD的去除率，而镍催化剂能提高臭氧对垃圾渗滤液氨氮的去除率，为获得最佳的催化效果，本研究制作了铜和镍双组分催化剂。制作过程为：配制不同浓度的铜和镍的氯化物溶液，采用不同比例的组合来进行浸渍，最后在不同焙烧温度下制得双组分催化剂。其他过程同单组分催化剂的制作。

本实验根据影响催化剂制作的最重要的条件，按照不同浸渍液浓度、投入比例和焙烧温度的组合一共制取了75种双组分催化剂。浸渍液浓度、浸渍液投入比例、浸渍次数、焙烧温度如表3-3所示。

表3-3 催化剂制取条件表

浸渍液浓度/(mol/L)	浸渍液投入比例	浸渍次数/次	焙烧温度/℃
0.0625	0.25	3	400
0.125	0.5		600
0.25	1		800
0.5	2		
1	4		

该催化剂制作步骤可总结成流程为：

浸渍液配制→按投入比例混合浸渍液→过饱和浸渍→烘干→焙烧→取出备用

3.3.3.2 浸渍法制备双组分催化剂的影响因素

在垃圾渗滤液臭氧催化氧化实验中发现铜催化剂对渗滤液COD去除率高于钴催化剂、铬催化剂、镉催化剂和镍催化剂，而镍催化剂能优先氧化去除渗滤液中的有机氮。为了发挥铜、镍两种单组分催化剂的优势，对渗滤液中的污染物质进行充分去除，本实验考虑制作铜镍双组分催化剂用于垃圾渗滤液的臭氧催化氧化处理。本实验以不同的浸渍液浓度、不同浸渍液投入比例和煅烧温度为主要研究条件，制作了75种铜镍双组分催化剂，从去除垃圾渗滤液中污染物角度出发，对75种催化剂进行了比较筛选。

浸渍法是制备多组分催化剂的一种常用方法，有以下 3 个过程。

(1) 浸渍过程

将干的或湿的载体在一定条件下与活性组分的浸渍液接触浸泡。

(2) 干燥过程

在一定温度下，将浸渍后催化剂中的溶剂挥发掉。

(3) 活化过程

在一定温度下用空气焙烧或用氢气等还原剂使催化剂活化。这样制备的催化剂称为负载型催化剂。

按活性组分的状态可分为溶液浸渍及气相浸渍；按浸渍方法可分为过饱和浸渍和饱和浸渍；按载体情况可分为干法浸渍和湿法浸渍。

影响浸渍过程的因素包括以下几点。

(1) 载体表面性质

浸渍过程伴随着吸附过程，载体对于活性组分的溶质都具有一定的吸附能力。Brunelle 通过金属络合物在氧化物载体上吸附制备金属型催化剂的研究，分析了氧化物-溶液界面上发生的现象。他认为氧化物对金属络离子的吸附决定于三个主要参数：氧化物的等电点 (Point of Zero Charge，简称 PZC)、浸渍液的 pH 值和金属络离子的性质。实验中使用的活性氧化铝的等电点为 7.0～9.0，能吸附正离子或负离子，当溶液的 pH＞PZC 时表面带负电，吸引阳离子；当溶液 pH＜PZC 时表面带正电荷，吸引阴离子。本实验中浸渍液在混合前的 pH 值如表 3-4 所示。

表 3-4 混合前各浓度下浸渍液 pH 值

浸渍液浓度/(mol/L)	0.0625	0.125	0.25	0.5	1
Cu^{2+} pH 值	4.17	3.94	3.55	3.15	2.63
Ni^{2+} pH 值	5.54	5.41	5.84	5.55	5.25

从表 3-4 中可以看出 Cu^{2+} 溶液随着浓度的增加，溶液的 pH 值逐渐降低，整体呈现酸性状态，而含有 Ni^{2+} 的浸渍液也都呈酸性，但没有规律性。

(2) 浸渍时间

本实验选择每次浸渍 1h，共浸渍 3 次，总计浸渍时间为 3h。

(3) 浸渍液浓度

本实验采用的 Cu^{2+} 和 Ni^{2+} 的浸渍液浓度分别为 0.0625mol/L、0.125mol/L、0.25mol/L、0.5mol/L、1mol/L。

(4) 浸渍液用量

本实验采用过饱和浸渍，每次需浸渍的载体约为 20g，3 次过饱和浸渍总计使用浸渍液量约为 75mL。Cu^{2+} 和 Ni^{2+} 浸渍液的具体用量见表 3-5。表 3-5 中的第一行所示的浸渍液投入比例，也即用于负载的金属离子的摩尔比例。

表 3-5 浸渍液混合时取用体积

浸渍液投入比例	0.25	0.5	1	2	4
Cu^{2+}体积/mL	15	25	37.5	50	60
Ni^{2+}体积/mL	60	50	37.5	25	15

实验中算得的各浸渍液 pH 值如表 3-6 所示，计算用于浸渍载体的浸渍液 pH 值时不考虑 Cu^{2+} 浸渍液和 Ni^{2+} 浸渍液混合时引起的体积变化。

表 3-6 不同浸渍液的 pH 值

浸渍液浓度/(mol/L)	浸渍液投入比例				
	0.25	0.5	1	2	4
0.0625	4.80	4.61	4.45	4.34	4.26
0.125	4.58	4.39	4.23	4.11	4.03
0.25	4.24	4.02	3.85	3.72	3.65
0.5	3.84	3.62	3.45	3.33	3.25
1	3.32	3.11	2.93	2.81	2.73

从表 3-6 可知随着浸渍液浓度和 Cu^{2+}/Ni^{2+} 的增大，混合后的浸渍液 pH 值越来越小，且每种浸渍液的 pH 值都小于活性氧化铝的 PZC。当溶液 pH<PZC 时表面带正电荷，吸附阴离子，但是实验中载体主要吸附金属阳离子，由此可知实验中所用载体表面带负电，在使用前未进行调整，金属离子可直接与载体通过化学键结合，形成催化剂。

干燥是催化剂制备过程中不可缺少的一个步骤，是通过某种方式将热量传给含水物料，并将此热量作为潜热而使水分蒸发分离的单元操作过程。干燥的目的是脱除吸附水，一般在 60～200℃的空气中进行。本实验选取的干燥温度为 180℃，干燥时间为 2h。

实验选取活化过程中空气焙烧的方法来制取催化剂。载体或催化剂在不低于其使用温度下，在空气或惰性气流中进行热处理，称为焙烧。一般来说，300～600℃称为中温焙烧，高于 600℃时称为高温焙烧。在焙烧的时候会发生热分解反应，不同的催化剂组分或载体之间发生固相反应，产生新的活化相，发生晶型变化，发生再结晶、烧结等现象。为了考察在不同中温焙烧温度时催化剂的制作效果，并比较催化剂制作时中温焙烧和高温焙烧的效果，本实验采用马弗炉进行焙烧，焙烧的温度分别为 400℃、600℃、800℃，焙烧时间为 3h。

3.3.3.3 75 种双组分催化剂的筛选实验

表 3-7 所示为实验中制得的 75 种双组分催化剂的制作条件。

催化剂的筛选实验根据上述实验方法中的双组分催化剂实验进行。实验条件为 25℃（室温），催化剂与垃圾渗滤液 COD 的质量比为 5，臭氧投加量与 COD 质量比为 0.5，pH 值未调节，所有筛选实验的结果从三个角度分析，包括垃圾渗滤液 COD 的去除率、氨氮的去除率、臭氧的利用率。因为在本实验中投入的臭氧量非常充足，对垃圾

表 3-7 各催化剂制作编号与制作条件

催化剂制作编号	浸渍液浓度/(mol/L)	浸渍液投入比例	焙烧温度/℃	催化剂制作编号	浸渍液浓度/(mol/L)	浸渍液投入比例	焙烧温度/℃
1	0.0625	0.25	400	39	0.125	2	800
2	0.0625	0.5	400	40	0.125	4	800
3	0.0625	1	400	41	0.25	0.25	800
4	0.0625	2	400	42	0.25	0.5	800
5	0.0625	4	400	43	0.25	1	800
6	0.125	0.25	400	44	0.25	2	800
7	0.125	0.5	400	45	0.25	4	800
8	0.125	1	400	46	0.5	0.25	400
9	0.125	2	400	47	0.5	0.5	400
10	0.125	4	400	48	0.5	1	400
11	0.25	0.25	400	49	0.5	2	400
12	0.25	0.5	400	50	0.5	4	400
13	0.25	1	400	51	1	0.25	400
14	0.25	2	400	52	1	0.5	400
15	0.25	4	400	53	1	1	400
16	0.0625	0.25	600	54	1	2	400
17	0.0625	0.5	600	55	1	4	400
18	0.0625	1	600	56	0.5	0.25	600
19	0.0625	2	600	57	0.5	0.5	600
20	0.0625	4	600	58	0.5	1	600
21	0.125	0.25	600	59	0.5	2	600
22	0.125	0.5	600	60	0.5	4	600
23	0.125	1	600	61	1	0.25	600
24	0.125	2	600	62	1	0.5	600
25	0.125	4	600	63	1	1	600
26	0.25	0.25	600	64	1	2	600
27	0.25	0.5	600	65	1	4	600
28	0.25	1	600	66	0.5	0.25	800
29	0.25	2	600	67	0.5	0.5	800
30	0.25	4	600	68	0.5	1	800
31	0.0625	0.25	800	69	0.5	2	800
32	0.0625	0.5	800	70	0.5	4	800
33	0.0625	1	800	71	1	0.25	800
34	0.0625	2	800	72	1	0.5	800
35	0.0625	4	800	73	1	1	800
36	0.125	0.25	800	74	1	2	800
37	0.125	0.5	800	75	1	4	800
38	0.125	1	800				

渗滤液的臭味、色度的去除率接近100%，故本实验对渗滤液臭味、色度等指标不予考虑。渗滤液经臭氧氧化后，溶解氧几乎达到饱和。

图3-9～图3-11为Cu^{2+}/Ni^{2+}双组分催化剂筛选实验结果，每个实验数据至少重复进行2次，若2次数据相差较大，则重新实验，直到2次实验数据相差不超过10%为止。若2次数据相差不大，采用去除率较高的实验数据用于分析。

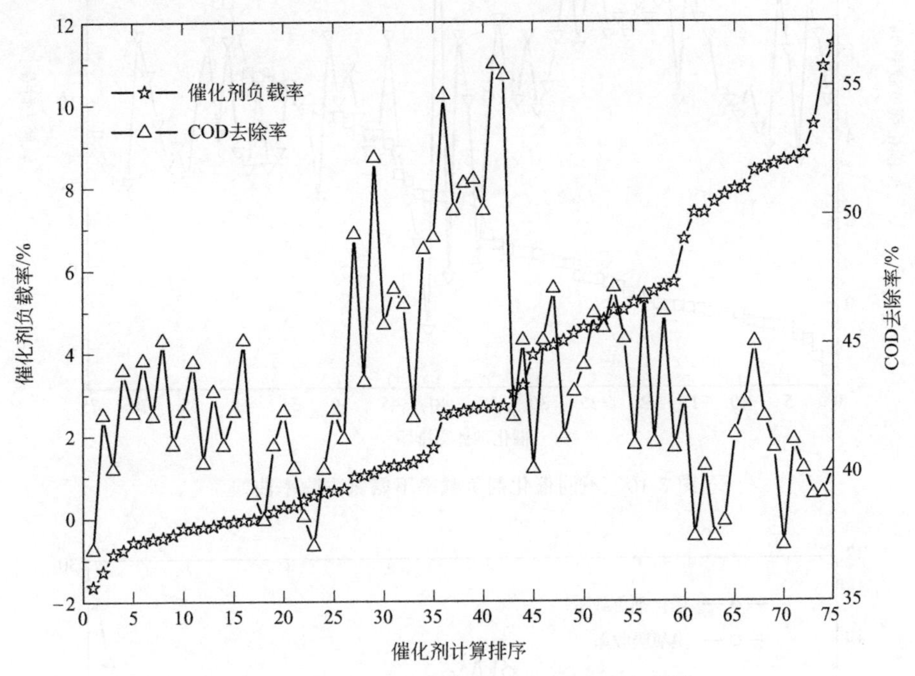

图3-9 不同催化剂负载率下COD去除率曲线

图3-9为不同催化剂负载率下COD去除率曲线。

从图3-9中可以看出臭氧催化氧化实验的COD去除率都维持在35%～55%，比无催化剂加入时高出10%左右。可知在此固定实验条件下，臭氧催化氧化对COD的去除程度不高，且催化剂的加入对提高渗滤液COD去除率的提高幅度不大。

图3-10为不同催化剂负载率下氨氮去除率曲线。

臭氧催化氧化使渗滤液的氨氮浓度发生了巨大的变化，主要是因为臭氧氧化使垃圾渗滤液中的氨氮得到了大量释放，而加入催化剂渗滤液释放的氨氮更多，显示催化剂对于氨氮的释放有明显影响。

图3-11为不同催化剂负载率下臭氧吸收率曲线。

实验同时检测了臭氧的利用情况，具体的方式为：臭氧发生器在实验的时间里，制得的臭氧总量是一定的，通过使用碘化钾溶液吸收尾气测定未被吸收的臭氧量，也起到处理过剩臭氧的作用，总量减去未被吸收的臭氧量等于被吸收的臭氧量。通过计算可得臭氧的利用率，实验表明，臭氧的利用率范围为12%～35%，臭氧的利用率较低，催化剂的加入对提高了臭氧的利用率，但幅度不大。总的来看，臭氧利用率低可能是因为垃圾渗滤液中污染物的浓度较低，且臭氧和催化剂投加量等条件不太适合臭氧催化氧化的进行，造成了渗滤液COD和氨氮的去除率较低，也可能是因为臭氧催化氧化垃圾渗

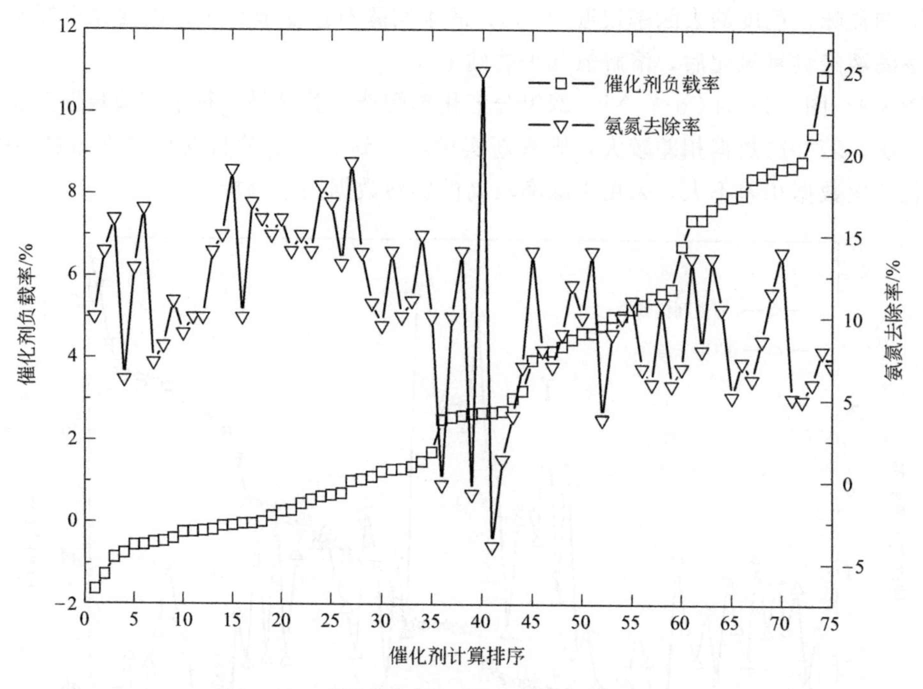

图 3-10 不同催化剂负载率下氨氮去除率曲线

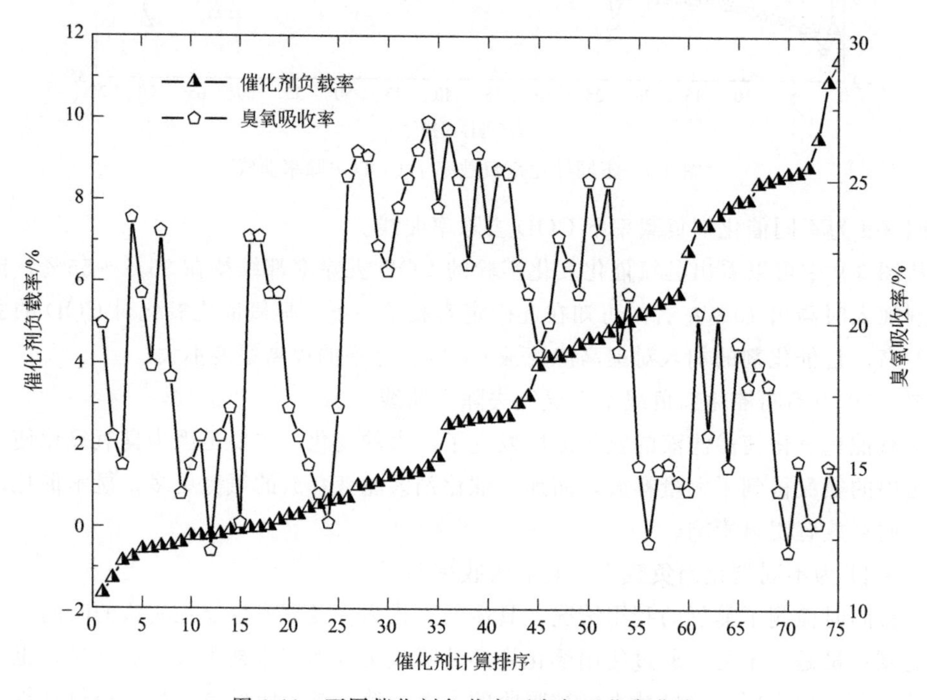

图 3-11 不同催化剂负载率下臭氧吸收率曲线

滤液的能力只能及此。从实验结果来看，催化剂筛选组中金属离子负载率按从小到大排序为 43 的催化剂对渗滤液 COD 和氨氮的去除率高于其他制取条件下的催化剂，而此催化剂的摩尔负载率为 2.6764%，在筛选的催化剂中属于中等偏低的负载率，说明负载率高的催化剂不一定比负载率低的催化剂有更高的催化性能。

为确定铜镍负载型催化剂对垃圾渗滤液COD的去除效果是否受渗滤液COD浓度的影响，本实验以同筛选实验相同的实验条件进行不同COD浓度渗滤液催化氧化实验，实验选取了对渗滤液COD去除率相对较高的38、40、43、44、45号催化剂进行实验，实验结果见表3-8。

表3-8 不同浓度渗滤液双组分催化剂筛选实验

序号	水质指标	原液	38号催化剂去除率/%	40号催化剂去除率/%	43号催化剂去除率/%	44号催化剂去除率/%	45号催化剂去除率/%	不使用催化剂去除率/%
1	COD/(mg/L)	1025.37	51.23	49.12	55.34	48.76	49.26	32.16
	氨氮/(mg/L)	146.37	−21.16	−21.16	−25.16	−23.46	−22.59	−20.16
2	COD/(mg/L)	2346.29	35.13	37.26	45.31	43.12	40.28	24.26
	氨氮/(mg/L)	356.72	−12.16	−13.14	−15.13	−14.16	−14.58	−11.13
3	COD/(mg/L)	3871.53	25.13	29.15	34.12	30.18	29.46	15.76
	氨氮/(mg/L)	567.38	−8.16	−7.24	−8.26	−6.54	−7.23	−5.34

从表3-8中可以看到43号催化剂在同组催化剂中具有最高的催化能力，但是随着渗滤液中污染物浓度的升高，渗滤液COD的去除率有所下降。结合臭氧催化氧化的两个机理可知，本实验中使用的催化剂不但可以吸附有机物，而且还直接与臭氧发生氧化还原反应，产生的氧化态金属和HO·可以直接氧化有机物。由催化剂制作条件可知，43号催化剂的负载率为2.6764%，属中低等负载率，其制取条件为：浸渍液浓度0.25mol/L，Cu^{2+}/Ni^{2+}摩尔投加比例为1，催化剂制作时的焙烧温度为800℃。由于43号催化剂为铜离子和镍离子在同等竞争吸附条件下形成的催化剂，较低的负载率为催化剂吸附污染物提供了足够的场所，金属成分的存在能够催化臭氧的转化。总体来看，COD、氨氮和臭氧利用三项指标都没有因催化剂负载质量分数的增大而呈现规律性曲线，可知对于垃圾渗滤液这种成分十分复杂的污水来说，臭氧催化氧化处理技术还受更多的因素影响。

3.3.4 催化剂的负载比较

摩尔负载率是指负载金属的物质的量与所用活性氧化铝的物质的量之比。计算催化剂的质量还需考虑载体本身在焙烧时所引起的质量变化率，本试验中氧化铝质量减少率为7.19%，在催化剂制作时以蒸馏水代替浸渍液对载体进行了相同的制作过程作为空白试验，在量取结果时发现，载体本身在使用过程中会有一定的洗涮和焙烧损耗，不可忽略。损耗和摩尔负载率具体计算过程为：

$$\text{损耗率}=\frac{\text{空白初始质量}-\text{空白最终质量}}{\text{空白初始质量}}\times 100\% \tag{3-1}$$

$$\text{载体理论计算质量}=\text{载体焙烧质量}\times(1-\text{损耗率}) \tag{3-2}$$

$$\text{催化剂负载质量}=\text{催化剂最终质量}-\text{载体理论计算质量} \tag{3-3}$$

$$\text{摩尔负载率}=\frac{\text{催化剂负载摩尔数}}{\text{载体实际摩尔数}}\times 100\% \tag{3-4}$$

通过以上过程计算的摩尔负载率，能较好地对各种元素的负载进行科学比较，催化剂制作时载体的损耗可能与空白试验不符合，因浸渍液所引起的损耗不能很好地控制，但可借用空白试验的损耗来表现，不符合的特征在双组分的情况时尤为突出。

铬、镉、钴、铜、镍催化剂的摩尔负载率如图 3-12 所示。

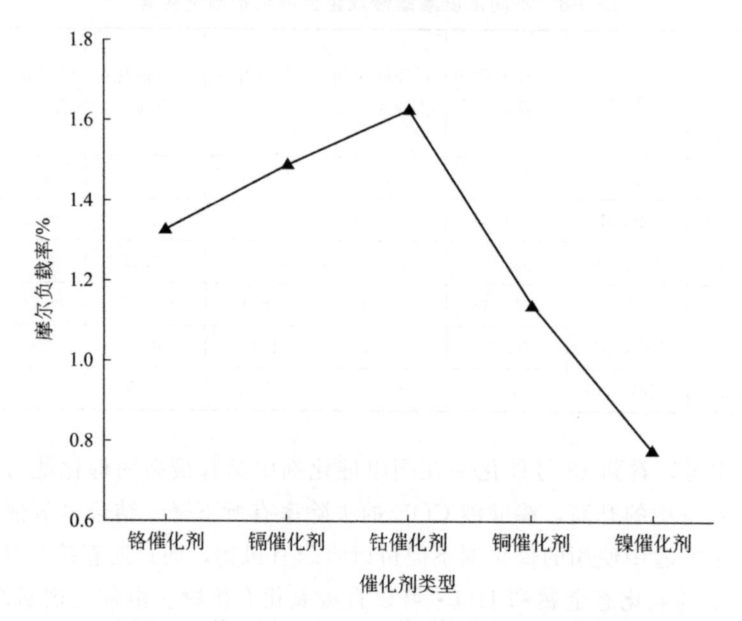

图 3-12 铬、镉、钴、铜、镍催化剂的摩尔负载率

从图 3-12 可见，摩尔负载率大小的顺序为：钴催化剂＞镉催化剂＞铬催化剂＞铜催化剂＞镍催化剂，总体的负载率较低，符合浸渍法制作的结果，负载型催化剂起主要作用的部分为负载在载体表面的活性成分，若是负载率较理想，且对臭氧与污染物都有很强的作用，则可考虑作为制作的最佳方式。但在低负载率情况下，如铜催化剂和镍催化剂，若负载成分的催化作用很强，则可减少金属物质的使用量，从而节约资源。

3.3.5 臭氧的分解机理

本实验选择臭氧作为氧化剂，臭氧分子式为 O 原子以 sp2 杂化轨道形成 σ 键，分子形状为 V 形；臭氧在常温常压下是一种不稳定、具有特殊刺激性气味的浅蓝色气体；臭氧在水中的溶解度较氧大，0℃和 101.325kPa 时，1 体积水可溶解 0.494 体积臭氧；臭氧具有极强的氧化性能，在碱性溶液中拥有 2.07V 的氧化电位，其氧化能力仅次于氟，高于氯和高锰酸钾。由于臭氧具有强氧化性，且在水中可短时间内自行分解，没有二次污染，因此是理想的绿色氧化药剂。

我国规定在居住环境臭氧浓度超过 0.15mg/m^{3}时就构成空气污染；在作业场所臭氧浓度超过 0.2mg/m^{3}时就构成污染。空气中的臭氧浓度达到 0.01～0.02mg/m^{3}时，人即可嗅知。用空气制成臭氧的浓度一般为 10～20mg/L，用氧气制成臭氧的浓度一般为 20～40mg/L。含有 1%～4%（质量比）臭氧的空气可用于水的消毒处理。

臭氧在水中的分解行为也非常复杂，分解机理会随着水体性质的不同而不同。臭氧在水中的分解行为属于产生自由基的链反应过程。其链引发的反应物主要有两类：

① 水中 OH^- 与臭氧反应生成 O_2^- 和 HO_2；

② 水中杂质引发臭氧分解，产生另外一些自由基（O_3^-、HO_3^-、HO·）。

Legube 等在 1999 年指出，非均相催化臭氧氧化有两条路径：

① 催化剂吸附有机物形成环状螯合物，并形成较强的亲核部位，从而提高臭氧反应能力，有机物进一步氧化后脱附，产生新的吸附空位；

② 催化剂吸附臭氧，使臭氧在催化剂表面的金属位发生分解，且产生高活性的羟基自由基，羟基自由基能氧化臭氧很难氧化的小分子有机物质。非均相催化臭氧氧化路径如图 3-13 和图 3-14 所示。图中 Me 代表某种有机物质，MeR、MeP、MeA、R*、P* 等代表与某种有机物质反应过程中产生的各种中间产物。

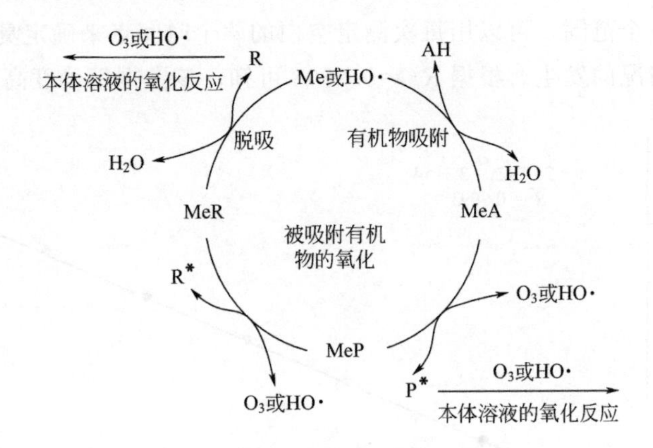

图 3-13 非均相催化臭氧氧化路径一

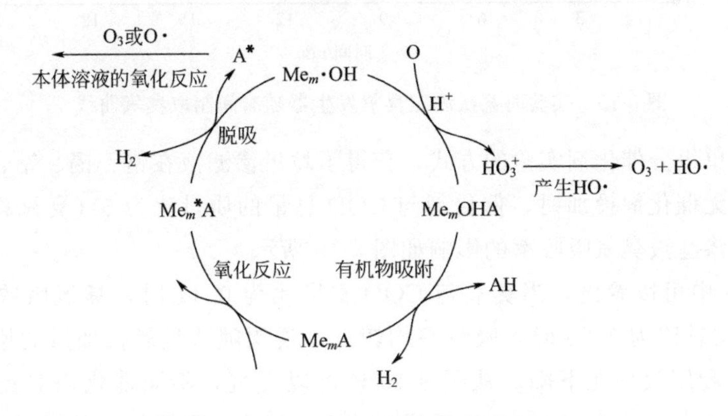

图 3-14 非均相催化臭氧氧化路径二

从图 3-13 可知有机物被吸附在催化剂表面，形成具有一定亲和力的表面螯合物，然后臭氧（或 HO·）与之发生氧化反应，形成的中间产物可能在表面进一步被氧化，也可能脱附到本体溶液中被进一步氧化。一些吸附容量比较大的催化剂的催化臭氧氧化体系往往是这种作用机理。

从图 3-14 可知催化剂不但可以吸附有机物，而且还直接与臭氧发生氧化还原反应，产生的氧化态金属化合物和 HO·可以直接氧化有机物。也有人认为催化剂的作用仅仅是催化臭氧分解，产生活性更高的氧化剂（如 HO·自由基等），从而提高臭氧的处理效率。

3.3.6 催化剂对臭氧吸收率的影响

图 3-15 为实验时某次测定臭氧发生器随时间制取臭氧曲线图。散点图的散点处与图中直线形成对比，反映了当调节量为 90%，臭氧发生器型号为 3g-A3 型，其氧气源为空气，在测定臭氧制取臭氧的曲线时，臭氧没有通过反应区，而是直接用碘化钾溶液吸收。从图中可以看出，以空气源制取臭氧时，在一次开机情况下连续测定时，臭氧发生器的制取是稳定的，因制取臭氧的方式是用干燥空气通过放电法制得，因此如果每次开机后臭氧浓度与其他时间不同，则可认为是当时的空气和电流的原因，故本试验的臭氧制得的数据是一个范围，可以用每次测定空白的两个时间点来确定臭氧的浓度，以此方法来克服该种情况的发生。根据 $R^2=0.9993$ 可知，该数据精确度高，可采纳。

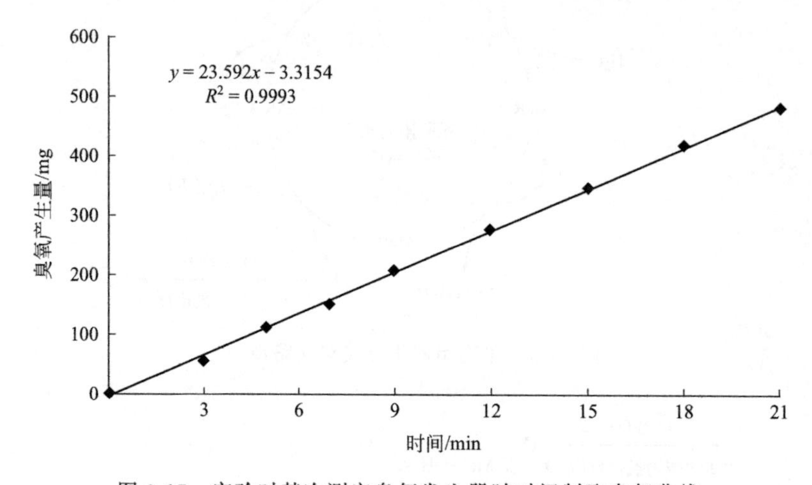

图 3-15 实验时某次测定臭氧发生器随时间制取臭氧曲线

采用上述单组分催化剂实验的方式，获得了垃圾渗滤液在铬、镉、钴、铜、镍负载型催化剂以及无催化剂投加时，催化剂与 COD 总量的质量比为 5（臭氧总体投加比），不同催化剂对渗滤液臭氧吸收率的影响如图 3-16 所示。

从图 3-16 中可以看出，当臭氧与 COD 质量比为 0.11 时，臭氧吸收率最大；当臭氧与 COD 质量比为 0.26 时，吸收率均较低，说明随着臭氧投加量的增加，渗滤液对其的吸收与利用效率在下降。从图 3-16 还可以发现，不同催化剂对臭氧的利用具有不同的影响作用，当臭氧与 COD 质量比为 0.11 时，镍催化剂的臭氧吸收率最高；当臭氧与 COD 质量比为 0.15 时，镉催化剂也可明显地提高臭氧吸收率，从高级氧化的机理角度考虑，该种催化剂可能较利于臭氧氧化时自由基的形成；而当臭氧与 COD 质量比为 0.26 时，铬催化剂和镍催化剂的臭氧吸收率均低于无催化剂投加相比时的情况。

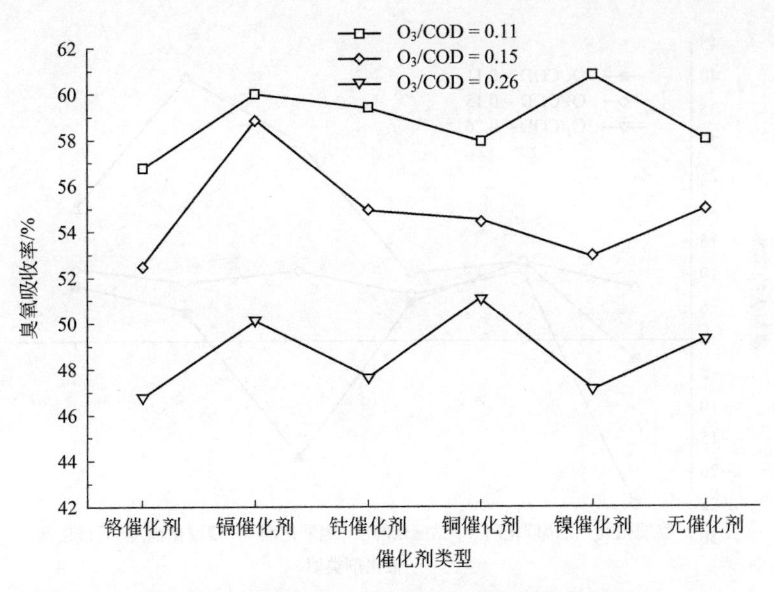

图 3-16 不同催化剂对渗滤液臭氧吸收率的影响

3.3.7 催化剂投加量对去除垃圾渗滤液 COD 和氨氮的影响

采用上述单组分催化剂实验的方法，分析了 5 种催化剂对臭氧氧化去除渗滤液中 COD 与氨氮的作用，结果如图 3-17 和图 3-18 所示。

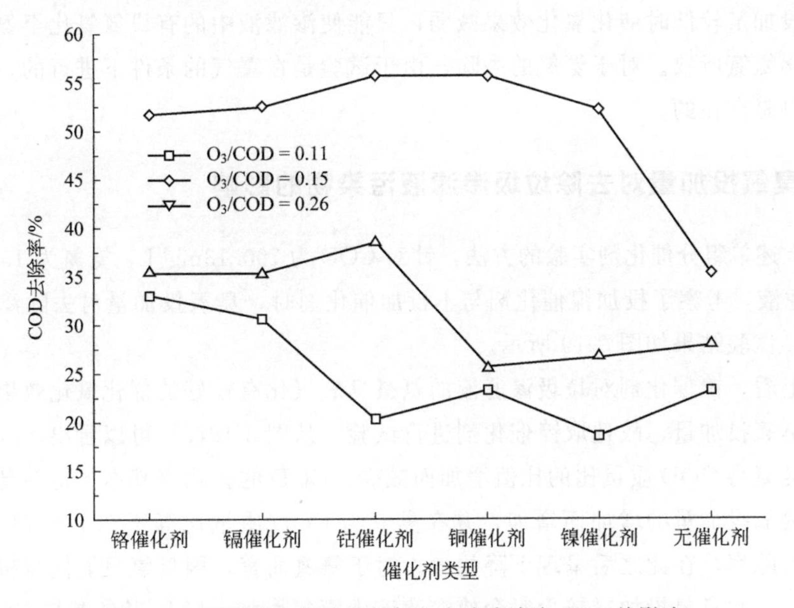

图 3-17 不同催化剂对臭氧氧化去除渗滤液 COD 的影响

由图 3-17 可知，当臭氧与 COD 质量比为 0.15 时，5 种催化剂的 COD 去除率均明显高于其他 2 种情况；当臭氧与 COD 质量比为 0.26 时，铬、镉和钴的 COD 去除率较高；当臭氧与 COD 质量比为 0.11 时，只有铬和镉的 COD 去除率高于无催化剂时的

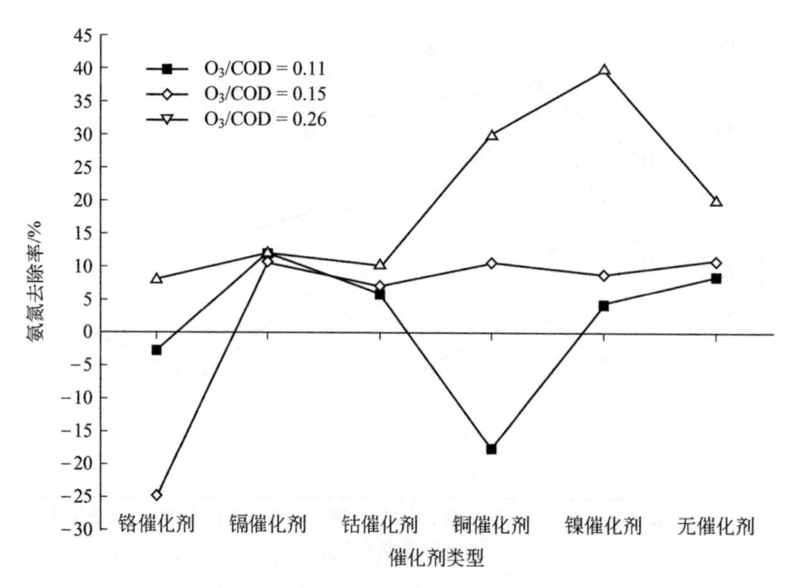

图 3-18 不同催化剂对臭氧化去除渗滤液氨氮的影响

情况。

由图 3-18 可知，当臭氧与 COD 质量比为最大值 0.26 时，铜和镍催化剂的氨氮去除率明显高于无催化剂时的情况；当臭氧与 COD 质量比较小时，5 种催化剂就去除氨氮而言效果并不明显，有时甚至会增加，如铬就有这种现象。氨氮的增加原因主要是由于当臭氧投加量较低时催化氧化效果减弱，只能使渗滤液中的有机氮氧化至氨氮，而难以继续氧化氨氮所致。对于氨氮的去除，由于试验是在曝气的条件下进行的，对氨氮的吹脱作用也是存在的。

3.3.8 臭氧投加量对去除垃圾渗滤液污染物的影响

采用上述单组分催化剂实验的方法，针对 COD 为 790.13mg/L，氨氮为 156.41mg/L 的垃圾渗滤液，考察了投加镍催化剂与不投加催化剂时，臭氧投加量对去除渗滤液污染物的影响，试验结果如图 3-19 所示。

总体上看，镍催化剂对垃圾渗滤液的氨氮臭氧氧化有较好的催化氧化效果，且考虑有过量的臭氧投加量，故选取镍催化剂进行试验。从图 3-19(a) 可以看出，渗滤液中的色度均随臭氧与 COD 质量比的比值增加而减少；COD 的去除率基本上是在臭氧相对较少时，随臭氧投加量的增加而增加，并在臭氧与 COD 质量比等于 0.125 (12.5%) 时达到最大去除率，在此之后呈现下降趋势；对于氨氮而言，因臭氧只能使有机氮氧化至氨氮，所以，在臭氧投加量较少时会使渗滤液中氨氮增加，随后当臭氧与 COD 质量比超过 0.20 时，才能进一步氧化去除氨氮。从图 3-19(b) 可见，反应开始就出现了大量的氨氮，这也与臭氧氧化初期 COD 去除率较低相关，说明使用镍催化剂进行臭氧催化氧化渗滤液时，优先去除的是有机氮。

以上实验结果表明，臭氧催化氧化渗滤液过程基本符合 Legube 等在 1999 年提出

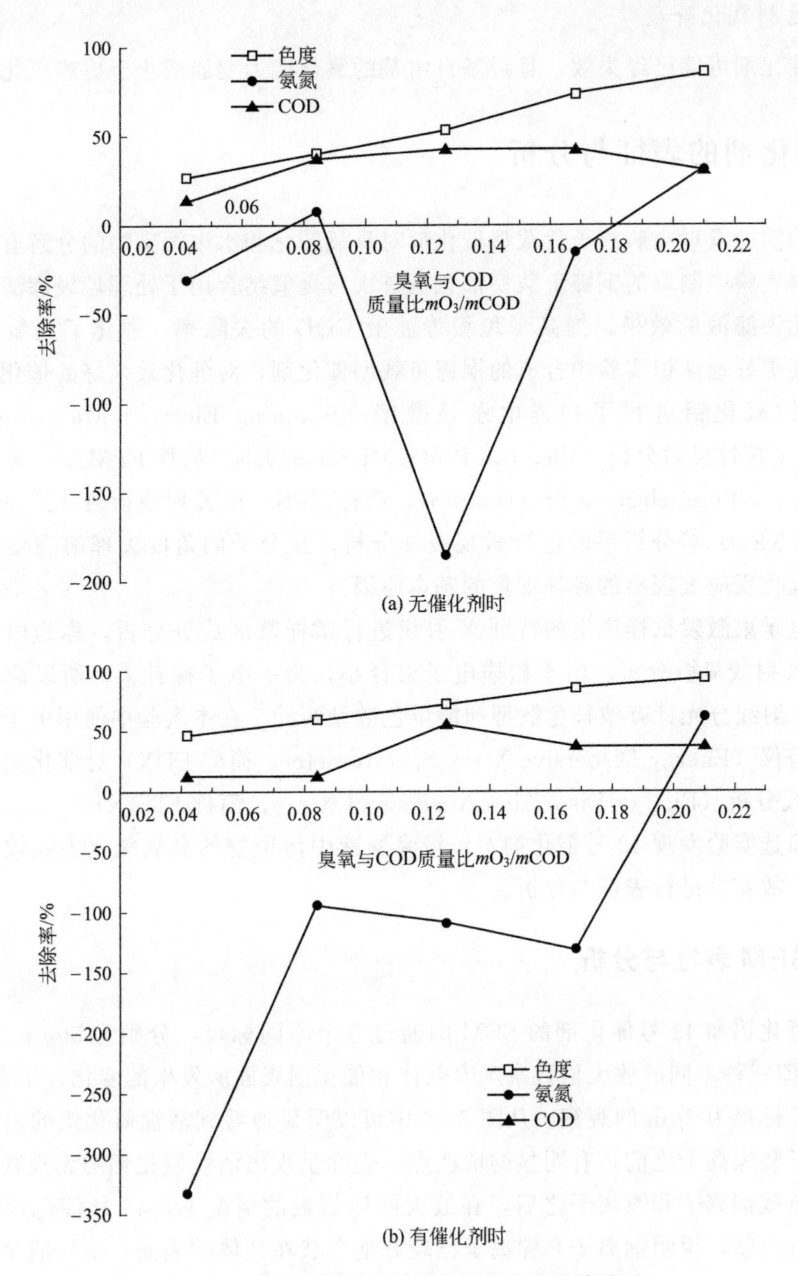

图 3-19 臭氧投加量对渗滤液污染物去除率影响

的非均相催化的两条路径。结合羟基自由基氧化时的无选择性，考虑到渗滤液中各种污染物被氧化的难易程度，渗滤液臭氧催化氧化可能存在的 3 个阶段：

(1) 脱氨基氧化阶段

催化剂与臭氧组合有利于有机物质脱氨基，形成氨氮。

(2) 全面氧化阶段

在达到 COD 最高去除率之前，该阶段任何物质都能得到充分氧化。

(3) 过剩氧化阶段

此时催化剂可能已经失效，且羟基自由基的氧化能力变弱或止于更难氧化的物质。

3.4 催化剂的表征与分析

诸多的实验发现金属离子负载型催化剂对臭氧转化和水中污染物的分解有十分重要的作用，本实验中制取的铜镍负载型催化剂首次与臭氧结合用于处理垃圾渗滤液，改善了臭氧氧化渗滤液的效果，提高了垃圾渗滤液 COD 的去除率，强化了臭氧的利用效果。为了能更好地认识实验中合成的铜镍负载型催化剂，对催化效果好的催化剂和其空白载体活性氧化铝进行了扫描电子显微镜（Scanning Electron Microscope，简称 SEM）、电子探针显微分析（Electron Probe Microanalysis，简称 EPMA）、X 射线光电子能谱（X-ray Photoelectron Spectroscopy，简称 XPS）和 X 射线衍射（X-ray Diffraction，简称 XRD）等分析手段进行微观表征分析，从分子的角度去理解当催化剂加入后，臭氧催化反应表现出的各种现象的基本原因。

利用电子束激发试样产生的特征 X 射线进行试样微区成分分析，称为电子探针显微分析或 X 射线显微分析。由于扫描电子束径小，为一电子探针束，所以简称电子探针分析。X 射线分光计有波长色散型和能量色散型两种。在本实验中使用电子探针显微分析的能谱仪（Energy Dispersive X-ray Spectrometer，简称 EDX）对催化剂进行能量弥散的 X 线分析（Energy Dispersive Analysis of X-ray，简称 EDAX）。

通过筛选实验发现 43 号催化剂对垃圾渗滤液中污染物的臭氧氧化去除效果优于其他催化剂，故对其进行表征与分析。

3.4.1 SEM 表征与分析

活性氧化铝和 43 号催化剂的 SEM 图通过三个不同标尺，分别为 50μm、20μm 和 10μm，也即三种不同的放大倍数来观察载体和催化剂表面所发生的变化，最后对 43 号催化剂做了标尺为 2μm 的观察。从图 3-20 中可以明显地看到活性氧化铝的表面在没有负载铜离子和镍离子之前，有明显的坑洼点，表面呈现出活性氧化铝的无规则大颗粒晶体，而在负载铜离子和镍离子之后，在放大同样倍数的情况下，43 号催化剂表面显得相对平坦且规整，说明铜离子和镍离子已较好地负载在载体的表面，恰好能填充载体凹凸不平的表面，继续放大倍数，到标尺为 2μm 时发现 43 号催化剂的表面有细化的晶体，也即铜离子和镍离子与活性氧化铝形成的晶体，此时还不能判定所形成晶体的化学式。

3.4.2 EPMA 表征与分析

图 3-21 为催化剂载体活性氧化铝的 EDAX 图谱，图 3-22 为 43 号催化剂的 EDAX 图谱。图中横坐标为 4 电子伏特（keV），纵坐标为各元素的物质的量（mole）。两图中的金元素为测定前喷在样品表面，故在图谱中得以看到，其他元素均为样品检出元素。

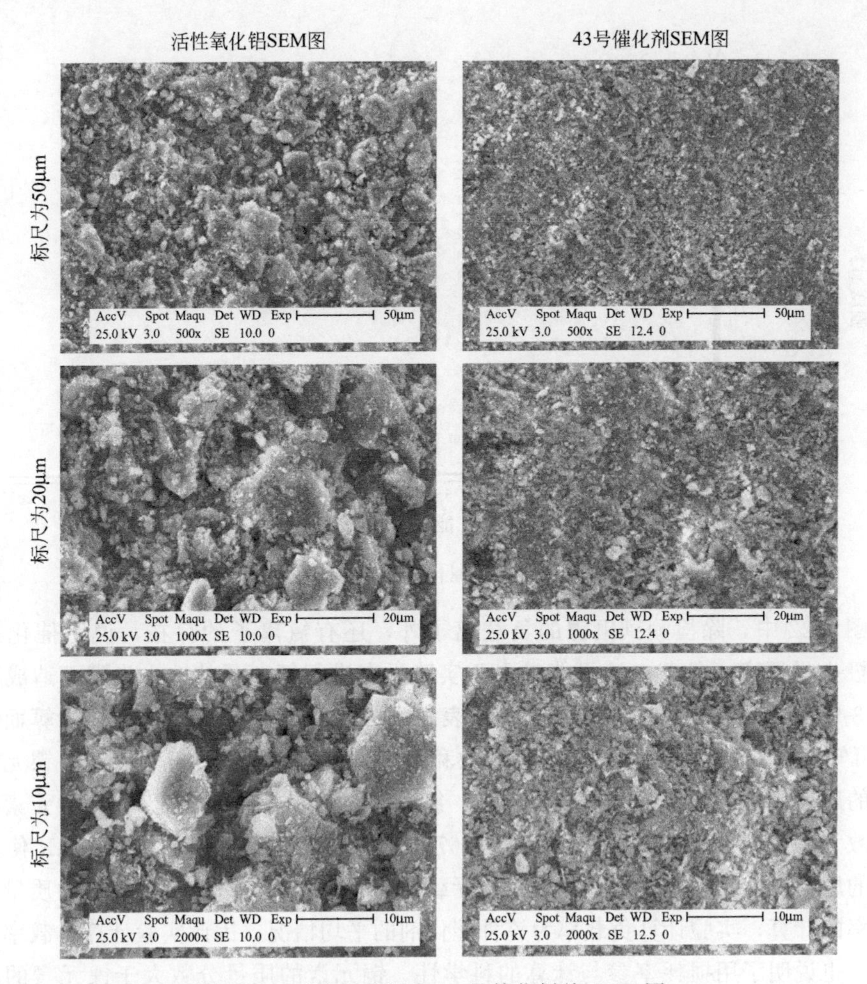

图 3-20 活性氧化铝和 43 号催化剂的 SEM 图

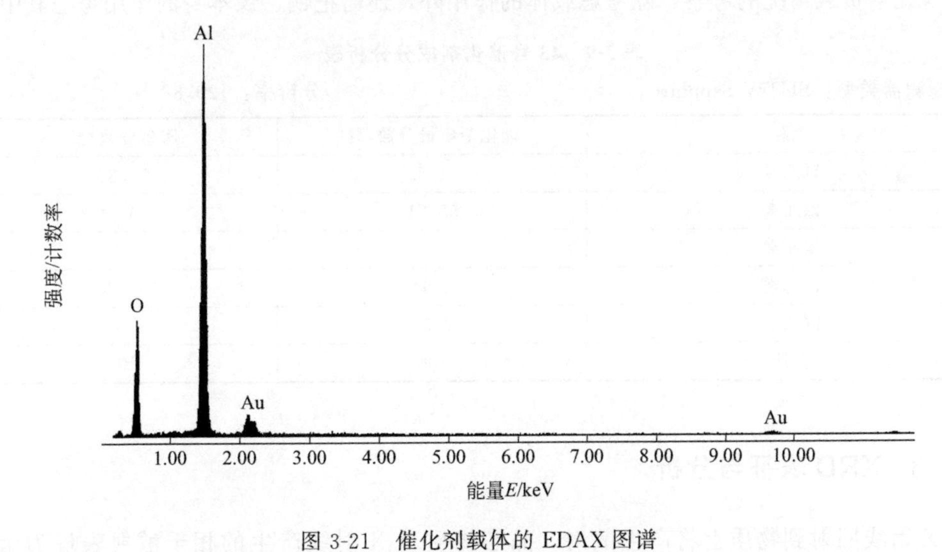

图 3-21 催化剂载体的 EDAX 图谱

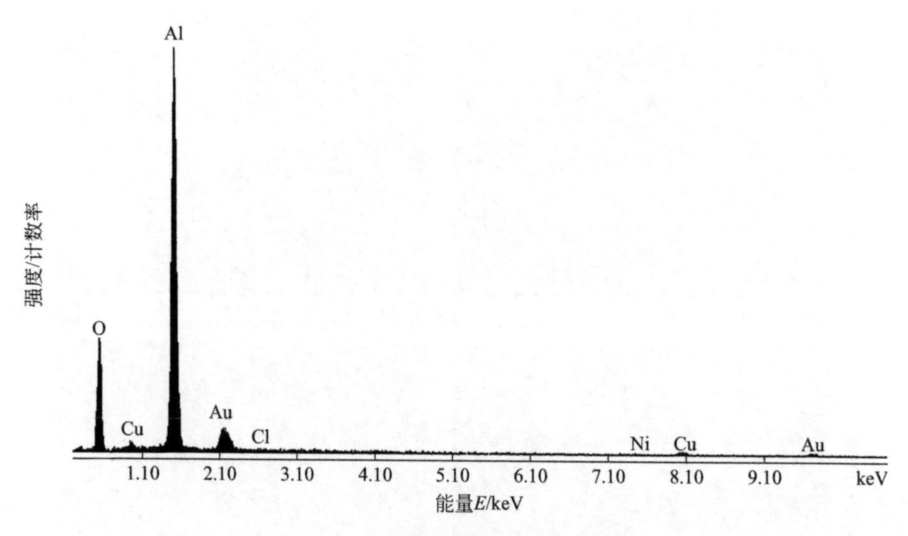

图 3-22 43 号催化剂的 EDAX 图谱

在图 3-22 中，除检测到铜镍的负载离子外，还有氯离子的存在，说明催化剂在制取时有极少量氯离子负载，这可能是由于实验没有进行氯离子的洗去步骤而造成的。

表 3-9 为 43 号催化剂成分分析表，该表由 EDAX 图谱通过计算机在线计算而得。由表 3-9 可知各个元素在催化剂中的质量分数和摩尔分数，计算机计算显示铜、镍元素在催化剂中的质量分数分别为 2.37%、0.64%，氯元素的质量分数为 0.2%，三种元素共计的质量分数为 3.21%，比实验时的计算值 2.6764%大些。比较计算方法，EDAX 使用整个催化剂的质量作为分母，而实验计算以实际载体的质量作为分母，实际载体的质量没有参与损耗率的计算，实验计算负载率为该种催化剂的平均情况，因此实验计算负载率偏小也属正确，也说明了用损耗率参与计算的科学性。铜元素的质量分数大于镍元素的质量分数，这恰好与单组分实验中的载体负载铜离子的能力要大于镍离子的结果相吻合。对于铜、镍元素负载情况的考察，除考虑载体的作用外，还需把铜、镍本身的作用考虑其中。

表 3-9 43 号催化剂成分分析表

探测器类型：SUTW-Sapphire　　分辨率：129.88

元素	催化剂质量分数/%	摩尔分数/%
氧元素	41.59	55.32
铝元素	55.21	43.54
氯元素	0.2	0.12
镍元素	0.64	0.23
铜元素	2.37	0.79
合计	100	100

3.4.3 XRD 表征与分析

X 射线照射到物质上将产生散射。晶态物质对 X 射线产生的相干散射表现为衍射现象，即入射光束出射时光束没有被发散，但方向被改变了而其波长保持不变的现象，这是晶态物质特有的现象。

绝大多数固态物质都是晶态或微晶态或准晶态物质，都能产生 X 射线衍射。晶体微观结构的特征是具有周期性的长程的有序结构。晶体的 X 射线衍射图是晶体微观结构立体场景的一种物理变换，包含了晶体结构的全部信息。用少量固体粉末或小块样品便可得到其 X 射线衍射图。

图 3-23 与图 3-24 分别为载体活性氧化铝与 43 号催化剂的 XRD 图谱，图谱通过软件 MDI-jade5.0 和 PDF2（2004）为物象库进行简单分析，两图谱为在软件中经过扣除背景与寻峰后（加手动寻峰过程），通过右键保存获得。

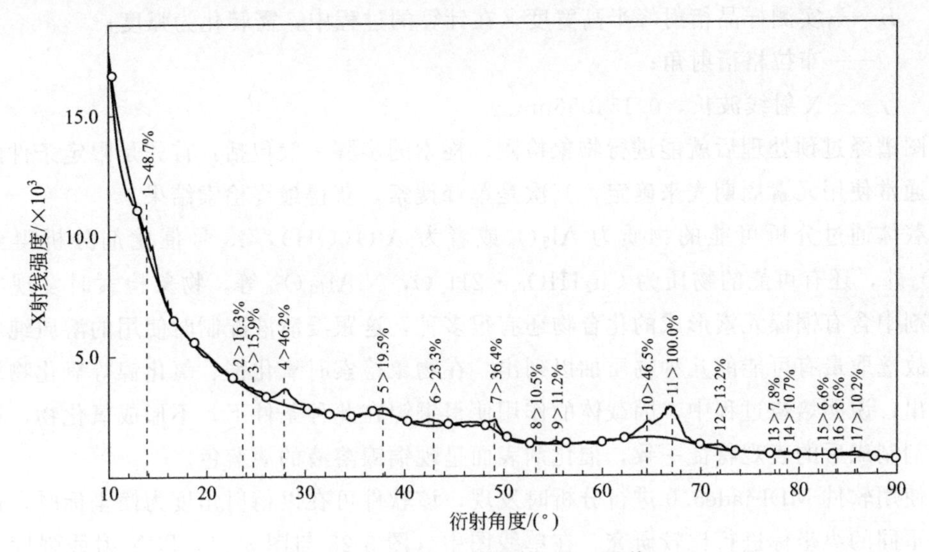

图 3-23 活性氧化铝载体 XRD 图谱

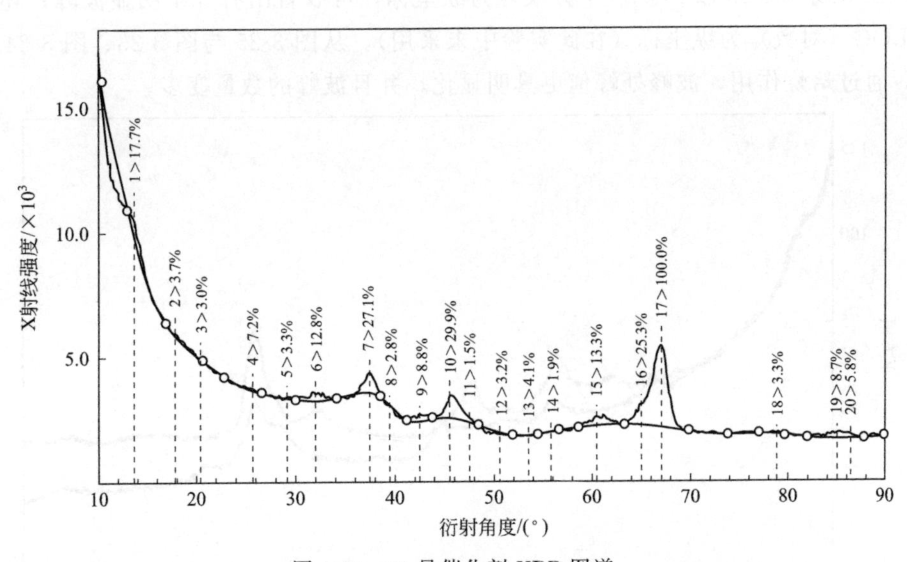

图 3-24 43 号催化剂 XRD 图谱

由两图谱可知，在整个扫描角度范围内（从衍射角度 1°～2°开始到几十度）只观察到被散射的 X 射线强度的平缓变化，其间可能有 1 到几个最大值，开始处因接近直射光束的强度较大，随着角度的增加强度迅速下降，到高角度后强度慢慢地趋向仪器的本底值。从Scherrer公式的观点看，这个现象可以视为由于晶粒极限地细小下去而导致晶体的衍射峰极大地宽化、相互重叠而模糊化的结果。

$$D=\frac{K\gamma}{B\cos\theta} \tag{3-5}$$

式中 K——Scherrer常数，若B为衍射峰的半高宽，则$K=0.89$；若B为衍射峰的积分高宽，则$K=1$；

D——晶粒垂直于晶面方向的平均厚度，nm；

B——实测样品衍射峰半高宽度，在计算的过程中，需转化为弧度；

θ——布拉格衍射角；

γ——X射线波长，0.154056nm。

图谱经过预处理后就能进行物象检测，检索的步骤一般包括：首先是限定条件的检索，通常使用元素周期表来确定；其次是单峰搜索，获得最终检索结果。

载体通过分析可能的物质为Al_2O_3或者为AlO(OH)，43号催化剂分析得到除Al_2O_3外，还有可能的物质为$Cu_2HIO_6 \cdot 2H_2O$，$NiAl_{10}O_{16}$等，物象检索时发现实验催化剂中含有铜镍元素形成的化合物还有很多种，这跟浸渍液配制时使用的溶质纯度有关，故选取最有可能的几种物质加以列出。在物象检索时氧化铜、氧化镍等氧化物均未被检出，说明焙烧过程中，因载体的作用使得铜镍在此种条件下，不形成氧化物，这与催化剂制成后的表观特征一致，催化剂表面呈现铜镍溶液的淡蓝色。

使用软件MDI-jade5.0进行分析时发现，该软件可在以衍射角度为横坐标时，通过三种不同的纵坐标进行比较研究，在单线图中（图3-23与图3-24）以X射线强度为纵坐标；在双线图3-25以SQR（平方根）为纵坐标，可以看出有3个明显波峰；还有一种以LOG（对数）为纵坐标（在此实验中未采用），从图3-25与图3-23、图3-24比较得出，通过焙烧作用，波峰处峰值更具明显化，并且波峰的数量变多。

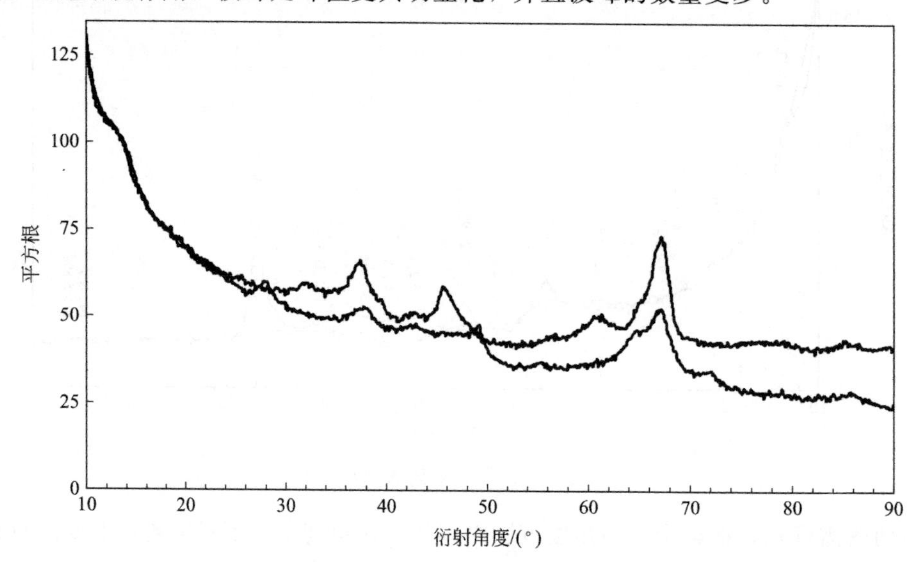

图3-25 活性氧化铝载体与43号催化剂XRD图谱比较

3.4.4 XPS表征与分析

催化剂的活性成分主要集中在其表面，XPS为物质表面分析手段之一，可以全面测定物质组成成分，还能给出元素的价态信息。进行一项物质的表面分析时，首先进行全谱扫描（Survey Scan）：对于一个化学成分未知的样品，首先应做全谱扫描，以初步判定表面的化学成分，其次做窄谱扫描（Narrow Scan or Detail Scan）。对要研究的几个元素的峰，进行窄区域高分辨细扫描，以获取更加精确的信息，如结合能的准确位置，鉴定元素的化学状态，或为了获取精确的线形，或为了定量分析获得更为精确的计数，或为了扣除背景或峰的分解或退卷积等数据处理。

图3-26为载体活性氧化铝的全谱扫描，进行检测时，限定了检测铝、氧元素，检测得到两者窄谱扫描图（见图3-27），由图可知铝为三价，氧为二价，结合XRD，可以确定为活性氧化铝。

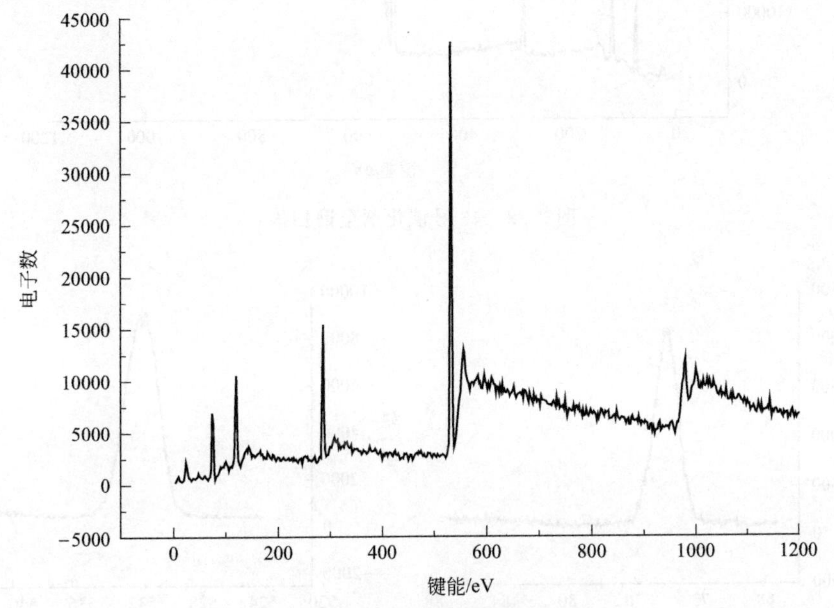

图3-26 活性氧化铝载体全谱扫描

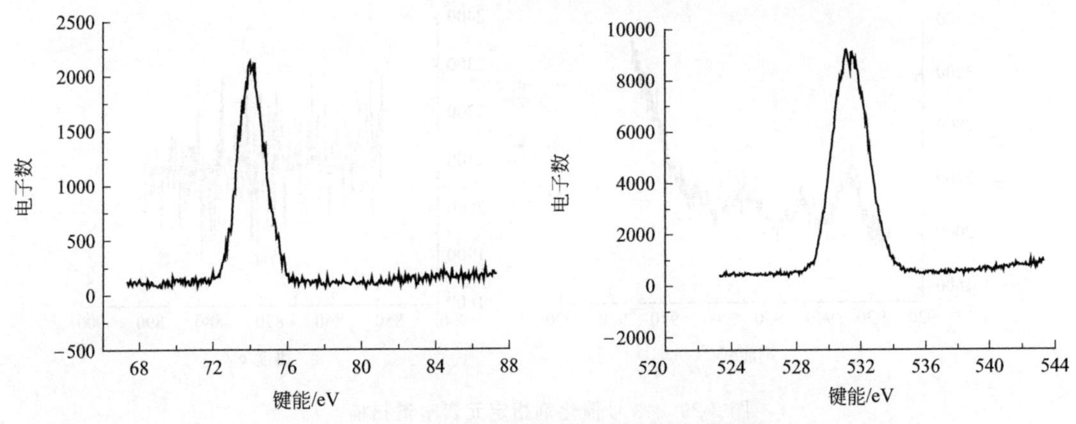

图3-27 活性氧化铝载体指定元素窄谱扫描

图 3-28 为 43 号催化剂的全谱扫描图，同样进行了指定元素的窄谱扫描，得到与图 3-29中同样的氧铝元素的窄谱扫描图，此处未列出图例。图 3-29 为铜镍元素的窄谱

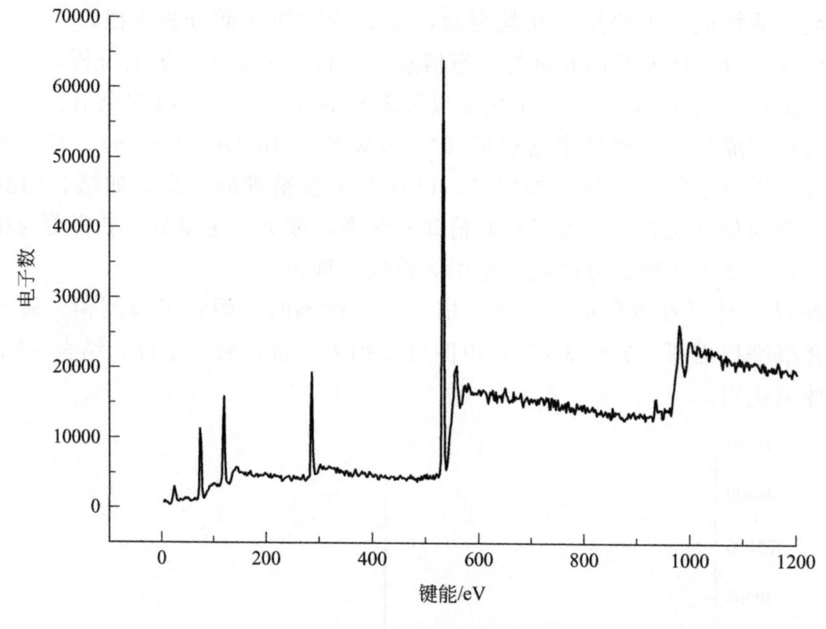

图 3-28 43 号催化剂全谱扫描

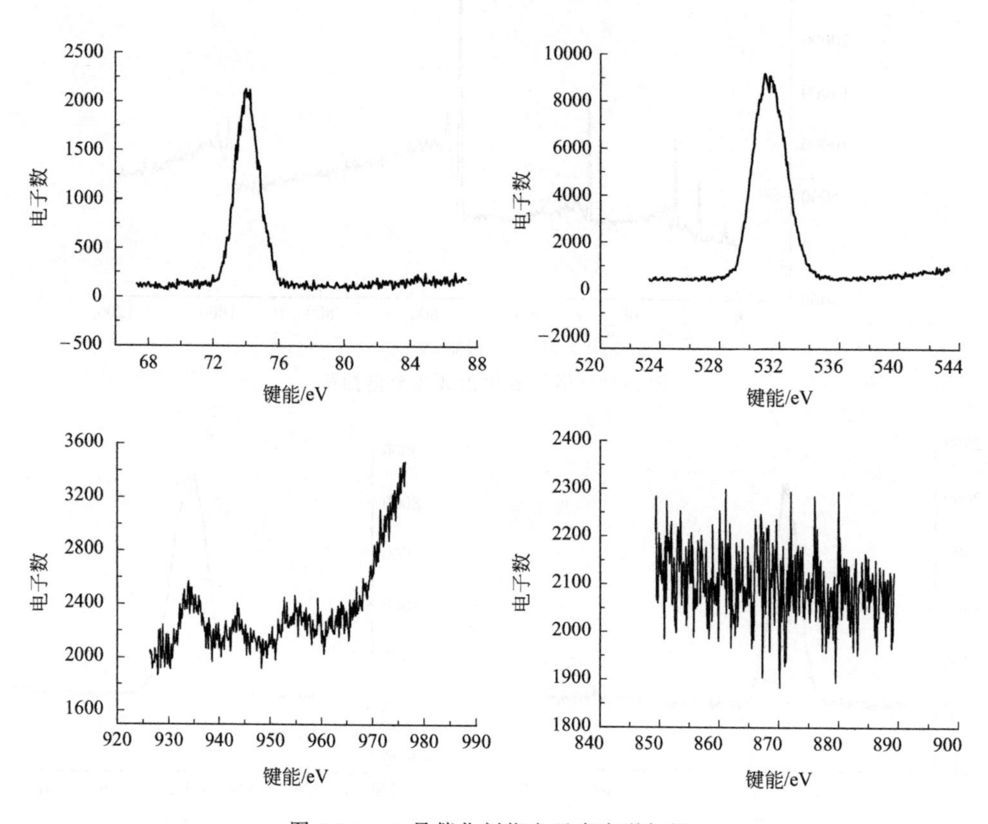

图 3-29 43 号催化剂指定元素窄谱扫描

扫描图，铜元素以二价形式存在，镍元素图谱杂乱，为未检出，进一步说明镍的负载率较低，且在催化剂的表面甚少，可推测在催化剂的制取时，镍离子有优先进入载体细小孔道机会，但细小孔道被铜占领后，铜极易形成晶体，阻碍镍晶体的移动，故在催化过程中起主导作用的确为表面的各种晶体。

3.5 臭氧催化氧化垃圾渗滤液的影响因素研究

3.5.1 实验方法

对在筛选实验中发现的对渗滤液 COD 和氨氮去除率最高的铜镍负载型催化剂进行不同催化剂投加量、不同 pH 值、不同臭氧投加量条件下的垃圾渗滤液催化氧化处理实验，优化臭氧和催化剂的使用量，确定此催化剂催化臭氧氧化垃圾渗滤液的最佳 pH 值。在此研究基础上，进行新制催化剂和放置一段时间的催化剂处理渗滤液效果的比较实验和催化剂回收实验，以确定催化剂的使用寿命。测定催化氧化前后垃圾渗滤液的可生化性表征指标，即垃圾渗滤液的 BOD_5/COD_{Cr}值，考察催化氧化对渗滤液的可生化性的影响。本实验所用渗滤液的为取自长春市三道垃圾卫生填埋场的实际渗滤液。

催化剂投加量、pH 值以及臭氧投加量的不同对臭氧催化氧化垃圾渗滤液的有不同程度的影响，所以从这三方面进行控制变量的研究。

3.5.2 催化剂投加量对垃圾渗滤液污染物去除的影响

图 3-30 为垃圾渗滤液原液 COD 为 978.25mg/L、氨氮为 213.786mg/L、pH＝8.44 时，在臭氧投加量与渗滤液 COD 质量比为 0.5，臭氧时间浓度为 17.21mg/min，

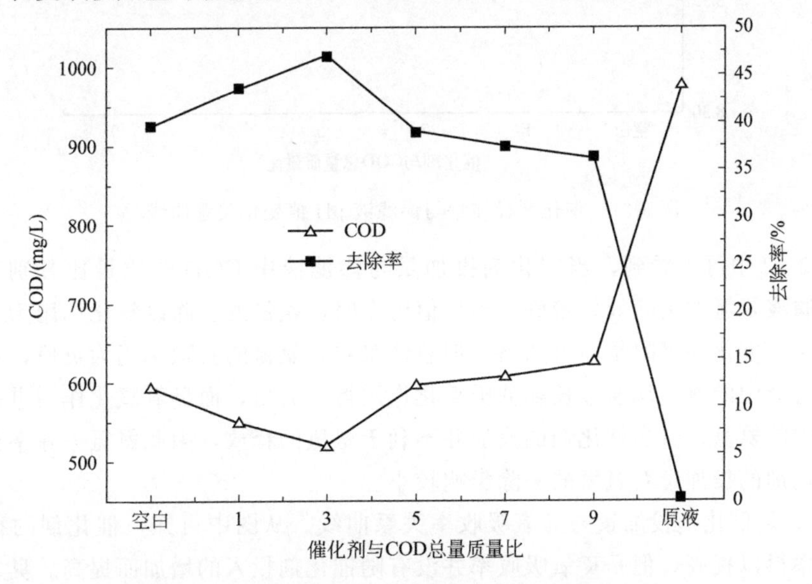

图 3-30 催化剂投加量与渗滤液 COD 去除率关系曲线

渗滤液体积为 400mL 时，催化剂投加量与渗滤液 COD 质量比分别为 1、3、5、7、9 时，对垃圾渗滤液的 COD、氨氮的去除情况曲线。从图 3-30 中可以看到，在同等实验条件下，当催化剂投加量与渗滤液中 COD 的质量比为 3 时，对 COD 的去除率最高，去除率为 46.92%；当投入比小于 3 时，COD 去除率随投入比的增加而升高；而当投入比大于 3 时，COD 的去除率随投入比的增加逐渐下降。此实验结果说明催化剂的投入量对臭氧催化氧化垃圾渗滤液有一定的影响，而且当催化剂投加量为催化剂质量/渗滤液 COD 质量为 3 时，渗滤液 COD 的去除率最高，此时的臭氧总投入量与催化剂投入量的质量比为 1/6。当催化剂投加量较少时，进入渗滤液当中的臭氧没有被有效地催化，且没有足够的催化剂去吸附渗滤液中的污染物质，COD 的去除率仅比不加催化剂时稍高。

当催化剂投加量过多时，渗滤液的 pH 值受催化剂的影响明显，呈下降趋势，催化剂投加量与渗滤液 pH 值变化关系曲线见图 3-31。该曲线表明铜镍催化剂的表面呈酸性，投加后使渗滤液的 pH 值下降，进而影响氧化反应的进行。此外，当在催化剂上发生吸附与脱吸反应时，由于反应范围非常广泛，瞬时提供的臭氧浓度不足以在较大的范围内进行氧化反应，这时臭氧的瞬间投加量显得尤为重要。

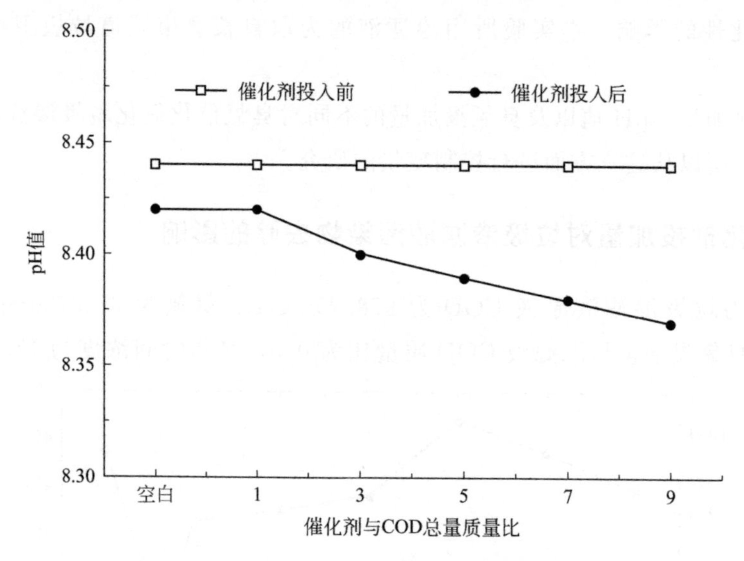

图 3-31 催化剂投加量与渗滤液 pH 值变化关系曲线

从图 3-32 中可以看到，当催化剂投加量与渗滤液中 COD 的质量比分别为 1 和 9 时，对渗滤液氨氮的去除效果较好。当比值为 1 时，氨氮的去除以氧化作用为主，而当比值为 9 时，催化剂吸附量不可忽略。但总体来看，氨氮的去除率仍为负值，这说明晚期实际渗滤液中的氨氮均通过长期的厌氧化作用得以放出，而臭氧氧化作用进一步氧化出有机氮中的氨氮，过多催化剂的投加并不利于氨氮的释放，因此氨氮去除率相对变化较小，催化剂的投加量对氨氮的去除影响较小。

图 3-33 是催化剂投加量与臭氧吸收率关系曲线。从图中可知，催化剂的投入使得臭氧吸收率得以提高，但是臭氧吸收率并没有随催化剂投入的增加而提高。臭氧作为反应物质，受到很多情况的影响，在催化剂投加量较少的条件下形成 HO·后，在较少催

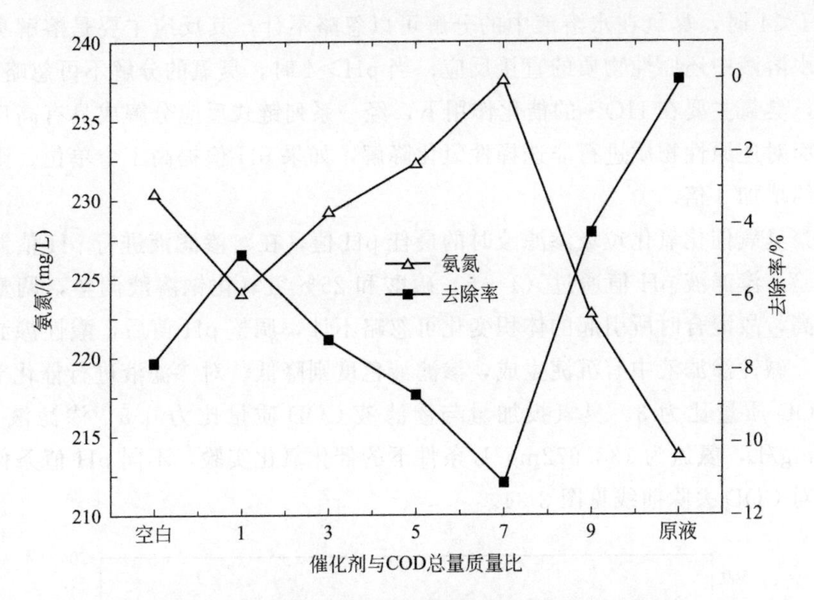

图 3-32 催化剂投加量与渗滤液氨氮去除率关系曲线

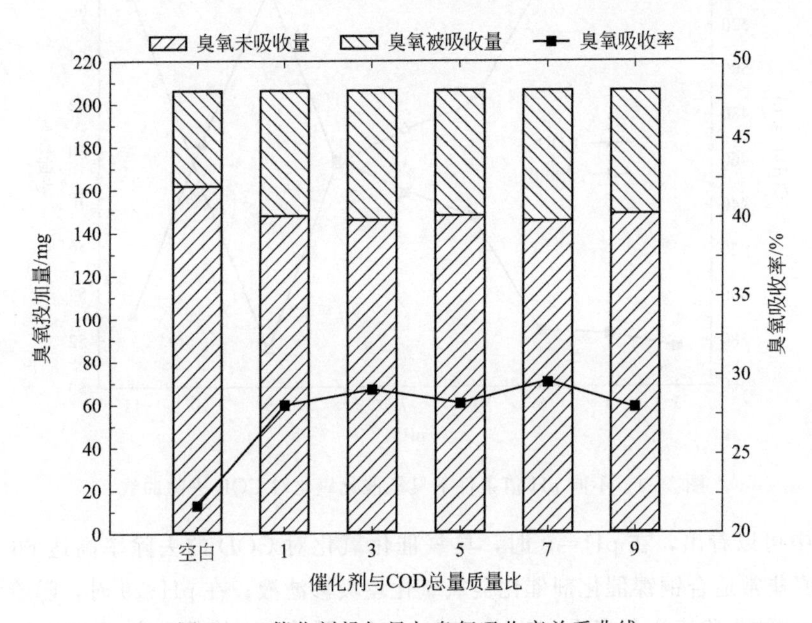

图 3-33 催化剂投加量与臭氧吸收率关系曲线

化剂范围内使得吸附和脱吸污染物的反应正常进行；当催化剂投入量增加时，催化氧化的反应范围变广，臭氧集中氧化的方式减弱。HO·广泛氧化时，其氧化能力下降，而对臭氧总体的吸收量没有下降，故在不同的催化剂投加量条件下，臭氧的吸收率基本保持相同。

3.5.3 pH 值对垃圾渗滤液污染物去除的影响

臭氧本身的氧化能力与 pH 值有关，臭氧在水中的分解速度随着 pH 值的提高而加快，当 pH<4 时，臭氧在水溶液中的分解可以忽略不计，其反应主要是溶解臭氧分子同被处理水溶液中还原性物质的直接反应；当 pH>4 时，臭氧的分解不可忽略。当 pH 值更高时，臭氧主要在 HO· 的催化作用下，经一系列链式反应分解成具有高反应活性的自由基而对还原性物质进行非选择性氧化降解，如果 pH 值提高 1 个单位，则臭氧分解速度大约增加 3 倍。

为考察臭氧催化氧化垃圾渗滤液时的最佳 pH 值，在对渗滤液进行 pH 值调整后进行氧化实验，渗滤液 pH 值通过（1＋5）硫酸和 25%氢氧化钠溶液调整，调整后的溶液浓度较高，故混合时所引起的体积变化可忽略不计，调整 pH 值后，酸性渗滤液的溶解性更强，碱性渗滤液中有沉淀生成，渗滤液色度则降低。对渗滤液进行催化剂投量与渗滤液 COD 质量比为 3，臭氧投加量与渗滤液 COD 质量比为 0.5，渗滤液 COD 为 1136.275mg/L，氨氮为 138.672mg/L 条件下的催化氧化实验，不同 pH 值条件下臭氧催化氧化对 COD 去除曲线见图 3-34。

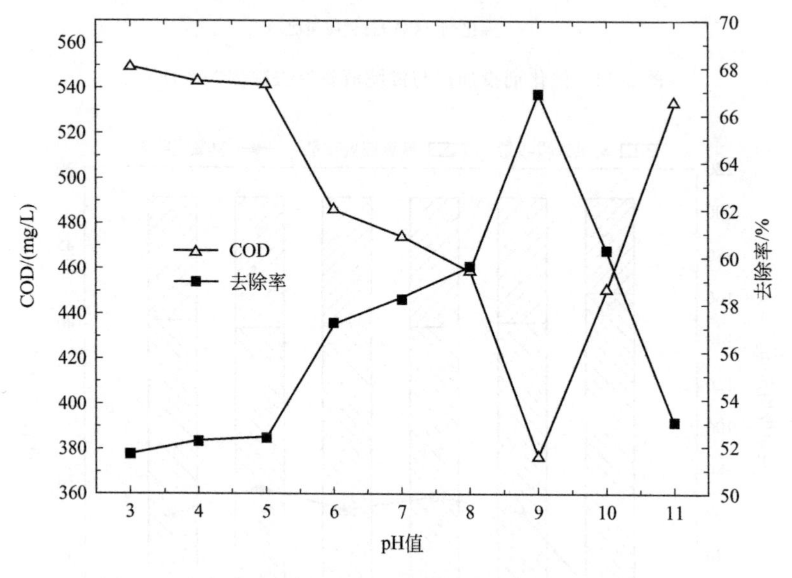

图 3-34　不同 pH 值条件下臭氧催化氧化对 COD 去除曲线

从图中可以看出，在 pH＝9 时，臭氧催化氧化对 COD 的去除率高达 66.9%，说明该 pH 值非常适合铜镍催化剂催化臭氧氧化垃圾渗滤液；在 pH<9 时，随着 pH 值的升高，COD 的去除率也得以升高；在 pH>9 时，随着 pH 值的升高，COD 的去除率降低；在 pH＝11 时，COD 的去除率已比 pH＝9 时下降很多。pH 值和催化剂都影响羟基自由基（HO·）的形成，在 pH 值较低时，HO· 不易形成，臭氧分解困难；当 pH 值较高时，就能形成大量的 HO·，用于氧化分解作用。当 pH 值过高时，由于沉淀作用形成的絮状沉淀可能被大量吸附于催化剂的表面，使催化反应不能顺利进行。

图 3-35 为不同 pH 值条件下臭氧催化氧化对渗滤液氨氮的去除曲线。该图中氨氮的去除率首次出现正值，总体去除率较低。可以发现氨氮的去除率曲线与 COD 的去除率曲线成相对性，即去除规律相反。在 pH＝9 时，氨氮去除率最低，在其之前随 pH 值的升高而降低，在 pH＝11 时取得最大值，pH＝11 是氨氮吹脱的最佳 pH 值，故有

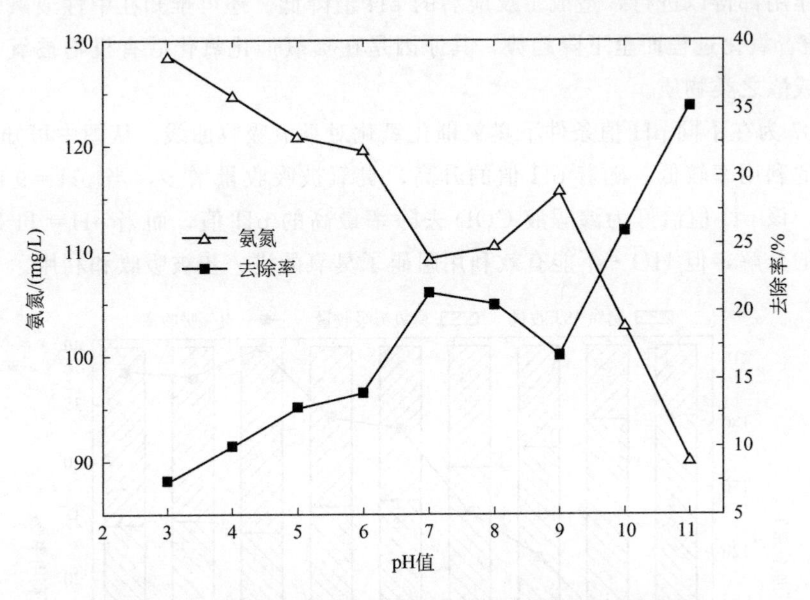

图 3-35 不同 pH 值条件下臭氧催化氧化对氨氮去除曲线

较高的去除率，氨氮去除率的趋势与 COD 去除率成相对关系可能与垃圾渗滤液的成分有较大关系。

图 3-36 为不同 pH 值条件下臭氧催化氧化后渗滤液中 pH 值变化曲线。从图 3-36 得知偏酸性与中性渗滤液在臭氧催化氧化后，pH 值都有一定的提升，偏碱的渗滤液却是下降态，影响渗滤液 pH 值的各因素有催化剂的酸碱性、反应产物的性质以及空气中 CO_2 等的共同作用，同时羟基自由基形成时消耗 H^+、沉淀形成和臭氧消耗 OH^-。在低的 pH 值时，HO·的形成消耗大量的 H^+，该作用占主导，故 pH 值上升，在偏向中性时偏值最大，说明臭氧利用 H^+ 方式形成 HO·在 pH=7 时最强烈。pH>7 时，

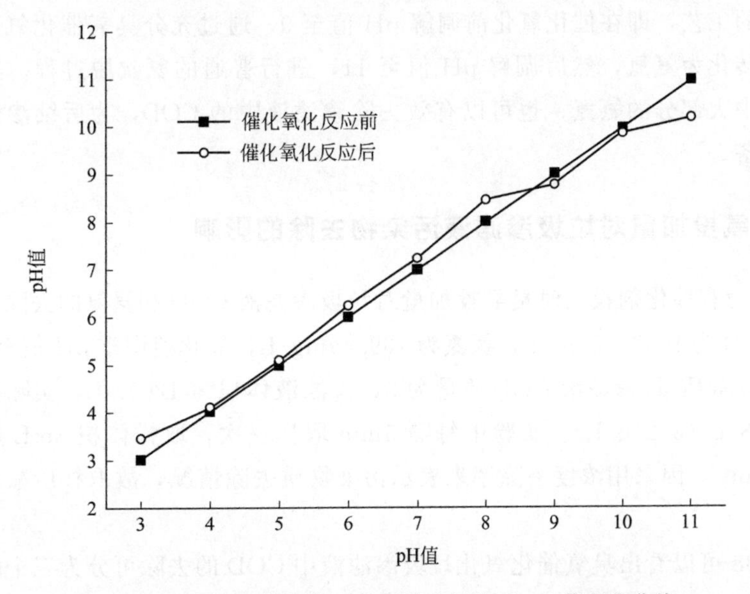

图 3-36 不同 pH 值条件下臭氧催化氧化后 pH 值变化曲线

上述各种作用都得以进行，造成了反应后的 pH 值降低。还可推知在中性或碱性条件下 pH 值会随着氧化过程而呈下降趋势，其原因是在臭氧催化氧化后有机物被氧化成小分子有机酸或醛之类物质。

图 3-37 为在不同 pH 值条件下臭氧催化氧化对臭氧吸收曲线，从图中可知低 pH 值时，臭氧的利用率较低，随着 pH 值的升高，臭氧被吸收量增多，当 pH＝9 时臭氧吸收率最大，该 pH 值恰好为渗滤液 COD 去除率最高的 pH 值，而当 pH＝11 时，虽然适合臭氧的分解，但 HO·不能有效利用阻碍了臭氧的进一步被吸收和利用。

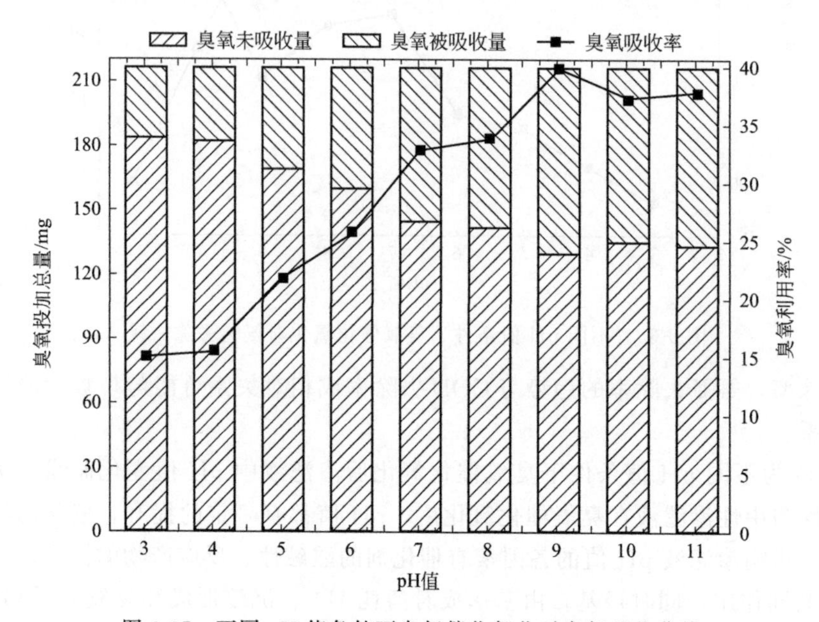

图 3-37 不同 pH 值条件下臭氧催化氧化对臭氧吸收曲线

根据 pH 值条件实验的结果，从去除渗滤液氨氮的角度考虑，可以采用先催化氧化后吹脱除氨的工艺，即在催化氧化前调解 pH 值至 9，通过充分臭氧催化氧化后，将有机氮大部分转化为氨氮，然后调解 pH 值至 11，进行普通的氨吹脱过程。这样既可以去除渗滤液中大部分的氨氮，也可以有效去除渗滤液中的 COD，为后续渗滤液的深度处理做好准备。

3.5.4 臭氧投加量对垃圾渗滤液污染物去除的影响

图 3-38 为有催化剂投入时臭氧投加量对垃圾渗滤液 COD 和氨氮的去除曲线。实验渗滤液的 COD 为 1068.55mg/L，氨氮为 169.49mg/L，氧化前调整 pH 值至 9，催化剂投加量为催化剂质量/渗滤液 COD 质量为 3，渗滤液体积为 1200mL，实际投入铜镍催化剂量为 3.85g（3.21g/L）。实验中每隔 5min 取样一次，取样体积 4mL 用于稀释测定，共计 48mL，因采用浓度去除率来表示污染物质去除情况，故取样所减小的体积可以忽略不计。

从图 3-38 可以看出臭氧催化氧化垃圾渗滤液中 COD 的去除可分为三个阶段：COD 初始去除阶段、COD 增大阶段和 COD 减小阶段。

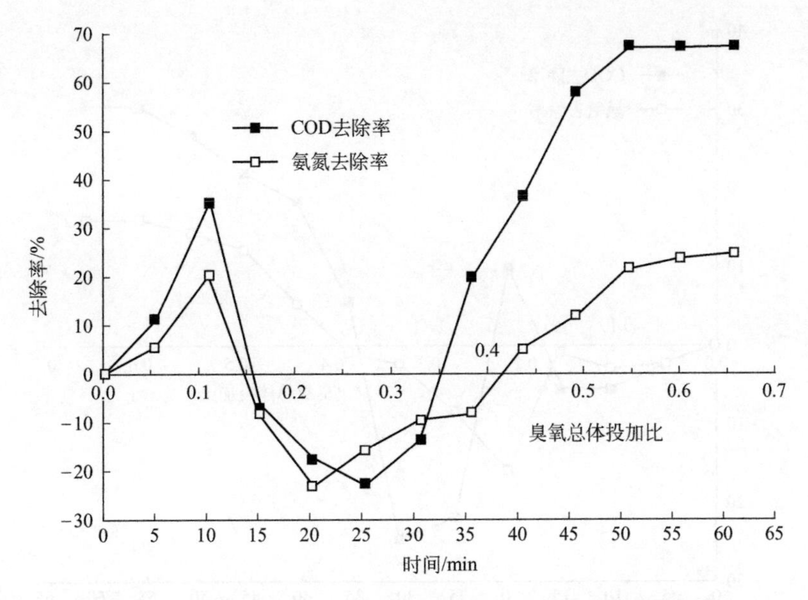

图 3-38 有催化剂投入时臭氧投加量对 COD 和氨氮去除曲线

(1) COD 的初始去除阶段

臭氧的投加量较少，使得 COD 去除率较低，而氨氮在此阶段主要是因为吹脱作用被吹出。当臭氧通入 10min 左右时，即臭氧总投加量与渗滤液中 COD 质量比约为 0.1 时，COD 的初始去除阶段完成，去除率约为 35%。相比单组分催化剂筛选实验时，臭氧总投加量与渗滤液中 COD 质量比为 0.125 对渗滤液 COD 去除率最高的结果，双组分催化剂的投入比单组分催化剂的投加量略有减少，也可说明实验的重现性较好。

(2) COD 增大阶段

臭氧总投加量为 0.1～0.35 时，COD 的去除率一直都为负值，氨氮也是如此，且 COD 和氨氮在臭氧总投入比例为 0.25 左右时都达到最大值，说明通过催化氧化，反应产生了大量的中间物质，中间物质使 COD 升高。中间物质的产生伴随着氨氮的大量释出，比例大于 0.35 后，COD 又有了正的去除率，但氨氮的去除很缓慢。到实验结束时，COD 和氨氮的去除率分别为 67.46%和 24.24%。

图 3-39 表示在无催化剂条件下，臭氧投加量对 COD 和氨氮的去除曲线，其他反应条件与有催化剂时一样。从图中可以看出，对污染物去除过程与有催化剂时基本一致，去除率曲线也可分为三个阶段，但各阶段的臭氧总体投加比例与有催化剂时不同。在 COD 初始去除阶段结束时，臭氧投入时间为 20min，臭氧总体投加比在 0.20 左右；在 COD 增大阶段结束时，臭氧总体投加比为 0.25～0.4；在 COD 减小阶段结束时，COD 和氨氮去除率都较低，分别为 36.48%和 15.90%。

总结两种反应过程，COD 和氨氮的增加速度、去除速度以及臭氧的投入速度与转化速度都应成为渗滤液催化氧化效果的考虑因素。当 COD 和氨氮增加速度很快，累计总量大于渗滤液原液时，去除率为负值。释放过程结束后，继续氧化，污染物被较彻底地去除。有催化剂投入的反应里，在臭氧投入 10min 左右时，渗滤液的颜色已完全透

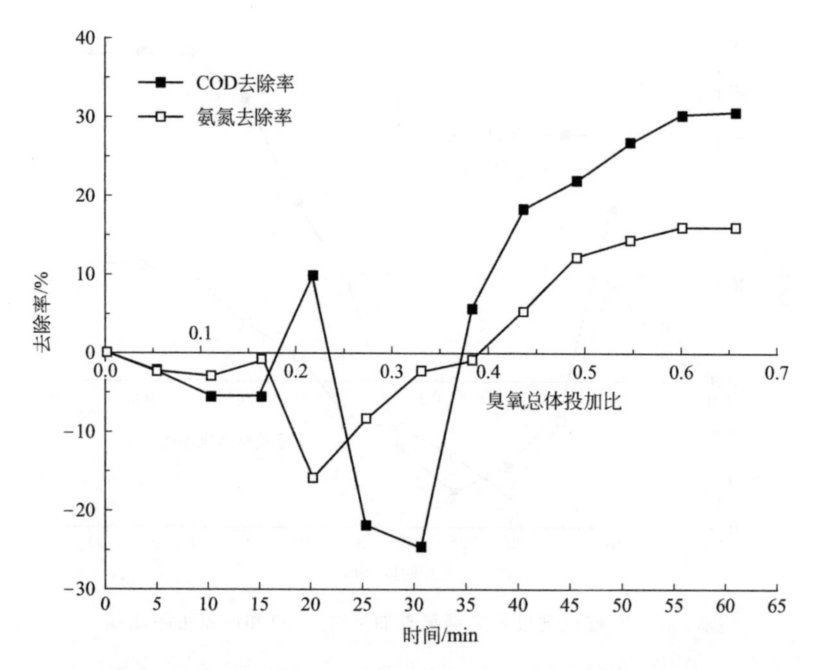

图 3-39 无催化剂投入时臭氧投加量对 COD 和氨氮去除曲线

明，说明构成色度的物质易于被氧化，而出现正的 COD 去除率；没有催化剂投入的反应里，该时间推迟至 35min。反应继续进行后，COD 和氨氮的增加速度远超过它们被降解的速度，造成了很长一段时间的去除率为负值。当情况相反时，COD 和氨氮都得以较缓慢去除，直到渗滤液中的污染物质不能被氧化，至此结束实验。

图 3-40 是无催化剂投入与有催化剂投入时臭氧投加量对 COD 去除比较曲线。前面

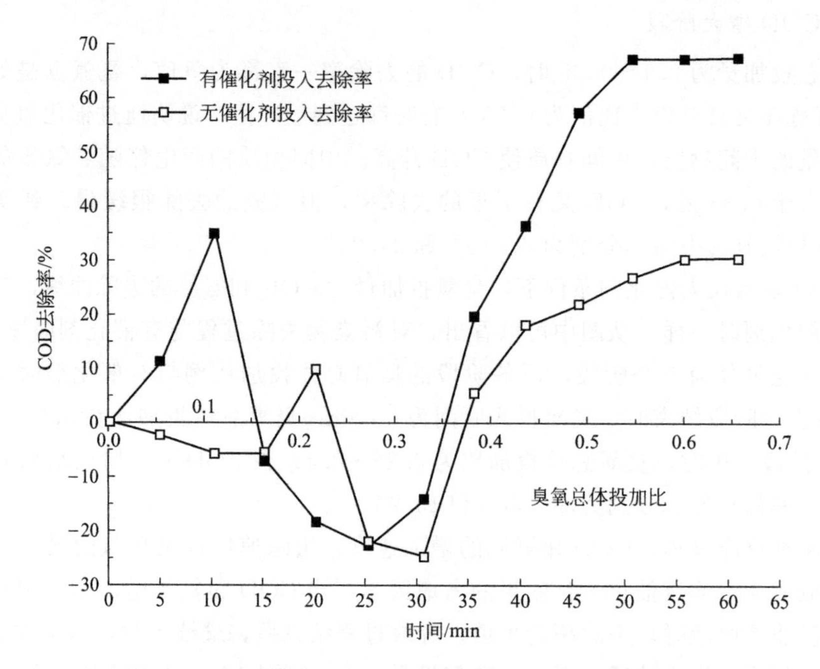

图 3-40 有无催化剂投入时臭氧投加量对 COD 去除曲线

提及 COD 与氨氮去除过程都会经历三个阶段，有催化剂与无催化剂在相同时间段会表现出不同反应进程与结果，通过图 3-40 中两种曲线的比较，发现有催化剂投入时，不仅使得 COD 反应的三个阶段相比无催化剂时都提前发生，且 COD 的去除率提高了 30%左右。

在每隔 5min 取样的时间里，同时换取用于吸附臭氧的碘化钾溶液，通过累计的办法进行计算，有催化剂投入时臭氧投加量与臭氧吸收率的变化关系曲线如图 3-41 所示，无催化剂投入时臭氧投加量与臭氧吸收率的变化曲线如图 3-42 所示。

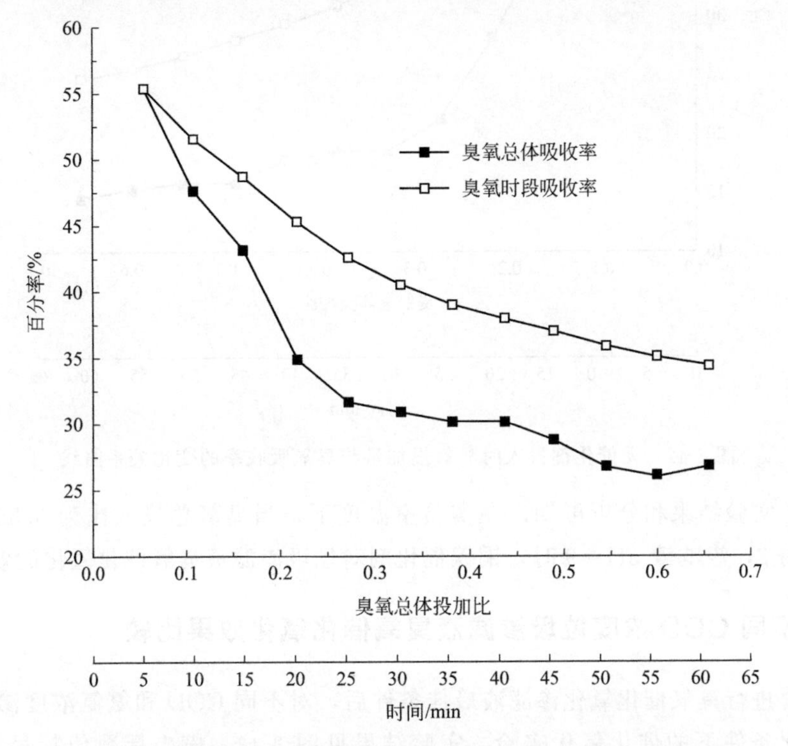

图 3-41 有催化剂投入时臭氧投加量与臭氧吸收率的变化关系曲线

图中臭氧时段吸收率每次以 5min 计，用该时间段里的渗滤液臭氧吸收量比臭氧在该段的投入总量，用以考察在每个时间段里臭氧的吸收情况，可代表臭氧被吸收的瞬间速率，间接反映出催化剂的催化作用。有催化剂投入时臭氧时段吸收率到 30min 后基本维持在 30%，一直到实验结束，而没有催化剂加入时，该值在 15%左右。由此可见，催化剂的催化效果在该项实验中得以体现，且经过 60min 的反应仍保持高催化作用，为一种持久性催化剂。臭氧总体吸收率，即所有实验中的臭氧吸收率，吸收的累计总量除以总的臭氧投加量，有催化剂时最终为 40.24%，无催化剂时为 25.93%，表明理想条件下，在此渗滤液 COD 浓度时，在催化氧化处理达到稳定后，臭氧的节约率在 15%左右，若是渗滤液中污染物浓度很高，且臭氧的投入方式更理想化，相信对臭氧的节约率会远超 15%，那么催化剂的加入，在没有改进反应容器的情况下，是可以大量节省臭氧的。臭氧的总体投加率，也即前面实验中的臭氧总投加量与渗滤液中 COD 质量比，能有效地指导臭氧投加情况，使反应高效进行，节约资源。

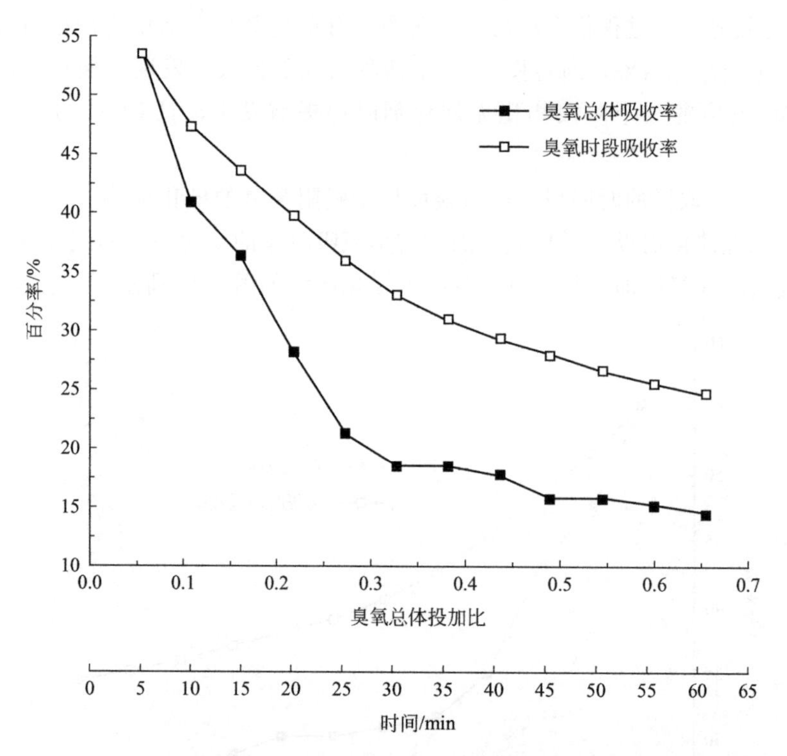

图 3-42 无催化剂投入时臭氧投加量与臭氧吸收率的变化关系曲线

由以上实验结果和分析可知，在实验室温度下，当臭氧总投入比为 0.55，催化剂投入为比为 3，渗滤液 pH=9 时，铜镍催化剂对垃圾渗滤液臭氧催化氧化的效果较好。

3.5.5 不同 COD 浓度垃圾渗滤液臭氧催化氧化效果比较

在获得进行臭氧催化氧化渗滤液最佳条件后，对不同 COD 和氨氮浓度渗滤液进行在最佳氧化条件下的催化氧化实验，实验结果见图 3-43，横坐标数值括号外为 COD 值，内为氨氮值。

从图 3-43 可知，在较理想的反应条件下，通过稳定地提供臭氧进行臭氧催化氧化时，垃圾渗滤液中污染物浓度升高，臭氧催化氧化作用没有保持较稳定的污染物去除效率，而是呈现下降的趋势。若考虑臭氧的投加速度，由于实验中臭氧投加速度较小，且臭氧与 HO· 在水样中存在的时间较短，故不能长时间地积累去参加反应，那么在此投加速度下，若是污染物的浓度变大，要求参与反应的臭氧浓度也增大，才能使反应得以顺利进行。现在的臭氧提供方式还不能满足此要求，故表现出即使足够长时间地投入臭氧却不能提高反应效率。在 COD 为 1000mg/L 左右时，臭氧催化反应有较好的去除效果，可知在实验中提供的臭氧投加速度非常满足此浓度范围，计算此时臭氧投加速度（17.21～23.592mg/min）与 COD（1000mg/L）比值范围为$1.721\times10^{-2}\sim2.3592\times10^{-2}$。

渗滤液污染物浓度的增加使得催化剂的投加量也增加，若是 COD 在 100000mg/L 时，需求催化剂为 300g/L，催化剂投入量过大，无重复使用时处理成本过高，但该种

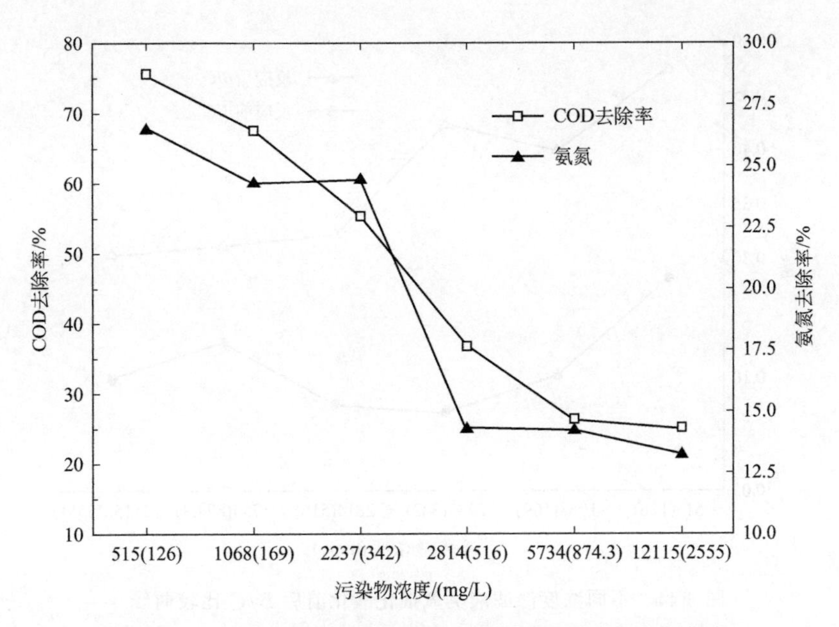

图 3-43 不同浓度渗滤液臭氧催化氧化后对污染物去除曲线

催化方式的催化剂进行反应时，时间较久，且可回收，这样就可降低成本，故若对于稍低浓度范围，铜镍催化剂是可以考虑使用的一种高效的渗滤液催化氧化催化剂。

总结可知，若是要有效进行催化氧化，则臭氧提供速度与 COD 比值范围为 $1.721\times10^{-2}\sim2.3592\times10^{-2}$，且催化剂总体投加比为 3，臭氧总投入比不小于 0.55，则能保证渗滤液中污染物的高效去除。

3.5.6 垃圾渗滤液氧化前后可生化性比较

一般来说，垃圾渗滤液的可生化性很差，通常其 BOD_5/COD 值只有 0.05 左右。当前有很多报道指出，垃圾渗滤液经催化氧化处理后，其可生化性有明显改善。如赖晶晶等在用负载型 TiO_2 为催化剂进行光催化氧化时，BOD_5/COD_{Cr} 值从 0.064 提高到 0.228。为了研究铜镍负载型催化剂催化臭氧氧化对垃圾渗滤液可生化性的影响，实验测定了 COD 浓度分别为 515.33mg/L、1068.55mg/L、2237.15mg/L、2814.35mg/L、5734.8mg/L、12115.25mg/L 的渗滤液在本实验的最佳铜镍催化剂催化臭氧氧化处理前后的 BOD_5 值，计算得出了不同浓度渗滤液在催化氧化前后的 BOD_5/COD_{Cr} 值，实验结果如图 3-44 所示，横坐标数值括号外为 COD 值，内为氨氮值。

由图 3-44 可知，不同浓度的渗滤液的 BOD_5/COD_{Cr} 值从催化氧化前的 0.085～0.145，提高到催化氧化后的 0.31～0.475，表明渗滤液的可生化性有明显的提高。渗滤液中的有机污染物大多是长链、高分子量的有机物，微生物难以对其进行降解。而臭氧催化氧化有机物没有选择性，能够将难生物降解的有机物降解成小分子易生物降解的有机物，从而提高了催化氧化后渗滤液的可生化性。

此外，研究发现，本实验中垃圾渗滤液的 C/N 在催化氧化前为 0.4～0.5，催化氧化后提高到 1.8～2.0。相对于一般生活污水来说，垃圾渗滤液的 C/N 过低。C/N 过低

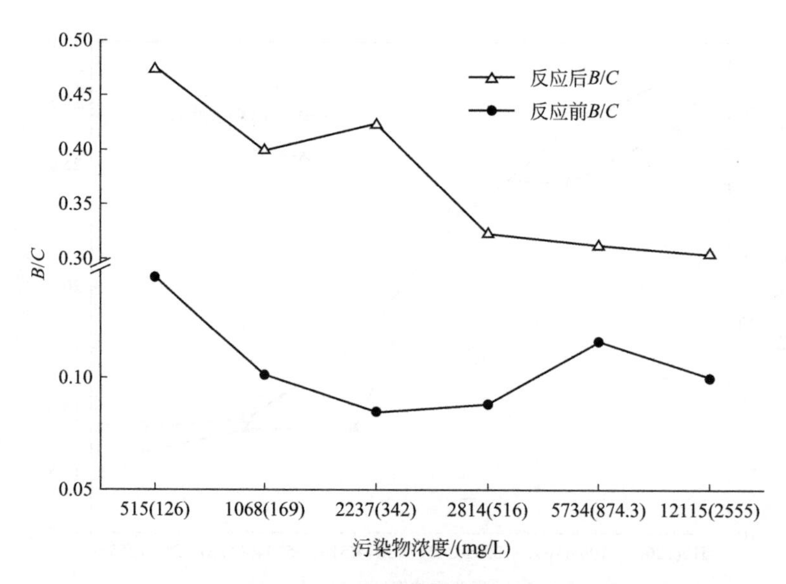

图 3-44 不同浓度渗滤液臭氧催化氧化前后 B/C 比较曲线

会导致微生物营养元素比例失调，同时渗滤液的高浓度氨氮对微生物有很强的毒害作用，这也是渗滤液难以生物处理的另一个原因。渗滤液在催化氧化后 C/N 的提高可在一定程度上改善渗滤液的可生化性。渗滤液中溶解的重金属离子对微生物有毒害作用，也会影响渗滤液的可生化性。本实验的最佳反应条件为 pH=9，在此 pH 值下，渗滤液中的重金属离子可部分沉淀，从而减少其对微生物的毒害作用，提高渗滤液的可生化性。

目前国内外的专家学者普遍认为污水的 BOD_5/COD_{Cr} 值大于 0.4～0.45 即为可生物处理污水，从这个角度来看，垃圾渗滤液经催化氧化后，如果垃圾渗滤液的 BOD_5/COD_{Cr} 值大于 0.4～0.45，即可采用生物处理方法对其进行进一步的深度处理。但是从本实验结果来看，渗滤液经催化氧化处理后，其氨氮浓度仍然很高，对微生物依然有很大的毒害作用，因而应对催化氧化后的渗滤液进行进一步的氨吹脱等处理，以降低渗滤液的氨氮浓度，才可对渗滤液进行进一步的生物处理。

3.5.7 催化剂存放寿命比较

实验条件为催化剂投加量与渗滤液中 COD 质量比为 3，臭氧投加量与渗滤液中 COD 质量比为 0.55，催化剂存放时间作用比较见图 3-45。由图可知新催化剂在与臭氧组合时较旧催化剂更利于污染物的去除，催化剂在焙烧后，在马弗炉里自然冷却后，取出至干燥器中进行保存备用。在备用的过程中，空气的氧化与催化剂吸附等作用使得催化剂的活性降低，从而影响了催化剂的作用能力，故催化剂存放时间不宜过长，最好在制得后 1 个月内用完。

3.5.8 投加催化剂对水样中重金属离子浓度的影响

非均相重金属离子催化剂的使用，使得催化剂与渗滤液的分离变得比均相催化剂简

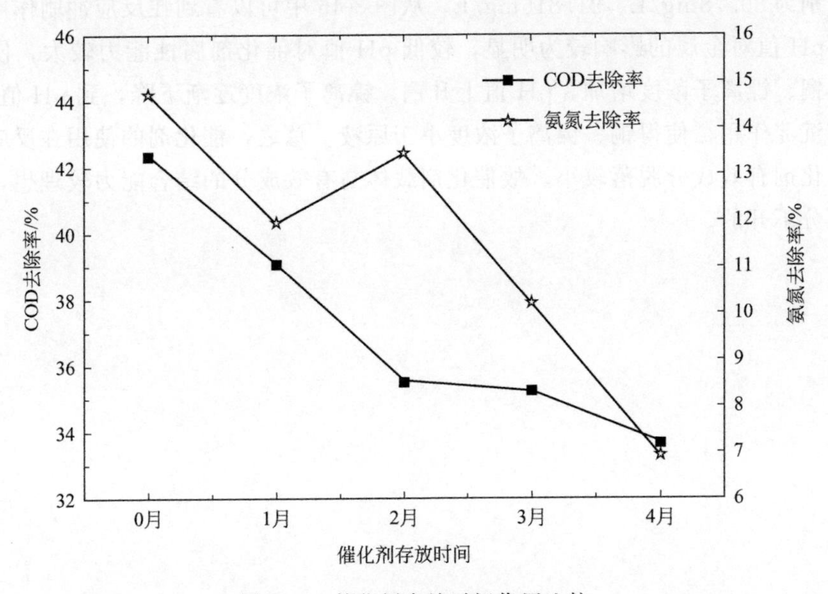

图 3-45 催化剂存放时间作用比较

单，但是非均相催化剂在使用过程中，也有催化剂有效成分脱落的现象，金属离子的释出与渗滤液 pH 值、通入臭氧时的冲刷作用、载体与有效成分结合等因素有关。实验使用催化剂时，催化剂没有发生掉屑现象，对进行 pH 值条件实验的渗滤液与渗滤液原液进行铜、镍离子检测，测定结果见图 3-46。

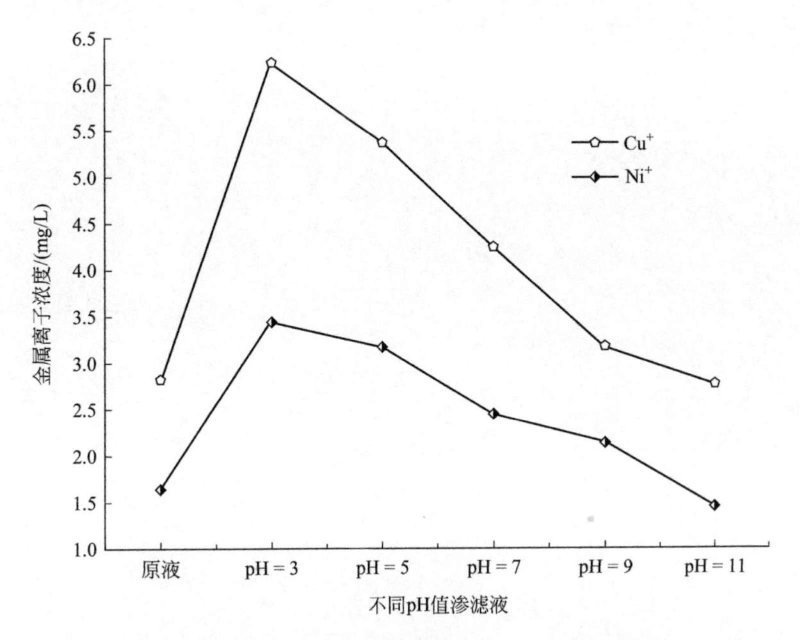

图 3-46 不同 pH 值渗滤液中铜离子、镍离子变化情况

依据 EDAX 中元素质量分数分析，催化剂中铜、镍元素的质量分数分别为 2.37%、0.64%，实验中使用催化剂平均质量为 1.3635g，计算铜、镍离子能引起渗滤液最大变

化浓度分别为80.78mg/L、21.816mg/L。从图3-46中可以看到在反应冲刷作用相同的情况下，pH值对金属的影响较为明显，较低pH值对催化剂腐蚀能力较大，使得反应后的水样铜、镍离子浓度增加，pH值上升铜、镍离子浓度逐渐下降，到pH值为11时由于化学沉淀作用，使得铜、镍离子浓度小于原液。总之，催化剂的使用在反应过程中引起的催化剂有效成分脱落较小，故催化剂载体与有效成分的结合能力较理想，这与高温烧结是分不开的。

4

垃圾渗滤液新型催化氧化处理技术

为了降低垃圾渗滤液的处理成本，提高垃圾渗滤液的处理效果，近年来，国内外的许多环保学者不断进行新型垃圾渗滤液催化氧化处理技术的实验研究。新型催化氧化技术的核心内容是制作成本低廉、材料易得、催化效果好的催化剂，这些催化剂具有催化氧化功能，可以不与氧化剂联用，直接对垃圾渗滤液等废水中的污染物质进行催化降解。

本章内容为近年来最新的垃圾渗滤液催化氧化技术研究成果。这些研究成果对减少垃圾填埋场容量、增加垃圾填埋场的使用年限都具有重要的意义，而且对提高垃圾渗滤液处理效果、降低垃圾渗滤液处理成本有重要的社会意义和经济意义。

4.1 氧化亚铜（Cu_2O）/氧化石墨烯（GO）催化氧化垃圾渗滤液实验研究

本实验制作了 Cu_2O、氧化石墨烯、Cu_2O/氧化石墨烯复合催化剂三种不同的新型催化剂，处理某垃圾填埋场的垃圾渗滤液，分析催化剂种类、投加量和反应时间对处理效果的影响，同时研究垃圾渗滤液的可生化性并优化反应条件。通过探究催化剂催化氧化垃圾渗滤液的影响因素，选出了处理效果最佳的催化剂并确定了催化剂的最佳投加量、最佳反应时间，并对处理效果最好的催化剂进行表征分析。

4.1.1 催化剂的制备方法

制备催化剂所用的试验试剂有：硫酸铜、水合肼、氢氧化钠、葡萄糖、石墨粉、高锰酸钾、硝酸钾、浓硫酸、无水乙醇等。

制备催化剂所用的试验仪器有：聚四氟乙烯的高压反应釜、超声清洗仪、干燥箱、蒸汽压力锅、磁力搅拌器、离心机、紫外可见分光光度计等。

4.1.1.1 Cu_2O 的制备方法

用电子天平分别称量 6.13g $CuSO_4 \cdot 5H_2O$ 与 12g 氢氧化钠（NaOH），将两种试剂溶于 200mL 蒸馏水，不断搅拌使其完全溶解。在反应体系溶液中加入 3g 葡萄糖，充分反应后，溶液呈深蓝色。在不断搅拌的条件下，通过加入 0.6mL 水合肼使 Cu^{2+} 还原为 Cu^{+}，反应完全后溶液呈红色。使溶液静置，充分沉淀后，去溶液上清液。用无水乙醇与去离子水对沉淀反复洗涤 3～5 次。将沉淀放入 60℃的烘箱中 3h，取出干燥后的沉淀，经研磨后得到呈棕红色的 Cu_2O 粉末。Cu_2O 制作工艺流程见图 4-1。

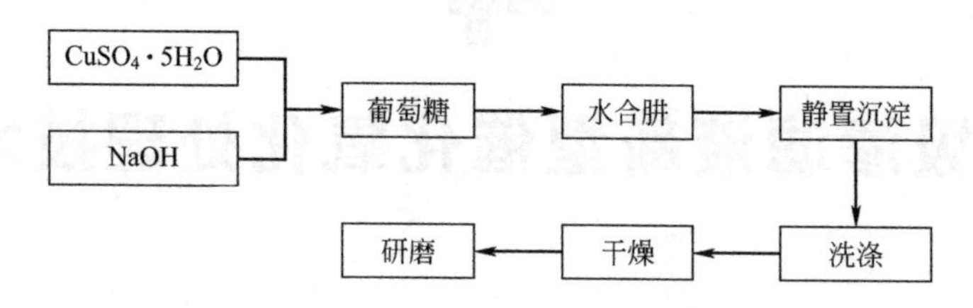

图 4-1 Cu_2O 制作工艺流程

4.1.1.2 氧化石墨烯的制备方法

在 250mL 的干燥锥形瓶中加入 100mL 的浓硫酸，放入冰箱或进行冰浴，使其温度控制在 0～5℃。用电子天平分别称量 2g 硝酸钾与 4g 石墨粉。在恒温磁力搅拌器的条件下，将两种固体物加入低温浓硫酸中。控制温度保持在 20℃以下，待固体物完全溶于浓硫酸后（约 30min），分批次缓慢加入 12g 高锰酸钾，此时反应体系中液体颜色从亮黑色渐变成墨绿色，并继续搅拌 1h。通过磁力搅拌器使反应温度升至 35℃并保持恒温，搅拌反应 30min 后，反应体系内呈微黏稠状态。在反应体系内缓慢加入 100mL 去离子水，通过恒温磁力搅拌器保证反应体系内温度维持在 90℃以上。在继续搅拌 10min 后，加入一定量 30%过氧化氢（约 20 滴）直至反应不再产生气泡，最终反应体系内溶液为亮黄色。调节离心机转速为 4000r/min，离心时间为 6min，对溶液进行离心。离心后，去上清液，使用盐酸溶液和去离子水对离心沉淀物洗涤 3～5 次。将最终产物放入托盘或烘箱中使其干燥。通过研磨，最终得到较为纯净的棕黄色固态氧化石墨烯粉末。氧化石墨烯制作工艺流程见图 4-2。

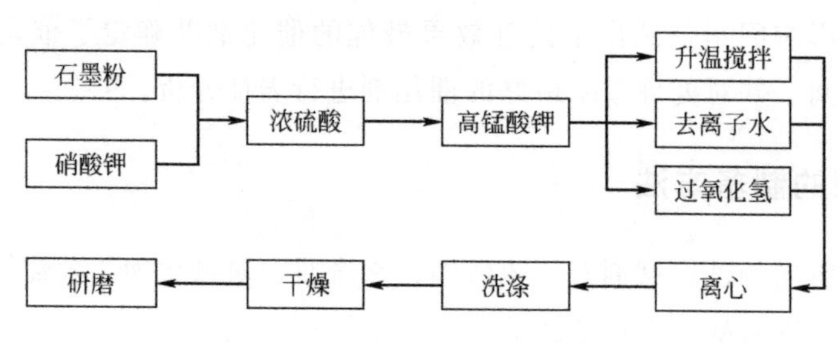

图 4-2 氧化石墨烯制作工艺流程

4.1.1.3 Cu_2O/氧化石墨烯复合催化剂的制备方法

用电子天平分别称量 0.5g 氧化石墨烯和 1.2gCu_2O，并放入适量蒸馏水中，用超声溶解仪对溶液进行 20min 超声溶解。之后在室温条件下，用磁力搅拌器对溶液进行 4h 搅拌。将充分溶解后的混合溶液放入内衬聚四氟乙烯涂料的高压反应釜中。反应釜放入温度为120℃的烘箱中持续8h。将反应釜降至室温后对沉淀进行抽滤。将沉淀放入70℃的烘箱中进行干燥，经研磨，得到Cu_2O/氧化石墨烯复合催化剂粉末。Cu_2O/氧化石墨烯复合催化剂制作工艺流程见图4-3。

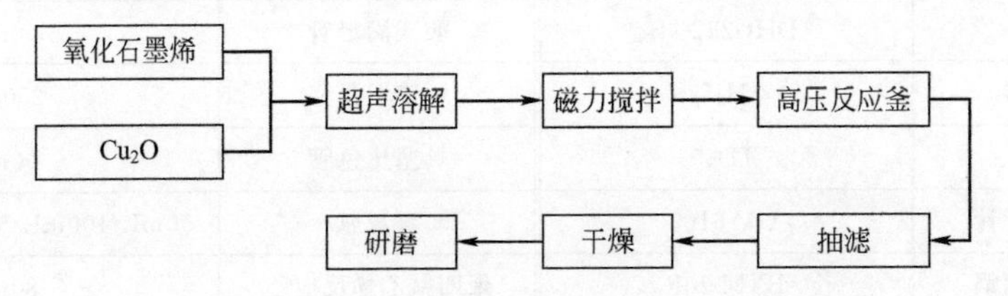

图4-3 Cu_2O/氧化石墨烯复合催化剂制作工艺流程

4.1.2 实验材料和方法

4.1.2.1 实验装置

实验中所用的垃圾渗滤液催化氧化装置如图4-4所示。垃圾渗滤液进入进水水箱后由提升泵引入到反应器中，向反应器中投加催化剂，并用搅拌器均匀搅拌，使得催化剂和垃圾渗滤液充分反应，反应一定时间后的垃圾渗滤液由出水口流入出水水箱，然后对处理过后的水进行指标测定。

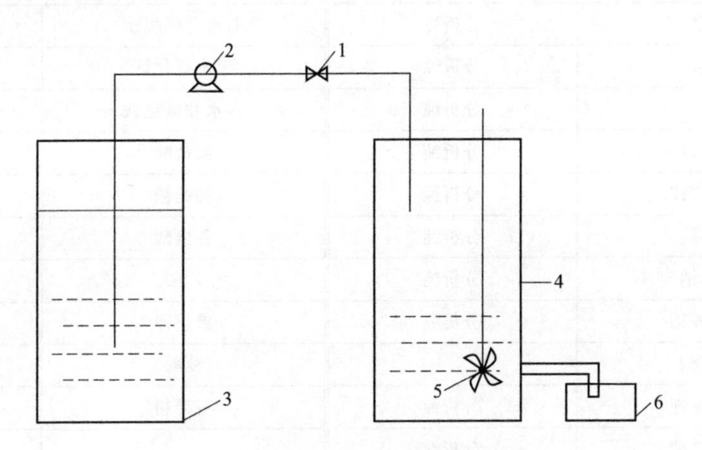

图4-4 垃圾渗滤液催化氧化实验装置

1—阀门；2—提升泵；3—进水水箱；4—反应器；5—搅拌器；6—出水水箱

4.1.2.2 实验仪器

实验中所用实验仪器如表4-1所示。

表4-1 实验中所用实验仪器

仪器名称	型号	仪器名称	型号
超声清洗仪	JT410HT	量筒	50mL/100mL/250mL/500mL
电子天平	JA2003	溶解氧瓶	250mL

续表

仪器名称	型号	仪器名称	型号
数显恒温水浴锅	双控	真空干燥器	210MM
干燥箱	DHG202-0S	酸式滴定管	50mL
磁力搅拌器	HJ5	锥形瓶	250mL
离心机	TD40	具塞比色管	50mL
紫外分光光度计	UV-6100	容量瓶	50mL/100mL/500mL/1000mL
压力蒸汽灭菌锅	BXM-30R	聚四氟乙烯反应釜	30mL
恒温培养箱	SPX-80BE	玻璃棒	
溶解氧测定仪	AZ8403	泵	
细口玻璃瓶	250mL		

4.1.2.3 实验试剂

实验中所用实验试剂如表 4-2 所示。

表 4-2 实验中所用实验试剂

药品名称	纯度	药品名称	纯度
硫酸银	分析纯	七水合硫酸镁	分析纯
硫酸汞	分析纯	无水氯化钙	分析纯
硫酸	分析纯	六水和氯化铁	分析纯
重铬酸钾	分析纯	浓盐酸	分析纯
硫酸亚铁铵	分析纯	葡萄糖	分析纯
硫酸锌	分析纯	谷氨酸	分析纯
氢氧化钠	分析纯	乙酸	分析纯
酒石酸钾钠	分析纯	碘化钾	分析纯
纳氏试剂		淀粉	分析纯
磷酸二氢钾	分析纯	石墨粉	
磷酸氢二钾	分析纯		

4.1.2.4 实验水质指标检测标准

实验水质指标检测标准如表 4-3 所示。

表 4-3 实验水质指标检测标准

水质指标	检测标准
COD	重铬酸盐法(HJ 828—2017)
氨氮	纳氏试剂分光光度法(HJ 535—2009)
BOD_5	稀释与接种法(HJ 505—2009)

4.1.3 催化剂投加量对垃圾渗滤液处理效果的影响

4.1.3.1 催化剂投加量对垃圾渗滤液 COD 去除率的影响

催化剂投加量与渗滤液 COD 去除率关系曲线如图 4-5 所示。实验所用垃圾渗滤液原液的 COD 为 24019mg/L、氨氮为 598.69mg/L。实验中取渗滤液体积为 100mL，催化剂的投加量按照其与渗滤液 COD 质量比值分别为 0.3，0.4，0.5，0.6，0.7，0.8，0.9，1.0。充分搅拌使其反应 1h 后，从出水口取样分别对加入不同催化剂的渗滤液进行 COD 的测定。

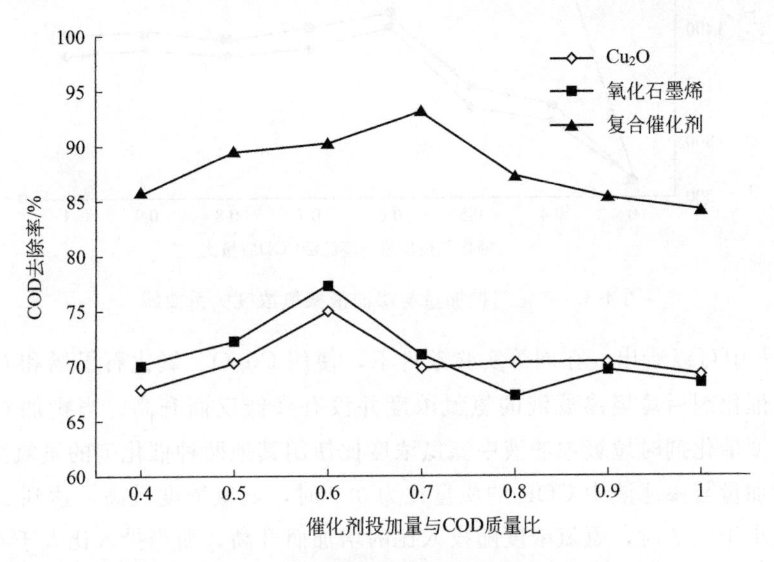

图 4-5 催化剂投加量与渗滤液 COD 去除率关系曲线

在实验条件相同的情况下，使用 Cu_2O、氧化石墨烯和 Cu_2O/氧化石墨烯三种催化剂均对垃圾渗滤液的 COD 有所降低。使用 Cu_2O 作为催化剂时，催化剂投量与渗滤液中 COD 的质量比为 0.6 时，对 COD 的去除率最高，去除率为 75.12%。使用氧化石墨烯作为催化剂时，催化剂投加量与渗滤液中 COD 的质量比为 0.6 时，对 COD 的去除率最高，去除率为 77.26%。使用 Cu_2O/氧化石墨烯复合型催化剂作为催化剂时，催化剂投加量与渗滤液中 COD 的质量比为 0.7 时，对 COD 的去除率最高，去除率达到 93.33%。当投入比小于 0.7 时，COD 去除率随投入比的减少而升高，而当投入比大于 0.7 时，COD 的去除率随投入比的增加逐渐下降。由此可见，催化剂的投加量对垃圾渗滤液 COD 的去除率有一定的影响，过量的催化剂不但会增加成本，也会变为多余的杂质从而使 COD 的去除率降低。

以上实验结果说明三种催化剂中 Cu_2O/氧化石墨烯复合型催化剂对 COD 的去除率均高于另外两种催化剂，对垃圾渗滤液的处理效果最好。当该催化剂投加量与渗滤液 COD 的质量比为 0.7 时，渗滤液 COD 的去除率最高达到 93.33%，此时催化剂与垃圾渗滤液的反应时间为 1h。

4.1.3.2 催化剂投加量对垃圾渗滤液氨氮浓度的影响

催化剂投加量对垃圾渗滤液中氨氮浓度也产生了影响。催化剂氨氮浓度关系曲线如图 4-6 所示。

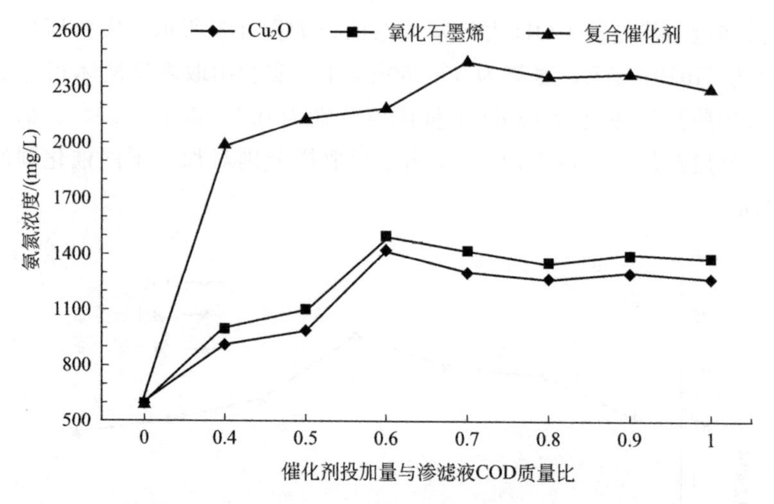

图 4-6 催化剂投加量与渗滤液氨氮浓度关系曲线

从图 4-6 中可以看出，在同等实验条件下，使用 Cu_2O、氧化石墨烯和 Cu_2O/氧化石墨烯三种催化剂后垃圾渗滤液的氨氮浓度并没有降低反而升高。当投加 Cu_2O/氧化石墨烯复合型催化剂时垃圾渗滤液中氨氮浓度比使用其他两种催化剂的氨氮浓度高。当该催化剂投加量与渗滤液中 COD 的质量比为 0.7 时，氨氮浓度最高，达到 2454mg/L。当此投入比小于 0.7 时，氨氮浓度随投入比的增加而升高，而当投入比大于 0.7 时，氨氮浓度随投入比的增加逐渐下降。结合催化剂对 COD 的影响可以看出 COD 去除率和氨氮去除率的变化趋势成反比。此实验结果说明催化剂在去除 COD 时对有机物的分解彻底，把垃圾渗滤液中的有机氮转化为氨氮，所以当垃圾渗滤液的 COD 降低时氨氮浓度反而升高。

4.1.4 催化剂反应时间对垃圾渗滤液处理效果的影响

4.1.4.1 催化剂反应时间对垃圾渗滤液 COD 去除率的影响

确定了催化剂的投加量后，继续研究反应时间对 COD 去除率的影响，通过改变三种催化剂与垃圾渗滤液的反应时间来确定最佳反应时间。通过实验研究得出催化剂反应时间与 COD 去除率关系曲线如图 4-7 所示。

从图 4-7 中可以看出 Cu_2O 和氧化石墨烯随着反应时间的增加 COD 的去除率有所增加，当反应一段时间后去除率趋于平稳。Cu_2O/氧化石墨烯复合型催化剂随着反应时间的增加对 COD 的去除率影响不大。当使用 Cu_2O 作为催化剂反应时间为 4h 时，渗滤液 COD 的去除率达到 80.25%，4h 后去除率波动不明显。当使用氧化石墨烯作为催化

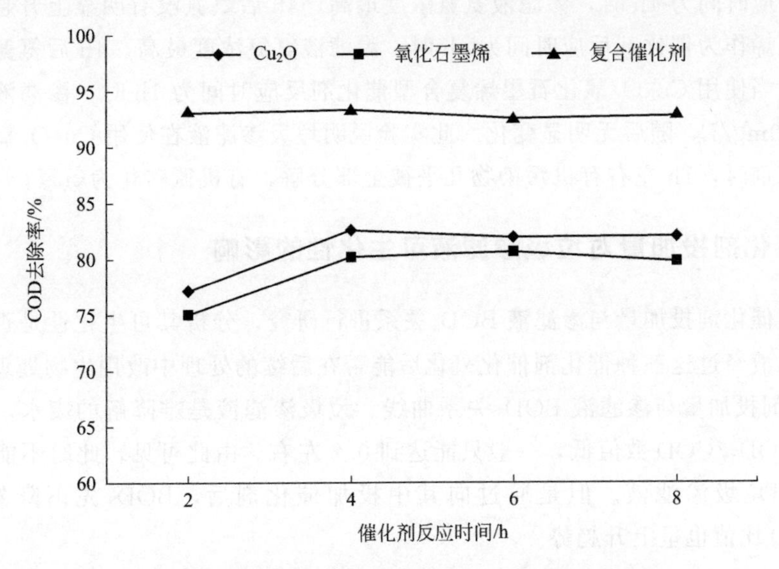

图 4-7　催化剂反应时间与 COD 去除率关系曲线

剂反应时间为 4h 时，渗滤液 COD 的去除率达到 82.63%，4h 后去除率波动不明显。当使用 Cu_2O/氧化石墨烯复合型催化剂反应时间为 1h 时，渗滤液 COD 的去除率达到 93.3%，1h 后随着时间的增加去除率并没有明显变化。所以当 Cu_2O/氧化石墨烯复合型催化剂与垃圾渗滤液反应时间为 1h 时 COD 去除率效果最佳。

4.1.4.2　催化剂反应时间对垃圾渗滤液氨氮浓度的影响

催化剂反应时间与氨氮浓度关系曲线如图 4-8 所示。Cu_2O 和氧化石墨烯随着催化剂反应时间的增加，氨氮浓度升高，当反应一段时间后趋于平稳。Cu_2O/氧化石墨烯复合型催化剂随着反应时间的增加，氨氮浓度趋于平稳。

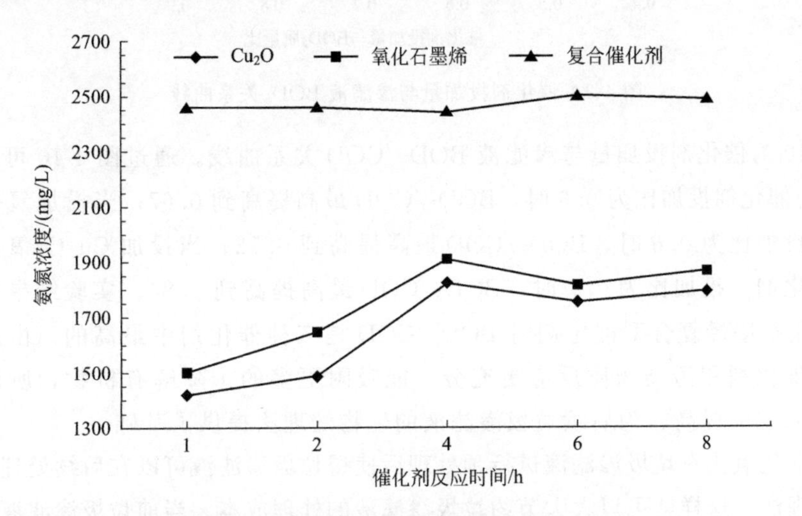

图 4-8　催化剂反应时间与氨氮浓度关系曲线

从图 4-8 中可以看出，随着反应时间的增加氨氮浓度也随之变化，当使用 Cu_2O 作为催化剂反应时间为4h时，渗滤液氨氮浓度最高，4h后氨氮没有明显上升趋势。当使用氧化石墨烯作为催化剂反应时间为4h时，渗滤液氨氮浓度最高，4h后氨氮没有明显上升趋势。当使用Cu_2O/氧化石墨烯复合型催化剂反应时间为1h时，渗滤液氨氮浓度约达到2450mg/L，随后无明显变化。此实验说明垃圾渗滤液在使用Cu_2O/氧化石墨烯复合型催化剂时，1h左右有机污染物几乎被全部分解，有机氮转化为氨氮。

4.1.5 催化剂投加量对垃圾渗滤液可生化性的影响

最后对催化剂投加量与渗滤液BOD_5关系进行研究，分析其可生化性是否提高，判断垃圾渗滤液经过这三种催化剂催化氧化后能否在后续的处理中改用生物处理技术。图4-9为催化剂投加量与渗滤液BOD_5关系曲线。垃圾渗滤液是难降解的废水，在厌氧反应的后期BOD_5/COD数值低，一般只能达到0.2左右。由此可见，此时不能采用生物处理法处理垃圾渗滤液。但是通过向其中投加催化剂后，BOD_5先下降然后上升，BOD_5/COD比值也呈上升趋势。

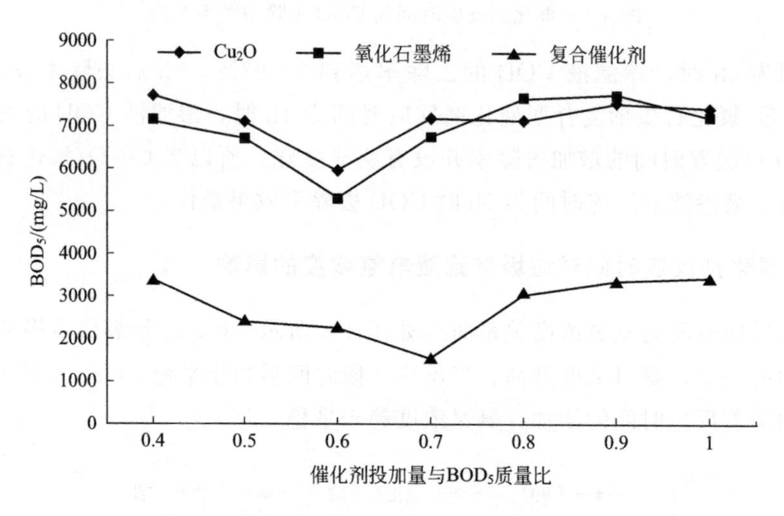

图4-9 催化剂投加量与渗滤液BOD_5关系曲线

图4-10为催化剂投加量与渗滤液BOD_5/COD关系曲线。通过图4-10可以看出当Cu_2O作为催化剂投加比为0.6时，BOD_5/COD最高提高到0.67；当投加氧化石墨烯作催化剂投加比为0.6时，BOD_5/COD最高提高到0.72；当投加Cu_2O/氧化石墨烯复合型催化剂，投加比为0.7时，BOD_5/COD最高提高到0.84。实验结果表明投加Cu_2O/氧化石墨烯复合型催化剂时BOD_5/COD是三种催化剂中最高的。由此可以看出复合型催化剂和污染物质反应更充分，能吸附更多的难降解有机物，所以可生化性得到了大大的提高，为后续垃圾渗滤液的生物处理法提供了基础。

通过催化氧化对垃圾渗滤液进行预处理后使得垃圾渗滤液可以在后续处理过程中使用生物处理法，这样就可以大大节约垃圾渗滤液的处理成本。当前垃圾渗滤液处理主要的问题是处理成本过高。由此可见本实验研究对降低垃圾渗滤液的处理成本有重大社会意义及经济意义。

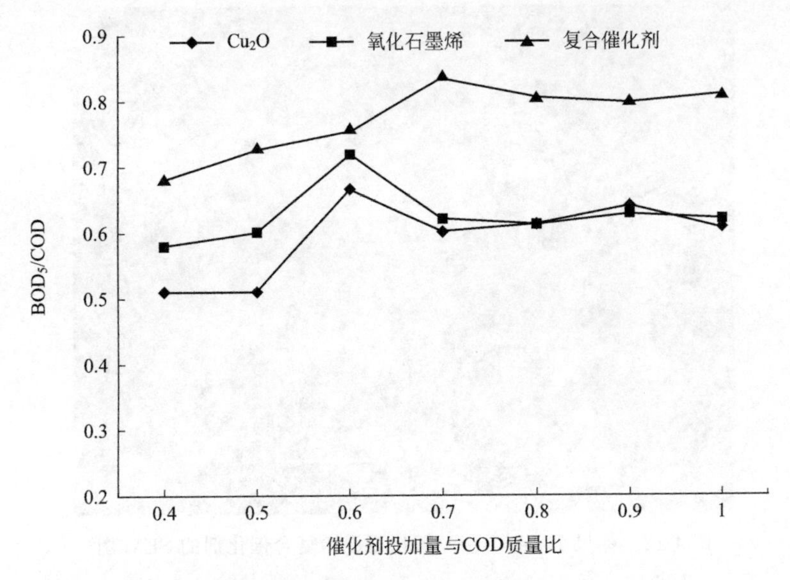

图 4-10 催化剂投加量与渗滤液 BOD_5/COD 关系曲线

4.1.6 Cu_2O/氧化石墨烯复合催化剂表征分析

为了能更好地认识实验中所合成的新型 Cu_2O/氧化石墨烯复合型催化剂，对该复合型催化剂进行了表征，分析催化剂的组成并研究催化剂催化效果和催化剂结构之间的关系。

4.1.6.1 扫描电子显微镜表征分析

图 4-11 和图 4-12 是标尺分别为 20μm 和 10μm，放大倍数为 1000 倍和 2000 倍的 SEM 图。

图 4-11 标尺 20μm Cu_2O/氧化石墨烯复合催化剂的 SEM 图

图 4-12 标尺 10μm Cu_2O/氧化石墨烯复合催化剂的 SEM 图

从图中可以看出该复合型催化剂的表面十分粗糙，但是对于该复合型催化剂的表面特征看得不清晰。所以继续扩大对该催化剂的放大倍数，如图 4-13～图 4-15 所示。分别是 3 个不同的标尺，分别为 5μm、2μm、1μm，放大倍数为 5000 倍、10000 倍和 20000 倍来观察该复合型催化剂的表面特征。

图 4-13 标尺 5μm Cu_2O/氧化石墨烯复合催化剂的 SEM 图

从图中可以明显地看出催化剂呈颗粒状，并团聚在一起，表面非常粗糙，能把更多的污染物质吸附到催化剂的表面上去。吸附到表面后，污染物质和催化剂反应产生了羟基自由基，其氧化性极强并且能把污染物质分解成 CO_2 和 H_2O，最终使污染物质得到去除。吸附污染物质的多少和催化剂表面的粗糙程度有关，比表面积越大，吸附的污染物越多，分解的污染物质也越多，去除率也越高。从图 4-13 放大 5000 倍的 SEM 图中可以清楚地看到有晶体形成，可以断定此物质为新生成的物质，其吸附能力更强，反应效果更好。

图 4-14 标尺 2μm Cu_2O/氧化石墨烯复合催化剂的 SEM 图

图 4-15 标尺 1μm Cu_2O/氧化石墨烯复合催化剂的 SEM 图

4.1.6.2 电子探针显微分析

电子探针显微分析图能用来分析元素的组成。图 4-16 是 Cu_2O/氧化石墨烯复合型催化剂的 EPMA 图谱，从图谱中可以看出该催化剂中含有 C、Cu、O 元素，所含元素与 Cu_2O/氧化石墨烯复合型催化剂吻合。

Cu_2O/氧化石墨烯复合催化剂的成分分析表（见表 4-4）为 Cu_2O/氧化石墨烯复合型催化剂中各元素的含量，该表由 EPMA 图谱通过计算机生成的。由 Cu_2O/氧化石墨烯复合催化剂的成分分析表可知各个元素在 Cu_2O 与氧化石墨烯复合后所占新型催化剂的质量分数。从计算机计算显示的数据上看，C、Cu、O元素在复合型催化剂中的质量分数分别为4.78%、84.82%、10.41%，三种元素共计的质量分数约为100%。制备时加入3gCu_2O、1g氧化石墨烯，与检测结果基本吻合。由此可证明该催化剂纯度高，制作的过程中没有损失。从图谱上还可以看出，除C、Cu、O元素以外无其他元素，由此可见该催化剂无杂质，且纯度较高，所以催化性能好。

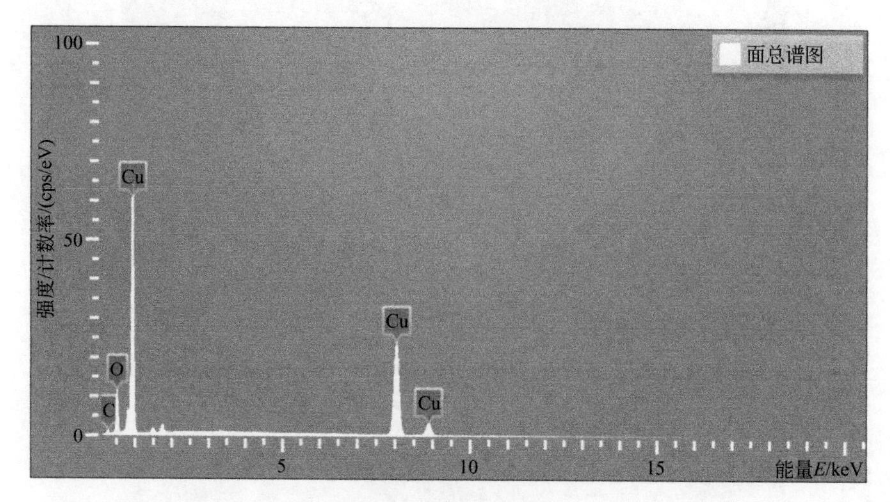

图4-16 Cu_2O/氧化石墨烯复合催化剂的EPMA图谱

表4-4 Cu_2O/氧化石墨烯复合催化剂的成分分析

元素	线类型	质量百分数/%	质量百分数的标准差/%	原子百分比/%
C	K线系	4.78	0.20	16.69
O	K线系	10.41	0.09	27.29
Cu	K线系	84.82	0.20	56.01
总量		100.00		100.00

4.1.6.3 EDS表征分析

EDS全称为Energy Dispersive Spectrometer，是电子显微镜（扫描电镜、透射电镜）的重要附属配套仪器，结合电子显微镜，能够在1～3min之内对材料的微观区域的元素分布进行定性定量分析。图4-17和图4-18是标尺为5μm和10μm的Cu_2O/氧化石墨烯复合催化剂的EDS分层图像。从图中也可以看到该催化剂的各个元素组成以及各个元素的分布状况。根据这个EDS分层图像也可以分析出该复合型催化剂的内层空间大，通过内层空间也能吸附垃圾渗滤液中的污染物质，这也是该复合型催化剂对污染物去除效果好的原因。

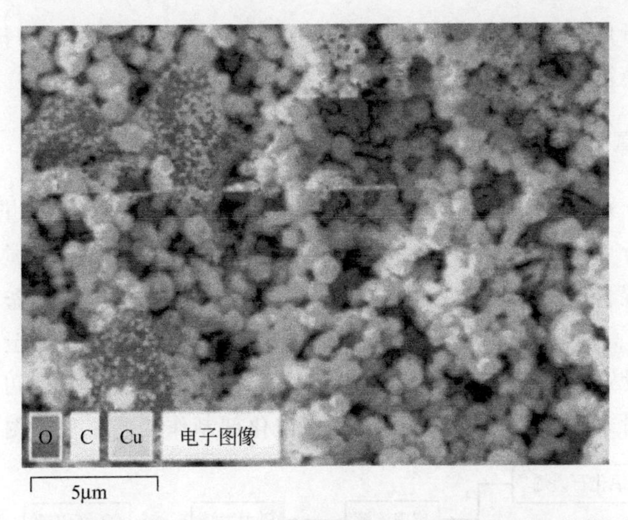

图 4-17 标尺 5μm Cu_2O/氧化石墨烯复合催化剂的 EDS 分层图像

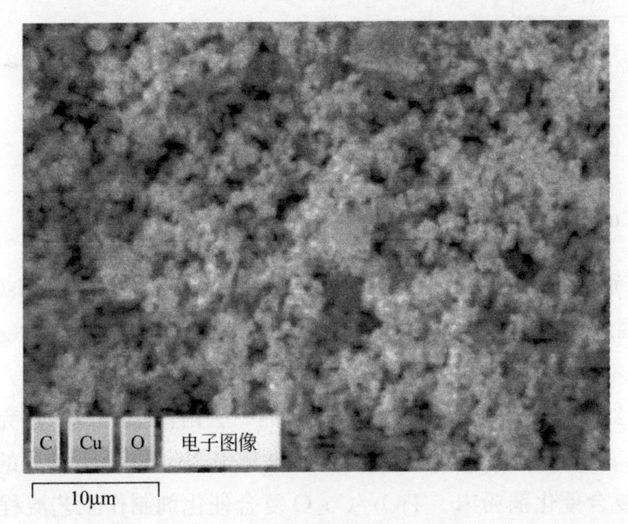

图 4-18 标尺 10μm Cu_2O/氧化石墨烯复合催化剂的 EDS 分层图像

4.2 二氧化钛（TiO_2）/氧化石墨烯（GO）催化氧化垃圾渗滤液实验研究

本试验通过对比 TiO_2/氧化石墨烯、Cu_2O/氧化石墨烯、TiO_2/Cu_2O 三种不同复合催化剂处理垃圾渗滤液的效果，分析它们对渗滤液的处理效果与催化剂投加量、催化反应时间之间的关系，并通过 BOD_5/COD 这一指标分析经催化氧化后的渗滤液可生化性的改变。

4.2.1 催化剂的制备

制备催化剂所用的试验试剂有：石墨粉、硝酸钠、浓硫酸、高锰酸钾、过氧化氢、盐酸溶液和二氧化钛。

制备催化剂所用的试验仪器有：电子天平（JA3003）、恒温磁力搅拌器、离心机、超声清洗仪、干燥箱和紫外可见分光光度计。

4.2.1.1 TiO_2/氧化石墨烯复合催化剂的制备方法

用电子天平分别称量0.2g氧化石墨烯和0.2gTiO_2。将其置于适量蒸馏水中，用超声溶解仪对其进行15min超声溶解。然后在室温条件下，使用磁力搅拌器对溶液搅拌4h。将充分溶解混合后的溶液放入内衬聚四氟乙烯涂料的高压反应釜中。将烘箱温度设定为120℃，将高压反应釜放入烘箱8h。拿出反应釜，待其降温至室温，将沉淀抽滤。将烘箱温度设定为80℃对所得沉淀进行烘干。经过研磨后，即可得TiO_2/氧化石墨烯复合催化剂粉末。TiO_2/氧化石墨烯复合催化剂制作工艺流程见图4-19。

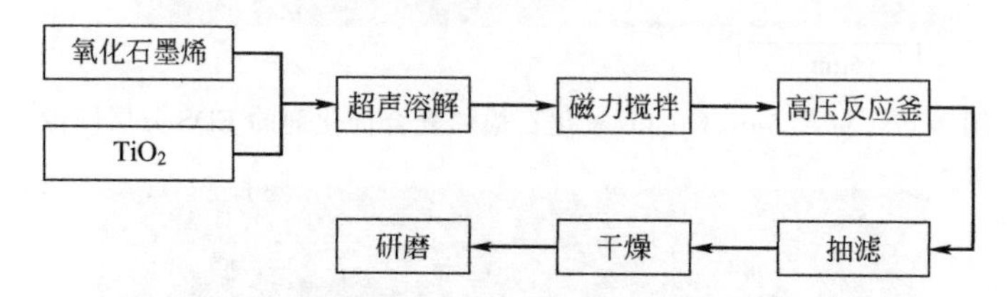

图4-19 TiO_2/氧化石墨烯复合催化剂制作工艺流程

4.2.1.2 TiO_2/Cu_2O复合催化剂的制备方法

用电子天平分别称量6.13g $CuSO_4 \cdot 5H_2O$和3.92g TiO_2和12g NaOH，并将三种试剂溶于200mL蒸馏水中，不断搅拌直至完全溶解。在反应体系中加入3g葡萄糖，不断搅拌，充分反应后溶液呈深蓝色。在反应体系中加入0.6mL水合肼使Cu^{2+}还原为Cu^{+}，完全反应后溶液呈灰红色。使溶液静置，自然沉淀后，去溶液上清液。用无水乙醇与去离子水对沉淀反复洗涤3～5次。将沉淀放入60℃的烘箱中3h，取出干燥后的沉淀，经研磨后得到TiO_2/Cu_2O复合催化剂粉末。TiO_2/Cu_2O复合催化剂制作工艺流程见图4-20。

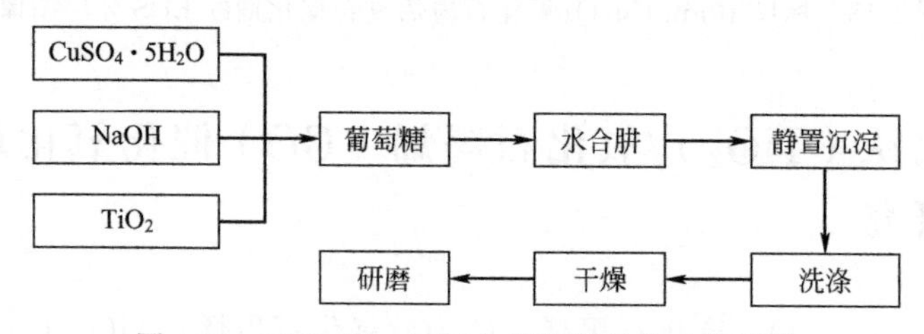

图4-20 TiO_2/Cu_2O复合催化剂制作工艺流程

4.2.2 实验材料和方法

4.2.2.1 实验装置

垃圾渗滤液的厌氧-好氧-催化氧化实验的装置结构如图4-21所示。垃圾渗滤液由泵从原水槽进入厌氧池底部，在厌氧池中通过搅拌器使泥水混合。在厌氧池中进行充分反

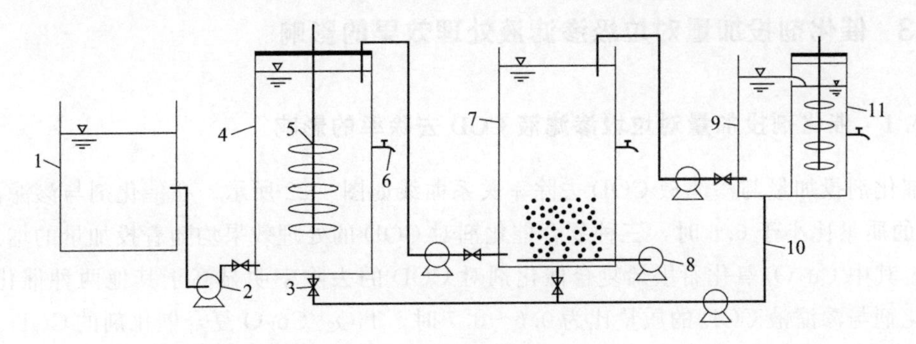

图 4-21 实验装置结构

1—原水槽；2—泵；3—单向止回阀；4—厌氧池；5—搅拌器；
6—取样阀；7—好氧池；8—曝气泵；9—泥水分离池；
10—污泥回流管；11—催化氧化处理池

应后，垃圾渗滤液进入好氧池底部，并通过曝气泵的运行使其处于好氧环境中。经过好氧充分反应后，由泵将渗滤液提升进入泥水分离池底部。在泥水分离池中使其静置分离，经过泥水分离后，污泥通过污泥回流管回流到厌氧池和好氧池中继续参与反应，渗滤液由液面自动流入催化氧化处理池中。在催化氧化处理池中投加催化剂并通过搅拌器使其充分反应。实验中采用在厌氧池、好氧池与催化氧化处理池安装取样阀取样，收集出水进行水质指标测定。

4.2.2.2 水质检测方法

实验中水质指标均按国家标准测定，实验水质指标检测方法见表 4-5。

表 4-5 实验水质指标检测方法

水质指标	检测方法
COD	在水样中加入重铬酸钾溶液，强酸介质下以银盐为催化剂，沸腾回流后，用试亚铁灵进行滴定，计算消耗氧的质量浓度
氨氮	以游离态氨或铵离子等形式存在的氨氮与纳氏试剂反应生成淡红棕色络合物，于波长420nm 处测量吸光度
BOD_5	水样充满溶解氧瓶中，在(20±1)℃ 暗处培养 5d，计算每升样品消耗的溶解氧量

4.2.2.3 催化剂表征方法

实验中催化剂的表征方法与仪器见表 4-6。

表 4-6 催化剂表征方法与仪器

检测指标	检测方法	检测仪器
催化剂形貌	SEM	XL-30 ESEM FEG Scanning Electron Microscope FEI COMPANY™
元素分析与分布	EPMA+EDS	OXFORD INSTRUMENTS X-MAX

4.2.3 催化剂投加量对垃圾渗滤液处理效果的影响

4.2.3.1 催化剂投加量对垃圾渗滤液 COD 去除率的影响

催化剂投加量与渗滤液 COD 去除率关系曲线如图 4-22 所示。在催化剂与渗滤液中 COD 的质量比小于 0.6 时，三种复合催化剂对 COD 的处理效果均随着投加量的增加而提高，其中 Cu_2O/氧化石墨烯复合催化剂对 COD 的去除率明显高于其他两种催化剂。在催化剂与渗滤液 COD 的质量比为 0.6～0.7 时，TiO_2/Cu_2O 复合催化剂的 COD 去除率几乎不再提升，COD 的去除率为 87.59%，渗滤液出水 COD 浓度为 1611.44mg/L。Cu_2O/氧化石墨烯复合催化剂的 COD 去除率在催化剂与渗滤液 COD 的质量比为 0.7 时达到最高为 91.37%，此时渗滤液出水 COD 浓度为 1120.61mg/L。TiO_2/氧化石墨烯复合催化剂的 COD 去除率在催化剂与渗滤液 COD 的质量比为 0.6～0.7 时得到大幅度提高，最终在催化剂与渗滤液 COD 的质量比为 0.7 时，COD 去除率达到最高为 92.57%，此时渗滤液出水 COD 浓度为 964.79mg/L。可见 TiO_2/氧化石墨烯复合催化剂对有机物有很强的去除能力，效果极其明显。当催化剂与渗滤液中 COD 的质量比大于 0.7 时，三种复合催化剂对 COD 的去除率均随着投加量的增加而降低，其中 Cu_2O/氧化石墨烯复合催化剂降低幅度最大。

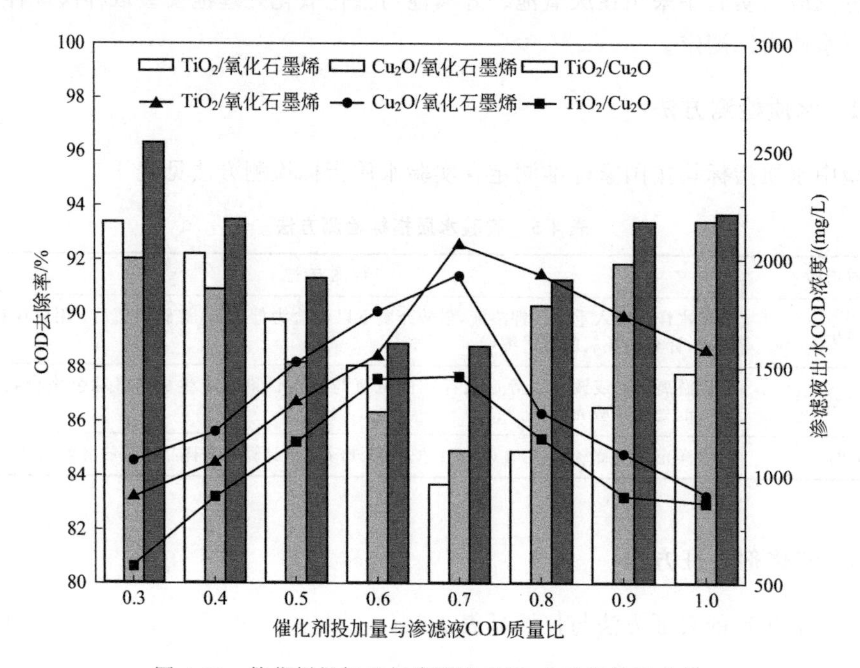

图 4-22 催化剂投加量与渗滤液 COD 去除率关系曲线

可以得出催化剂投加量对垃圾渗滤液中 COD 的去除效果有很大的影响，催化剂的用量不足无法使催化氧化过程充分进行，同时过高的催化剂用量并没有带来成正比的处理效果，反而在处理效果与处理成本上带来双重的损失。所以，在实际运行催化氧化技术时应当对催化剂的用量严加调控，使其在处理效果与经济效益上达到最大化。

4.2.3.2 催化剂投加量对垃圾渗滤液氨氮浓度的影响

催化剂投加量与垃圾渗滤液氨氮浓度关系曲线如图 4-23 所示。从图 4-23 中可以看到，三种复合催化剂对垃圾渗滤液进行催化氧化处理后，出水氨氮浓度不但没有降低反而出现大幅度的升高。三种催化剂的投加量在催化剂与渗滤液 COD 的质量比为 0.7 时，渗滤液出水的氨氮都达到了最高值。其中使用 TiO_2/氧化石墨烯复合催化剂时，氨氮达到 2015.84mg/L；使用 Cu_2O/氧化石墨烯复合催化剂时，氨氮达到 1980.71mg/L；使用 TiO_2/Cu_2O 复合催化剂时，氨氮达到 1900.92mg/L。结合图 4-22 和图 4-23，实验分析氨氮浓度的升高原因可能是因为垃圾渗滤液原液中 COD 浓度太高，催化剂在对渗滤液中大量的 COD 进行降解的同时，使 COD 中大量的有机氮转化为氨氮，所以导致氨氮浓度的升高。

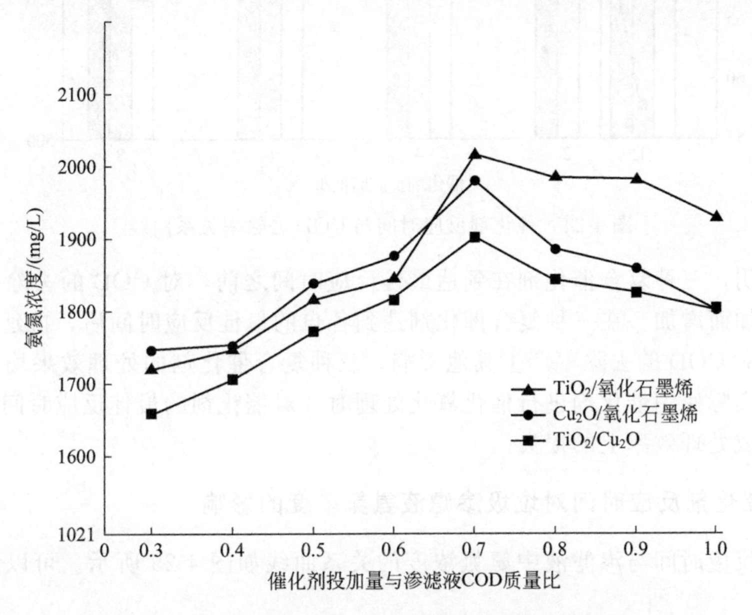

图 4-23 催化剂投加量与渗滤液氨氮浓度关系曲线

4.2.4 催化反应时间对垃圾渗滤液处理效果的影响

4.2.4.1 催化反应时间对垃圾渗滤液 COD 去除率的影响

催化剂反应时间与渗滤液中 COD 去除率的关系曲线如图 4-24 所示。从图中可以明显看出，三种复合催化剂对于垃圾渗滤液处理所需要的反应时间很短。其中使用 TiO_2/Cu_2O 复合催化剂时，随着催化剂参与反应的时间从 1h 增加至 2h，其 COD 的去除率从 57.69％提升至 87.66％，此时渗滤液出水 COD 浓度为 1602.35mg/L，继续延长催化剂反应时间，COD 去除率不再提升。使用 TiO_2/氧化石墨烯复合催化剂时，随着催化剂参与反应的时间从 1h 增加至 2h，其 COD 的去除率从 70.21％提升至 92.57％，渗滤液出水 COD 浓度为 964.79mg/L，使催化剂反应时间延长，COD 去除率无明显变化。在本实验中，Cu_2O/氧化石墨烯复合催化剂表现明显好于其他两种复合催化剂，在反应时间为 1h 时，COD 去除率就已经达到 91.01％。

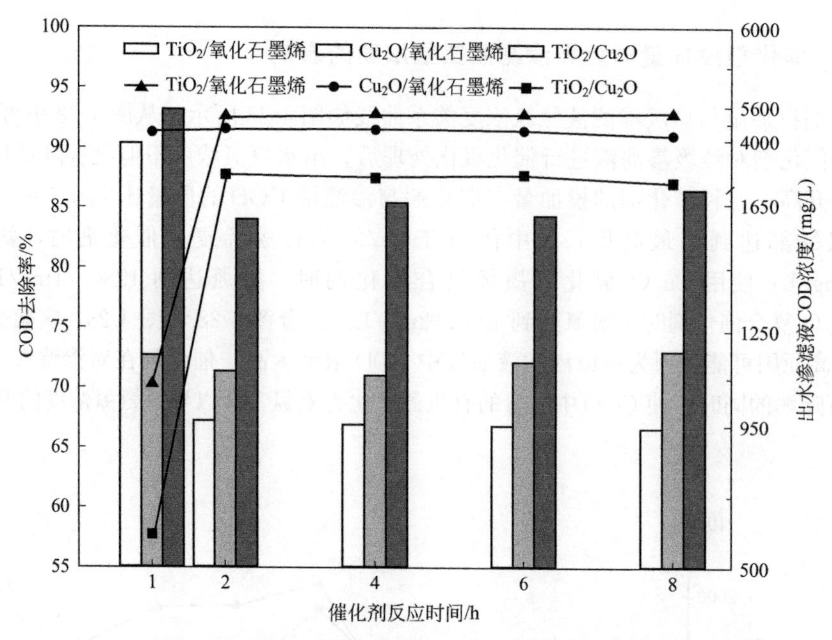

图 4-24　催化剂反应时间与 COD 去除率关系曲线

实验表明，三种复合催化剂在到达最佳反应时间之前，对 COD 的去除率都随着反应时间的增加而增加。在三种复合催化剂达到各自的最佳反应时间后，再延长催化剂反应时间不会对 COD 的去除率产生其他影响，三种复合催化剂的处理效果均趋于稳定状态。所以在实际使用催化剂进行催化氧化处理时，对催化剂的最佳反应时间也应严格把控，以免造成处理效率上的损失。

4.2.4.2　催化剂反应时间对垃圾渗滤液氨氮浓度的影响

催化剂反应时间与渗滤液中氨氮浓度的关系曲线如图 4-25 所示。可以看到催化剂

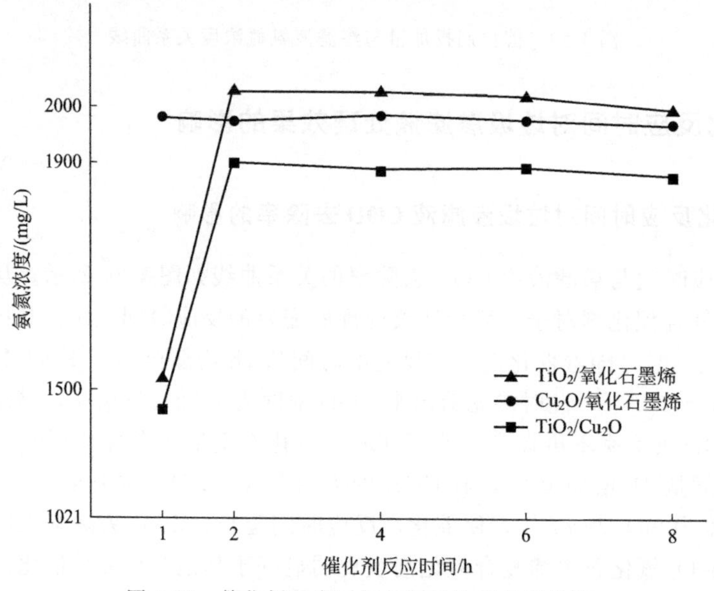

图 4-25　催化剂反应时间与氨氮浓度关系曲线

反应时间对氨氮浓度的影响和对渗滤液中COD去除率的影响基本一致。Cu_2O/氧化石墨烯复合催化剂在催化剂反应时间为1h时，渗滤液出水的氨氮浓度为1980.71mg/L。TiO_2/氧化石墨烯复合催化剂和TiO_2/Cu_2O复合催化剂在反应时间为2h时，渗滤液出水氨氮浓度达到最大值，分别为2015.84mg/L和1900.92mg/L。此实验再次验证了催化剂在处理垃圾渗滤液中COD的同时，将大量的有机氮转化为氨氮，使得氨氮浓度大幅度升高。若将该催化氧化作为渗滤液前期处理工艺，通过投加催化剂，有利于提高氨氮的转化效率，使得后续的脱氮处理更好地进行。

4.2.5 催化剂投加量对垃圾渗滤液可生化性的影响

为了对三种复合催化剂的处理效果有更多方面的评断，通过测定渗滤液的出水BOD_5，以BOD_5/COD为评价渗滤液可生化性的指标，来探究三种复合催化剂与渗滤液可生化性之间的关系。进水水质COD为12985mg/L，BOD_5为4415mg/L，可以得出进水BOD_5/COD为0.34。从图4-26中可以看出，三种复合催化剂对渗滤液的可生化性均有提高。其中，TiO_2/Cu_2O复合催化剂在催化剂与渗滤液COD的质量比为0.7时，BOD_5/COD达到最大值为0.74；TiO_2/氧化石墨烯复合催化剂和Cu_2O/氧化石墨烯复合催化剂在催化剂与渗滤液COD的质量比为0.7时，BOD_5/COD达到最大值为0.83。这两种复合催化剂对渗滤液可生化性的提升程度大致相等。通过投加适量的催化剂可以极大地改善渗滤液的可生化性，可以使用催化剂作为渗滤液的预处理工艺，提高其可生化性后，对后续工艺的进行提供便利，提高整体的处理效果与效率。

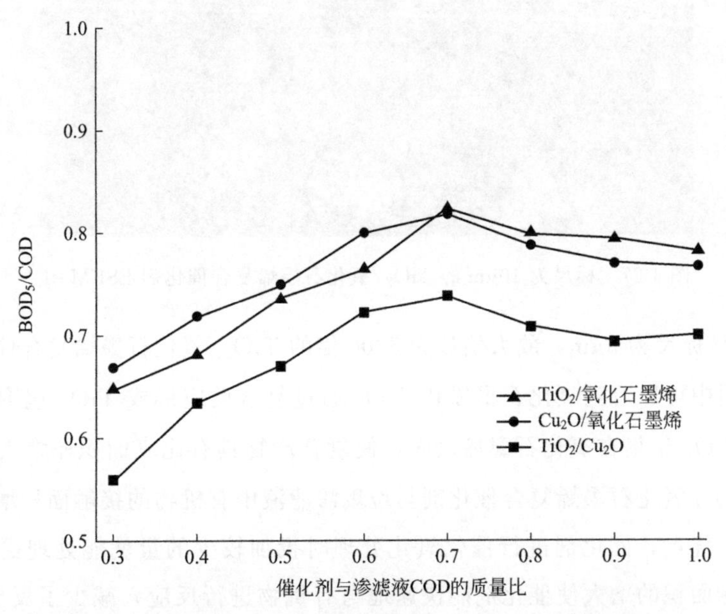

图4-26 催化剂投加量与垃圾渗滤液BOD_5/COD关系曲线

4.2.6 TiO_2/氧化石墨烯复合催化剂表征分析

4.2.6.1 环境扫描电镜 ESEM 表征分析

在催化氧化处理渗滤液的实验中，TiO_2/氧化石墨烯复合催化剂对渗滤液中有机物表现出极强的去除能力。此催化剂的制备方式和对渗滤液处理效果的探究也是本实验的核心技术与创新点。为对 TiO_2/氧化石墨烯复合催化剂有更深入的认识与研究，同时也为找出此催化剂对渗滤液中有机物去除能力的内在原因，实验的最后对催化剂进行了表征分析。表征分析之一使用环境扫描电镜（ESEM）对催化剂进行了标尺为 500nm、1μm、2μm、5μm 和 10μm 的电镜扫描微观图。

图 4-27 是标尺为 10μm，放大倍数为 2500 倍的 TiO_2/氧化石墨烯复合催化剂 ESEM 图。在图中，可以观察到大范围内的 TiO_2/氧化石墨烯复合物。图中上方被白色点状物质包住的块状物质即为单块 TiO_2/氧化石墨烯复合物，下方个别未被完全包住的物质则为单块氧化石墨烯物质。

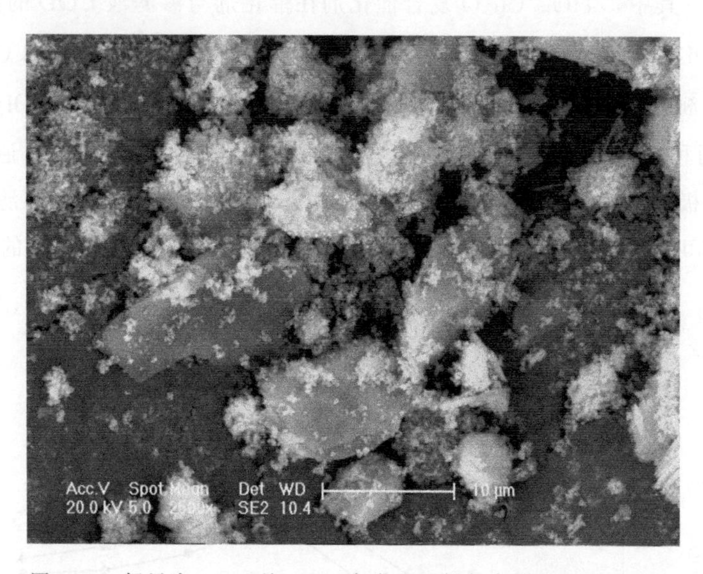

图 4-27 标尺为 10μm 的 TiO_2/氧化石墨烯复合催化剂 ESEM 图

图 4-28 是标尺为 5μm，放大倍数为 5000 倍的 TiO_2/氧化石墨烯复合催化剂 ESEM 图。在表征图中可以看到氧化石墨烯和 TiO_2 通过复合反应形成 TiO_2 包围住氧化石墨烯的形态。TiO_2 聚集在氧化石墨烯表面，使复合产物具有比表面积非常大的属性。这种属性使 TiO_2/氧化石墨烯复合催化剂与垃圾渗滤液中有机物的接触面积增大。得益于比表面大这一优点，催化剂进行催化氧化处理时投加较少的量就能处理更多量的有机物，同时接触面积的增大使催化剂能快速地与有机物进行反应，减少了反应所需时间，提高了催化氧化过程的处理效率。

图 4-28 标尺为 5μm 的 TiO_2/氧化石墨烯复合催化剂 ESEM 图

图 4-29～图 4-31 分别是标尺为 2μm、1μm 和 500nm 的 TiO_2/氧化石墨烯复合催化剂 ESEM 图。结合这 3 张图分析，本次实验所制的复合催化剂中 TiO_2 和氧化石墨烯的复合反应程度很高。在图中可以看到，复合催化剂属于多孔结构，这种结构对于大分子有机物有很强的吸附能力。这也解释了该复合催化剂对于有机物处理效果好的原因。在有强吸附性的同时，该催化剂与有机物反应可以产生游离的羟基自由基，羟基自由基可以有效地氧化大量有机物，对于渗滤液中有机物的处理有良好的效果。

图 4-29 标尺为 2μm 的 TiO_2/氧化石墨烯复合催化剂 ESEM 图

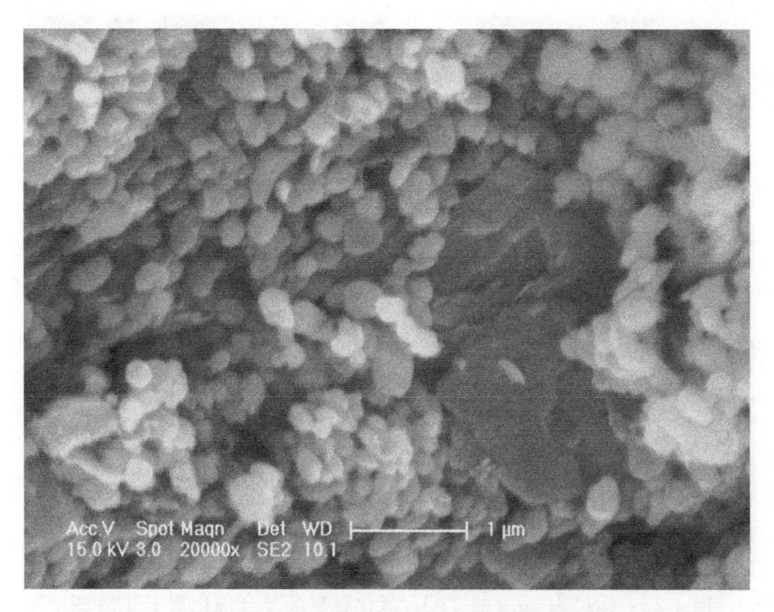

图 4-30 标尺为 1μm 的 TiO_2/氧化石墨烯复合催化剂 ESEM 图

图 4-31 标尺为 500nm 的 TiO_2/氧化石墨烯复合催化剂 ESEM 图

4.2.6.2 电子探针显微 EPMA 分析

对 TiO_2/氧化石墨烯复合催化剂进行电子探针显微分析，可以对催化剂中元素进行定量分析。本次使用电子探针显微分析对图 4-22 区域中的催化剂进行分析，得到的 EPMA 分析图如图 4-32 所示。图中金（Au）元素为仪器分析中涂在催化上的实验材料，此元素为非杂质元素。可以从图中看到，所含的 C、O 和 Ti 元素与所制得催化剂

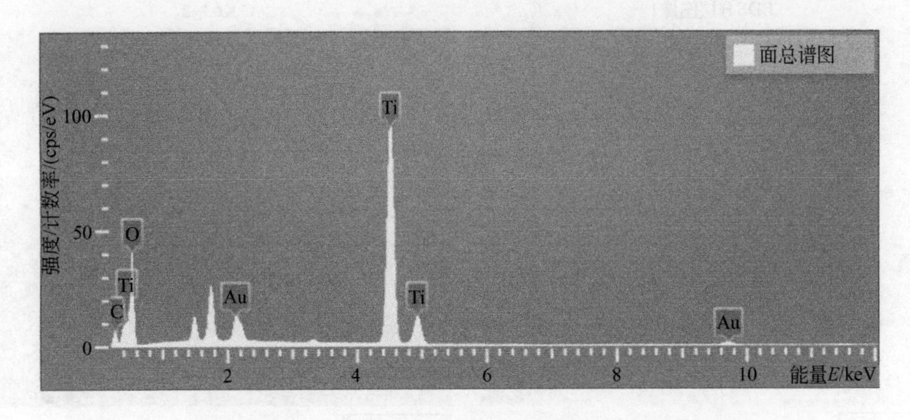

图 4-32 TiO_2/氧化石墨烯复合催化剂 EPMA 分析图

中所含元素相符合，可以确定该催化剂为 TiO_2 与氧化石墨烯的复合产物。

TiO_2/氧化石墨烯复合催化剂的成分分析（见表 4-7）显示了 TiO_2/氧化石墨烯复合催化剂中各元素的含量。从表中可以看出，该催化剂中氧元素含量达到 75%，从元素角度证明了所制得复合催化剂的氧化性很强。同时在 TiO_2 中 1 个钛原子配 2 个氧原子，在复合催化剂中钛元素占比 15.66%，可以得出 TiO_2 中氧元素占比为 31.32%。这样可以得到氧元素占比为 43.75% 的氧化石墨烯。在表中可以看到碳元素占比为 9.27%，这样分析出在制作氧化石墨烯的过程中，石墨充分氧化，所制得的氧化石墨烯纯度很高。结合图表综合分析，可以看出所制得催化剂基本不含杂质，这就证明了所制得复合催化剂纯度高，所以取得了对垃圾渗滤液更好的处理效果。

表 4-7 TiO_2/氧化石墨烯复合催化剂的成分分析

元素	线类型	质量百分数/%	质量百分数的标准差/%	原子百分比/%
C	K 线系	5.40	0.09	9.27
O	K 线系	58.24	0.11	75.07
Ti	K 线系	36.37		15.66
总量		100.00		100.00

4.2.6.3 EDS 表征分析

TiO_2/氧化石墨烯复合催化剂的 EDS 表征分析图如图 4-33 所示。在图中可以看到碳元素（C Kα1）、氧元素（O Kα1）、钛元素（Ti Kα1）。在 EDS 分层图像中可以看到，外层聚集了大量的 TiO_2，内部则为氧化石墨烯，所制得复合催化剂复合程度很高，元素分布均匀，结构紧密。

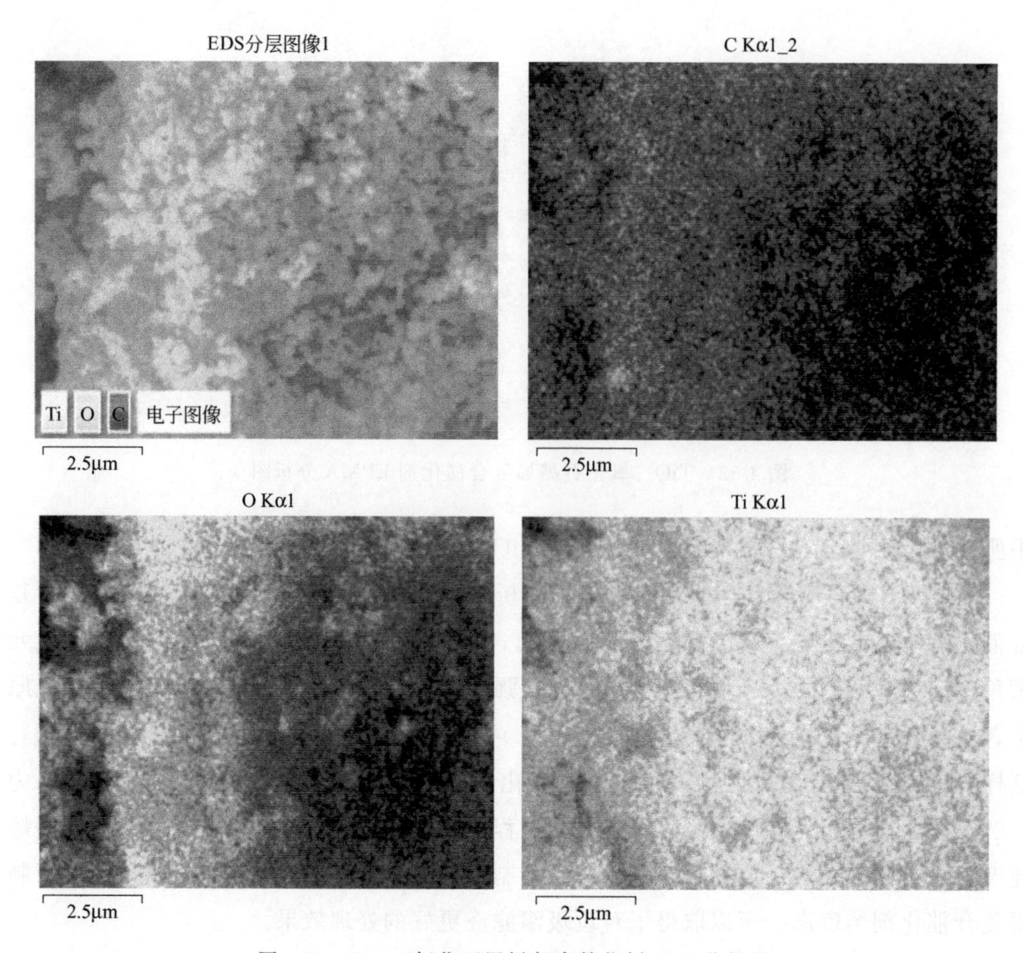

图 4-33 TiO_2/氧化石墨烯复合催化剂 EDS 分析图

5 垃圾渗滤液厌氧-好氧-催化氧化处理技术实验研究

垃圾渗滤液生物处理技术虽然不能把渗滤液处理到达标排放的程度，但可以去除垃圾渗滤液中可生物降解的污染物质，从而大大降低渗滤液的COD浓度。从处理成本的角度来看，如果垃圾卫生填埋场的场地充足（绝大多数填埋场满足此要求），采用生物处理＋物化处理组合处理技术处理垃圾渗滤液比单纯的物化技术处理渗滤液要更节约费用。

采用厌氧-好氧-催化氧化组合工艺垃圾渗滤液既能降低处理成本，又可以充分发挥厌氧生物处理技术、好氧生物处理技术和催化氧化处理技术的优点。厌氧技术适合于高浓度有机废水的处理，能有效降解一些好氧工艺不能处理的有机物，具有良好的抗冲击负荷能力，适合作为垃圾渗滤液这种高浓度有机废水的前处理，但其出水达不到相关排放标准要求；好氧技术适合于中低浓度有机废水的处理，但耐冲击负荷较低，适合处理经厌氧处理后的垃圾渗滤液出水；催化氧化技术适合于处理难生物降解的有机废水，因而适合处理好氧处理后的垃圾渗滤液出水。基于以上原因，对垃圾渗滤液可采用厌氧-好氧-催化氧化组合工艺进行处理。

5.1 实验装置与方法

5.1.1 实验装置

本次实验中所使用的垃圾渗滤液原液取自长春市蘑菇沟垃圾填埋场。经测定，实验进水水质指标及浓度如表5-1所示。

表5-1 实验进水水质指标及浓度

进水水质指标	平均浓度/(mg/L)
COD	12985
NH_3-N	1021.76
BOD_5	4415

垃圾渗滤液的厌氧-好氧-催化氧化实验的装置结构如图 5-1 所示。垃圾渗滤液由泵从原水槽进入厌氧池底部，在厌氧池中通过搅拌器使泥水混合。在厌氧池中进行充分反应后，垃圾渗滤液进入好氧池底部，并通过曝气泵的运行使其处于好氧环境中。经过好氧充分反应后，由泵将渗滤液提升进入泥水分离池底部。在泥水分离池中使其静置分离，经过泥水分离后，污泥通过污泥回流管回流到厌氧池和好氧池中继续参与反应，渗滤液由液面自动流入催化氧化处理池中。在催化氧化处理池中投加催化剂并通过搅拌器使其充分反应。实验中采用在厌氧池、好氧池与催化氧化处理池安装取样阀取样，以此收集出水进行水质指标测定。

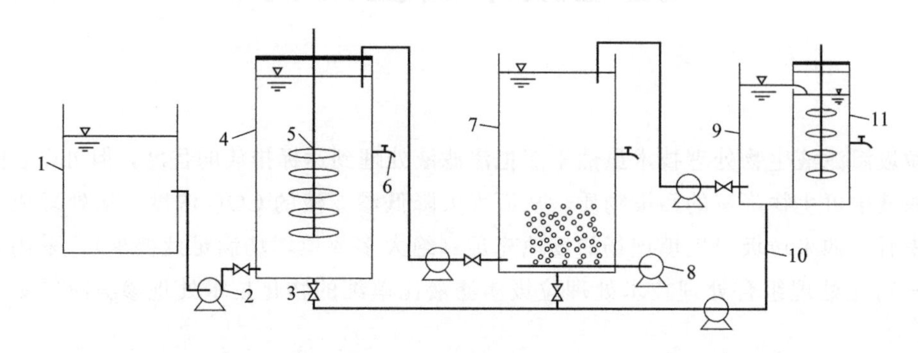

图 5-1 实验装置结构

1—原水槽；2—泵；3—单向止回阀；4—厌氧池；5—搅拌器；6—取样阀；
7—好氧池；8—曝气泵；9—泥水分离池；10—污泥回流管；11—催化氧化处理池

5.1.2 实验方法

① 实验中通过泵和单向止回阀控制垃圾渗滤液在厌氧段与好氧段的水力停留时间。分别取水力停留时间为 3h、4h、5h、6h、7h、8h 和 9h 时厌氧段与好氧段处理后的垃圾渗滤液出水。对出水进行 COD 和氨氮的测定，以此得出水力停留时间对 COD 与氨氮去除率的影响，并确定厌氧段与好氧段的最佳水力停留时间。

② 实验中使用盐酸与 NaOH 对厌氧段与好氧段反应的 pH 值进行控制。分别取 pH 值为 5.5、6、6.5、7、7.5、8 和 8.5 时厌氧段与好氧段处理后的垃圾渗滤液出水。对出水进行 COD 的测定，以此得出 pH 值对于渗滤液中 COD 去除率的影响，并确定厌氧段与好氧段的最佳 pH 值。

5.2 厌氧段处理垃圾渗滤液最佳控制参数

5.2.1 厌氧段水力停留时间对渗滤液 COD 去除率的影响

厌氧段水力停留时间与渗滤液中 COD 去除率关系曲线如图 5-2 所示。通过图示可以看出在厌氧段 COD 去除率随着水力停留时间的增加而提高。在 3～5h 之间，COD 浓度下降速度较快；在 5～7h 之间，厌氧反应速度开始逐渐适中；在 7～9h 之间，厌氧反

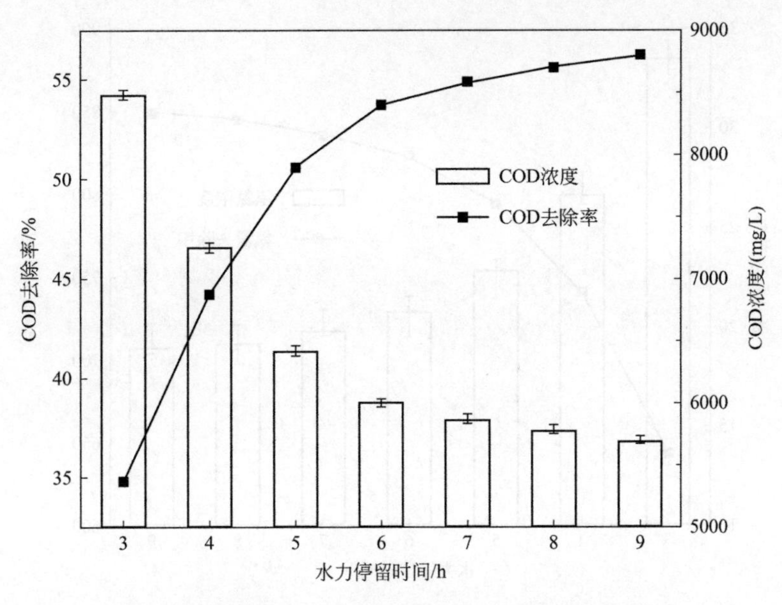

图 5-2 厌氧段水力停留时间与 COD 去除率关系曲线

应速度开始放缓，COD 浓度依然在下降，但是梯度相对平缓；在水力停留时间为 9h 时，COD 去除率达到最高为 56.22%，此时出水 COD 浓度为 5685mg/L。可以得出在水力停留时间过短时，微生物未能与渗滤液充分反应，导致渗滤液中 COD 未达到有效降解；在水力停留时间过长时，微生物已经和渗滤液充分反应，COD 浓度下降的梯度变得较为平缓，此时通过提高水力停留时间来提升 COD 去除率的效率过低。综合处理效果与效率，在水力停留时间为 6h 时，COD 去除率为 53.76%，出水 COD 浓度为 6004mg/L，基本兼顾处理的效果与效率。故厌氧段对 COD 处理的最佳水力停留时间为 6h。

5.2.2 厌氧段水力停留时间对渗滤液氨氮去除率的影响

厌氧段水力停留时间与渗滤液中氨氮去除率关系曲线如图 5-3 所示。通过图中可以看出在水力停留时间为 3h 以内，氨氮的浓度降低非常缓慢，在水力停留时间为 3h 时，氨氮去除率仅为 13.66%；在 3～6h，氨氮的浓度开始加速降低。在水力停留时间为 9h 时，氨氮的去除率最高为 30.77%，此时氨氮浓度为 707.36mg/L。通常在厌氧段处理废水的实验中，氨氮的去除率很低，本次实验中厌氧段最高可以达到 30.77%，通过分析可能是在厌氧处理过程中有厌氧氨氧化菌进行厌氧氨氧化反应，使得垃圾渗滤液中的部分氨氮可以在厌氧段得到有效的去除。同样综合处理效果与效率的原则对数据进行分析，在水力停留时间为 6h 时，氨氮去除率为 28.63%，此时氨氮浓度为 729.23mg/L；水力停留时间为 7h 时，氨氮去除率为 29.72%，此时氨氮浓度为 718.09mg/L。综合水力停留时间对 COD 去除率的影响，在水力停留时间为 6h 时，厌氧段处理渗滤液中的 COD 与氨氮可以达到效果与效率的最大化。故厌氧段的最佳水力停留时间为 6h。

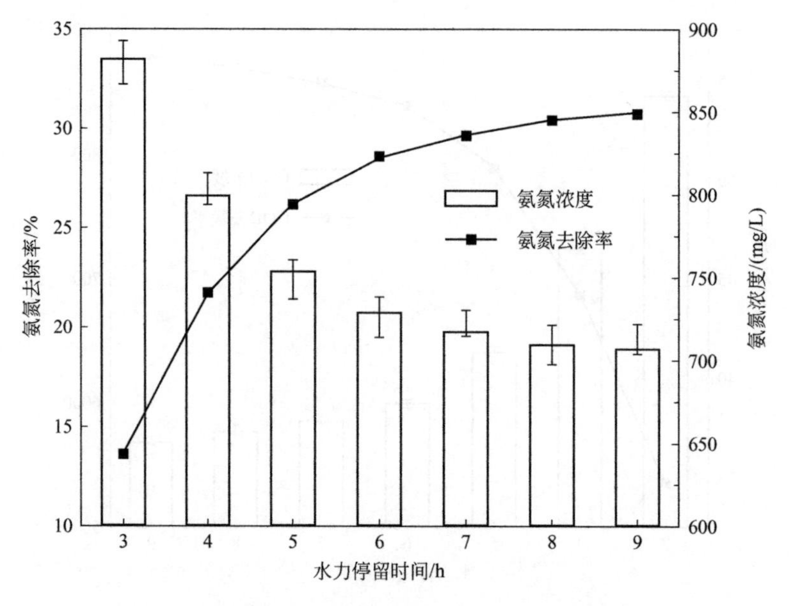

图 5-3 厌氧段水力停留时间与氨氮去除率关系曲线

5.2.3 厌氧段 pH 值对渗滤液 COD 去除率的影响

厌氧段 pH 值与渗滤液中 COD 去除率关系曲线如图 5-4 所示。由图可见，COD 去除率随 pH 值升高而增加，到 pH 值为 7.0 时达到最高，随后随 pH 值升高而减少。在 pH 值为 8.5 时，COD 去除率最低为 49.46%，COD 浓度为 6562mg/L；在 pH 值为 7.0 时，COD 去除率最高为 54.33%，COD 浓度为 5930mg/L。分析原因可能是在偏酸性和偏碱性的条件下，部分种类的厌氧菌活性降低，从而导致参与反应速率下降。可以

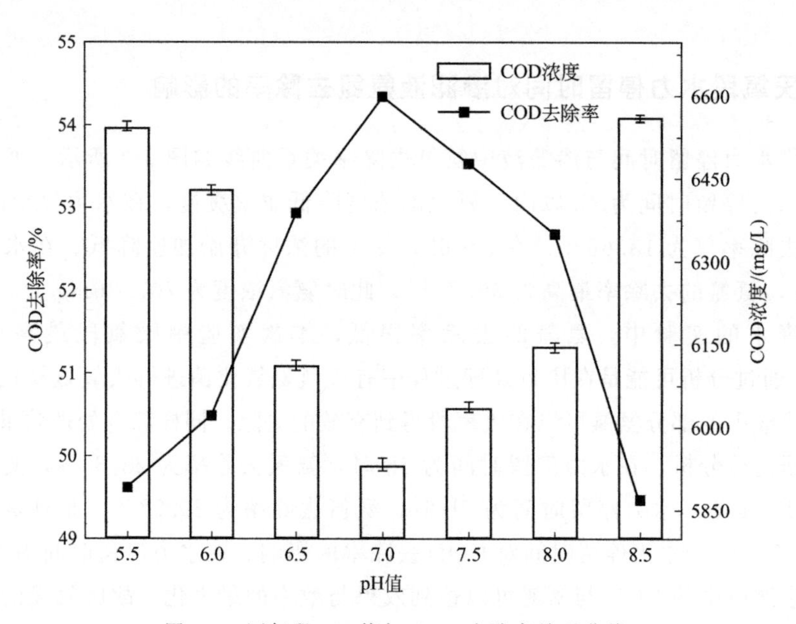

图 5-4 厌氧段 pH 值与 COD 去除率关系曲线

得出，pH 值对于厌氧段渗滤液 COD 的去除率整体影响不大，但在 pH 值为中性的条件下，对 COD 的去除效果最佳。

5.2.4 厌氧段 pH 值对渗滤液氨氮去除率的影响

厌氧处理时 pH 值与渗滤液中氨氮去除率关系曲线如图 5-5 所示。pH 值在 5.5 时，厌氧处理垃圾渗滤液中氨氮的效率很低，仅为 15.27%。随着 pH 值的升高，氨氮的去除率不断提高，在 pH 值为 7.5 时达到最大值，此时氨氮的去除率为 30.51%，氨氮浓度降低至 710.02mg/L。当 pH 值为 7.5～8.5 时氨氮的去除率呈逐渐下降趋势。通过分析，在厌氧阶段厌氧氨氧化菌与氨氮进行反应，在 pH 值为 6.5～8.5 时厌氧氨氧化菌反应活性较强；在 pH 值为 7.5 时，活性最强。综合 COD 的处理效率考虑，在 pH 值为 7.5 时，COD 去除率为 53.52%，较 pH 值为 7.0 时降低了 0.81%，而氨氮的去除率较 pH 值为 7.0 时提高了 2.45%。所以在 pH 值为 7.5 时，厌氧段对垃圾渗滤液的整体处理效果达到最大化，故厌氧段的最佳 pH 值为 7.5。

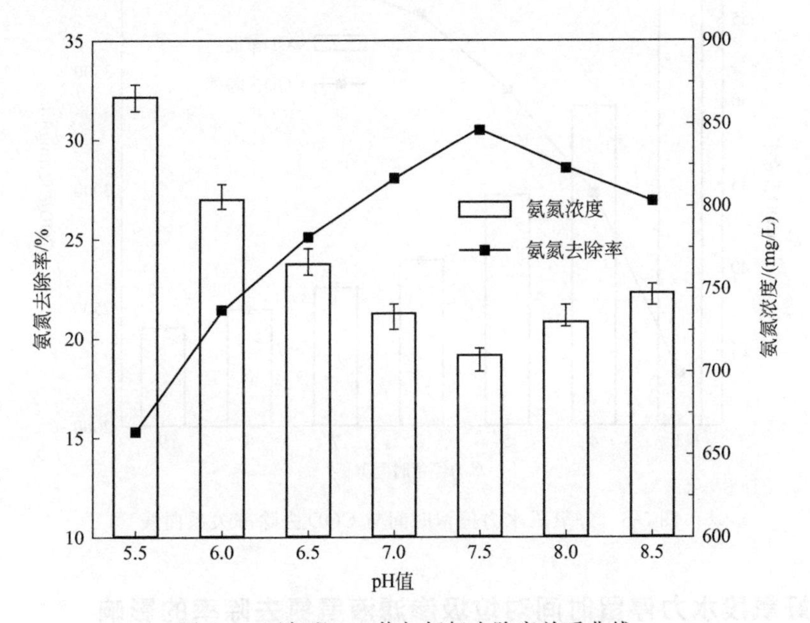

图 5-5 厌氧段 pH 值与氨氮去除率关系曲线

通过对垃圾渗滤液进行厌氧段处理，得出厌氧段处理垃圾渗滤液的最佳水力停留时间为 6h，最佳 pH 值为 7.5。在此条件下 COD 去除率为 53.52%，氨氮去除率为 30.51%，厌氧段渗滤液出水 COD 浓度为 6035mg/L，氨氮浓度为 710.02mg/L。

5.3 好氧段处理垃圾渗滤液最佳控制参数

5.3.1 好氧段水力停留时间对垃圾渗滤液 COD 去除率的影响

好氧段水力停留时间与渗滤液中 COD 去除率关系曲线如图 5-6 所示。由图中数据分析可以知道，经过厌氧处理后，垃圾渗滤液中部分大分子有机物被水解为小分子有机物，有利于好氧阶段微生物进行氧化反应，所以在好氧段COD的去除率得到明显升高。水力停留时间为3～6h时，好氧反应速率提升很快，COD去除率迅速提升；大于6h时，COD浓度降低幅度逐渐变小，去除率呈梯度继续增长。在水力停留时间为9h时达到59.96%，此时好氧段进水COD浓度为6035mg/L，出水COD浓度为2416mg/L，去除效果极为明显。实验表明，有厌氧段作为预处理，使好氧处理的进行效率大大提高。但当水力停留时间过低时，微生物未能与渗滤液中有机物充分接触，导致COD去除率不够高；然而当水力停留时间过高时，微生物已经对有机物进行了充分降解，去除效果很难再有明显提升。图中在水力停留时间为6h时，COD去除率仅比最大值低4.65%。所以单从COD去除率的角度来分析，好氧处理过程中的最佳水力停留时间为6h。

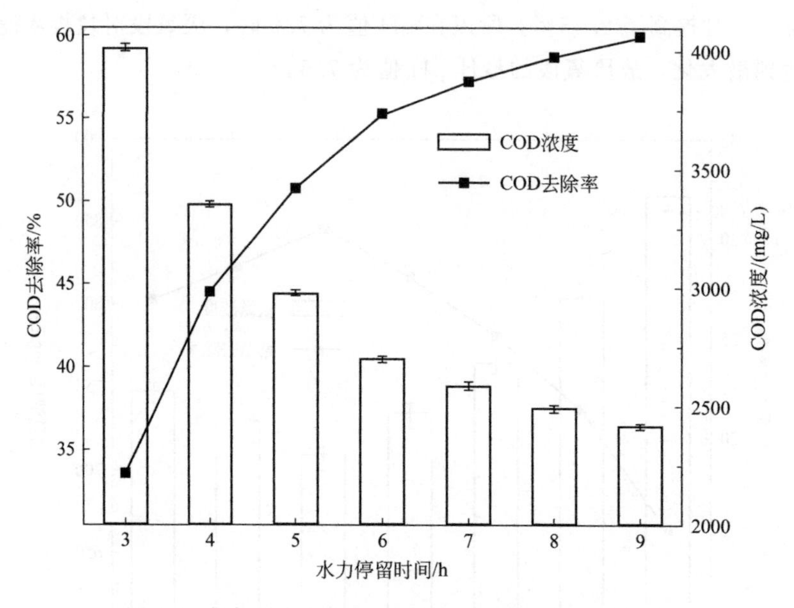

图5-6 好氧段水力停留时间与COD去除率关系曲线

5.3.2 好氧段水力停留时间对垃圾渗滤液氨氮去除率的影响

好氧段水力停留时间与渗滤液中氨氮的去除率关系曲线如图5-7所示。从图中曲线可知，在4～7h时，好氧段对于氨氮的去除效率开始快速提升，在此期间，氨氮的去除率提高了25.82%。在水力停留时间大于7h时，氨氮去除率依然不断提高，但是提高幅度不大。在水力停留时间为9h时，氨氮去除率达到61.08%，此时渗滤液出水中氨氮浓度为276.34mg/L。通常在好氧处理阶段中，由于亚硝酸菌和硝酸的存在可以通过硝化作用使氨氮转化为硝态氮，从而使氨氮得到有效的去除。实验结果证明在好氧处理阶段可以对氨氮进行有效的去除。综合水力停留时间与COD去除率的关系分析，7h为好氧段的最佳水力停留时间。此时渗滤液出水中COD浓度为2581mg/L，COD去除率为57.23%；氨氮浓度为301.12mg/L，氨氮去除率为57.59%。

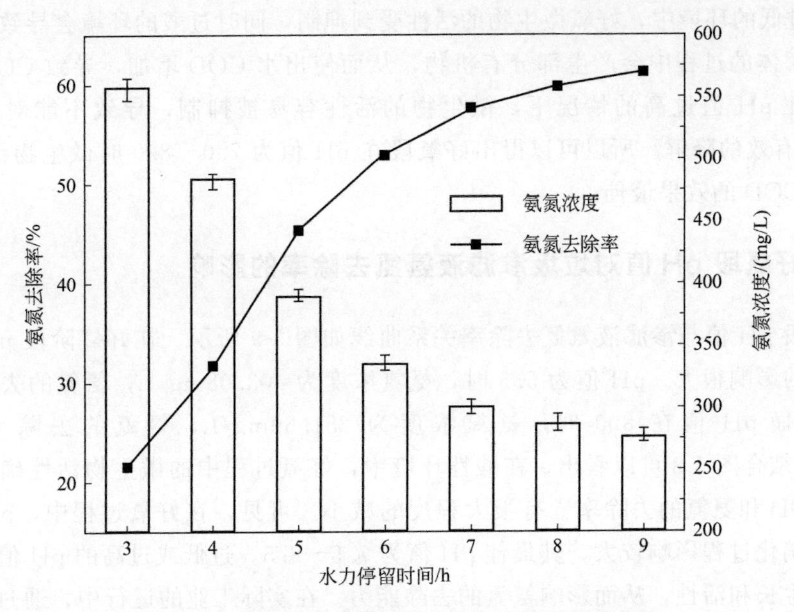

图 5-7 好氧段水力停留时间与氨氮去除率关系曲线

5.3.3 好氧段 pH 值对垃圾渗滤液 COD 去除率的影响

好氧段 pH 值与渗滤液 COD 去除率关系曲线如图 5-8 所示。由图可以看出，好氧段的 pH 值为 5.5～6.5 时，COD 的去除率明显降低。在 pH 值为 6.5～7.0 时与 8.0～8.5 时，好氧处理的效果均出现部分降低。在 pH 值为 7.0～8.0 时，好氧处理效果良好且稳定，COD 最大去除率为 57.39%，最小去除率为 56.84%；出水 COD 浓度最大值为 2604.7mg/L，最小值为 2571.5mg/L。通过分析实验数据得出可能的原因是因为

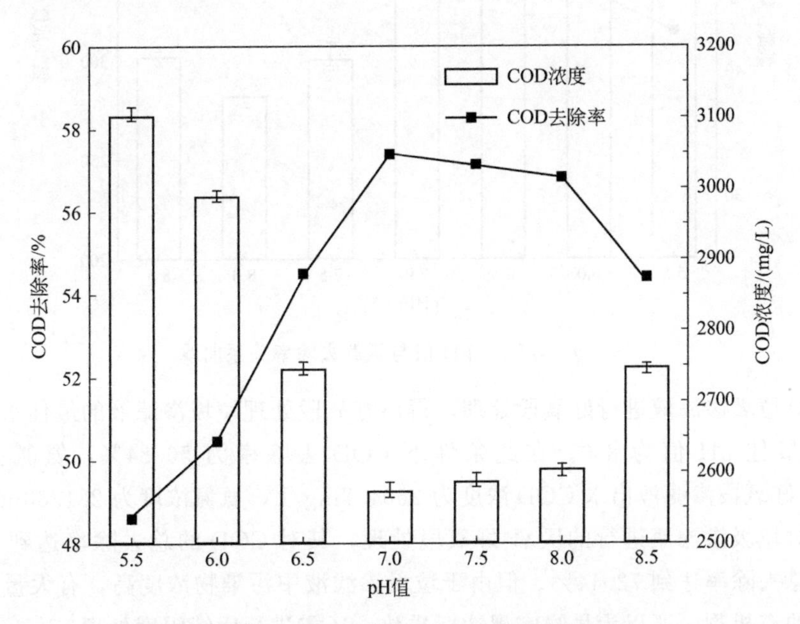

图 5-8 好氧段 pH 值与 COD 去除率关系曲线

在 pH 值过低的环境中，好氧微生物的活性受到抑制，同时过酸的环境会导致微生物的解体，在解体的过程中会产生部分有机物，从而使出水 COD 增加，导致 COD 去除率的降低；在 pH 值过高的情况下，微生物的活性容易被抑制，导致不能对渗滤液中 COD 进行有效的降解。所以可以得出好氧段在 pH 值为 7.0～8.0 时微生物活性较强，此时去除 COD 的效果最佳。

5.3.4 好氧段 pH 值对垃圾渗滤液氨氮去除率的影响

好氧段 pH 值与渗滤液氨氮去除率关系曲线如图 5-9 所示。在好氧阶段 pH 值对于氨氮浓度的影响很大。pH 值为 5.5 时，氨氮浓度为 403.08mg/L，氨氮的去除率仅为 43.23%；而 pH 值在 8.0 时，氨氮浓度为 281.60mg/L，氨氮的去除率达到了 60.34%。结合图 5-8 可以看出，在酸性环境中，好氧过程中的微生物活性确实有所降低，对 COD 和氨氮的去除率皆有很大程度的减小。可见，在好氧过程中，pH 值对于微生物的硝化过程影响较大，其最佳 pH 值为 7.5～8.5。过低或过高的 pH 值都会影响微生物的生长和活性，从而影响氨氮的去除能力。在实际工业的运行中，通过对 pH 值进行及时的调控，可以使好氧阶段呈现更好的去除效果。所以综合 pH 值对 COD 与氨氮的影响，确定好氧段最佳 pH 值为 8.0。

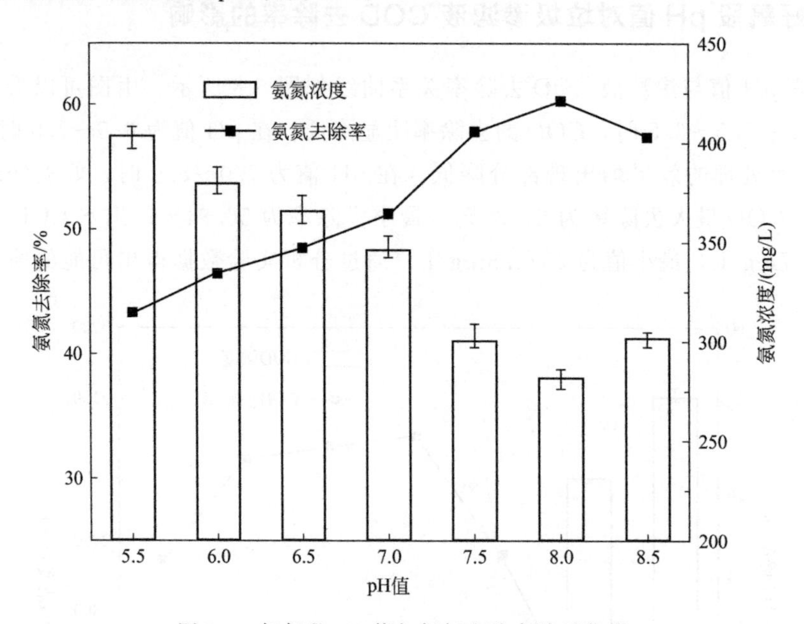

图 5-9 好氧段 pH 值与氨氮去除率关系曲线

通过对垃圾渗滤液进行好氧段处理，得出好氧段处理垃圾渗滤液的最佳水力停留时间为 7h，最佳 pH 值为 8.0。在此条件下 COD 去除率为 56.84%，氨氮去除率为 60.34%，好氧段渗滤液出水 COD 浓度为 2604.7mg/L，氨氮浓度为 281.60mg/L。

根据对垃圾渗滤液进行的厌氧-好氧段处理，其对 COD 的总去除率达到 79.94%，对氨氮的总去除率达到 72.44%。但由于垃圾渗滤液中污染物浓度高，有大量生物处理未能降解的有机物，所以为最终实现达标排放，还需进行后续深度处理。

5.4 催化氧化处理好氧段垃圾渗滤液出水

5.4.1 催化剂投加量对垃圾渗滤液 COD 去除率的影响

本部分催化氧化实验为厌氧-好氧-催化氧化中的深度处理部分，有区别于使用催化剂直接对垃圾渗滤液原液进行催化氧化处理，处理原液时催化剂投加量与 COD 去除率关系曲线如图 5-10 所示。

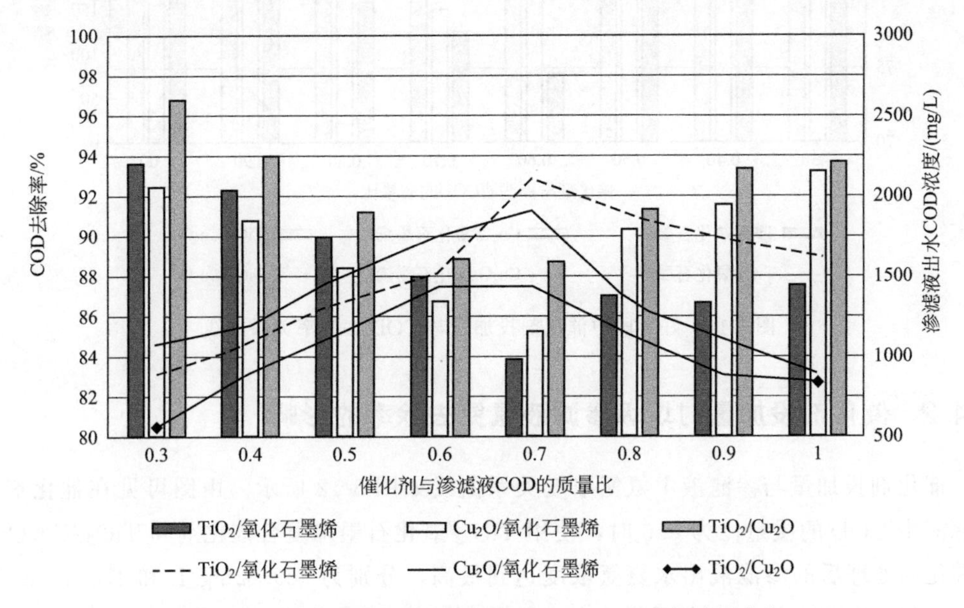

图 5-10 处理原液时催化剂投加量与 COD 去除率关系曲线

经过厌氧生物处理和好氧生物处理总结得出，垃圾渗滤液催化氧化实验的进水水质 COD 为 2604.7mg/L，氨氮浓度为 281.60mg/L。在催化氧化处理好氧段垃圾渗滤液的实验中，催化剂投加量与 COD 去除率关系曲线如图 5-11 所示。

当催化剂与渗滤液中 COD 的质量比小于 0.5 时，三种复合催化剂的 COD 去除率由高到低为 Cu_2O/氧化石墨烯复合催化剂、TiO_2/氧化石墨烯复合催化剂和 TiO_2/Cu_2O 复合催化剂。在催化剂与渗滤液 COD 的质量比大于 0.5 时，TiO_2/氧化石墨烯复合催化剂对 COD 的去除能力要强于其他两种复合催化剂。在催化剂与渗滤液 COD 的质量比为 0.6 时，TiO_2/氧化石墨烯复合催化剂的 COD 去除率达到 96.57%，此时最终渗滤液出水 COD 浓度为 89.34mg/L。

结合图 5-10 综合分析，在三种复合催化剂中，TiO_2/氧化石墨烯复合催化剂对于 COD 的去除效果最好。在直接使用催化剂对垃圾渗滤液原液进行处理时，TiO_2/氧化石墨烯复合催化剂的最佳投加量是催化剂与渗滤液中 COD 的质量比为 0.7；而在经过厌氧-好氧后的催化氧化处理中该催化剂的最佳投加量是催化剂与渗滤液中 COD 的质量比为 0.6。由此可见在厌氧-好氧两阶段的处理中，不仅提高了催化剂去除 COD 的效率，还有效地节约了催化剂的用量。

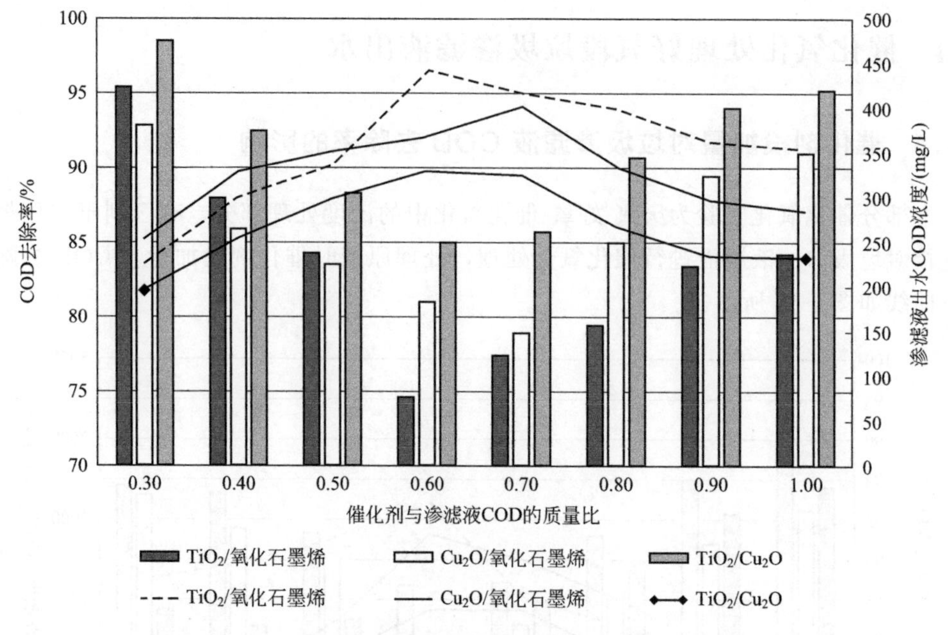

图 5-11 好氧段中催化剂投加量与 COD 去除率关系曲线

5.4.2 催化剂投加量对垃圾渗滤液氨氮去除率的影响

催化剂投加量与渗滤液中氨氮浓度关系曲线如图 5-12 所示。由图可见在催化剂与渗滤液中 COD 的质量比为 0.6 时，使用 TiO_2/氧化石墨烯复合催化剂和 TiO_2/Cu_2O 复合催化剂处理后的渗滤液出水氨氮浓度达到最高，分别为 489.62mg/L 和 476.05mg/L；在催化剂与渗滤液中 COD 的质量比为 0.7 时，使用 Cu_2O/氧化石墨烯复合催化剂处理后

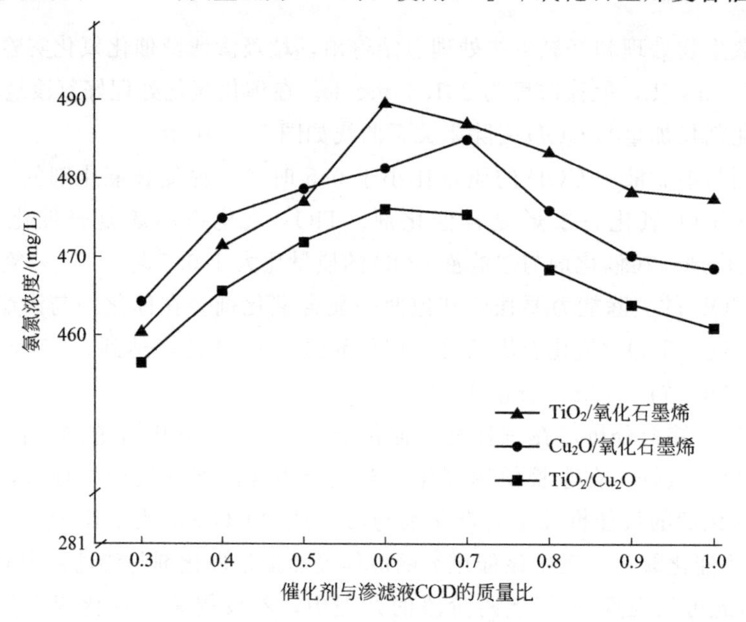

图 5-12 催化剂投加量与氨氮浓度关系曲线

的渗滤液出水氨氮浓度达到最高值为 484.92mg/L。综合催化剂投加量对渗滤液 COD 去除率的影响，可以发现氨氮浓度的变化随 COD 去除率的提高而升高。所以在三种催化剂投加量为各自最佳投加量时，氨氮浓度达到最大值。

催化氧化技术处理好氧段垃圾渗滤液的实验研究表明，使用 TiO_2/氧化石墨烯、Cu_2O/氧化石墨烯和 TiO_2/Cu_2O 三种复合催化剂分别对好氧段垃圾渗滤液出水进行催化氧化处理时，TiO_2/氧化石墨烯复合催化剂对垃圾渗滤液中有机物的处理效果最好。在催化剂与渗滤液 COD 的质量比为 0.6 时为该催化剂的最佳投加量；参与反应时间为 1h 时为该催化剂的最佳反应时间。在最佳条件下，对好氧段垃圾渗滤液出水进行催化氧化处理后，对渗滤液中 COD 的去除率达到 96.49%，此时渗滤液出水 COD 浓度为 91.42mg/L，氨氮浓度为 489.62mg/L。

5.4.3 催化剂反应时间对垃圾渗滤液 COD 去除率的影响

在催化氧化处理垃圾渗滤液原液的实验中，催化剂反应时间对 COD 去除率的影响见图 5-13。根据图 5-13 可以看出三种催化剂在增加催化剂反应时间为 2～8h 时，对于 COD 去除率基本没有影响。

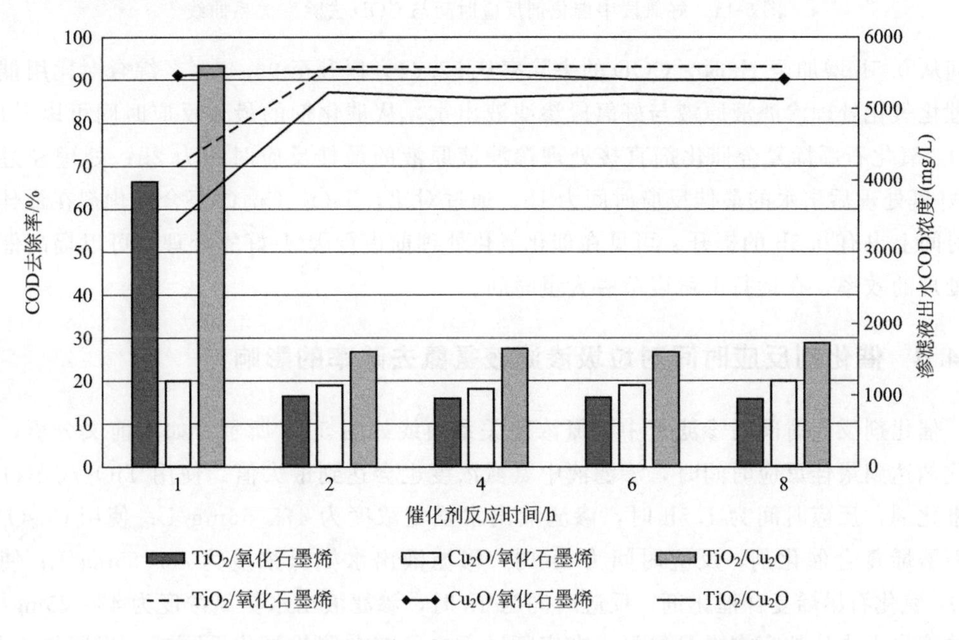

图 5-13 处理原液时催化剂反应时间与 COD 去除率关系曲线

在催化氧化处理好氧段垃圾渗滤液实验中，将催化剂反应时间设定为 0.5h、1h、1.5h、2h 和 4h，得到的催化剂反应时间与渗滤液 COD 去除率关系曲线如图 5-14 所示。

三种复合催化剂的 COD 去除率在到达最佳反应时间之前都随着反应时间的增加而增加。其中 TiO_2/Cu_2O 复合催化剂在反应时间从 0.5h 增加至 1.5h 时，COD 的去除率从 72.51%提高至 90.18%；Cu_2O/氧化石墨烯复合催化剂在反应时间从 0.5h 增加至 1h 时，COD 的去除率从 86.27%提高至 93.75%；TiO_2/氧化石墨烯复合催化剂在反应

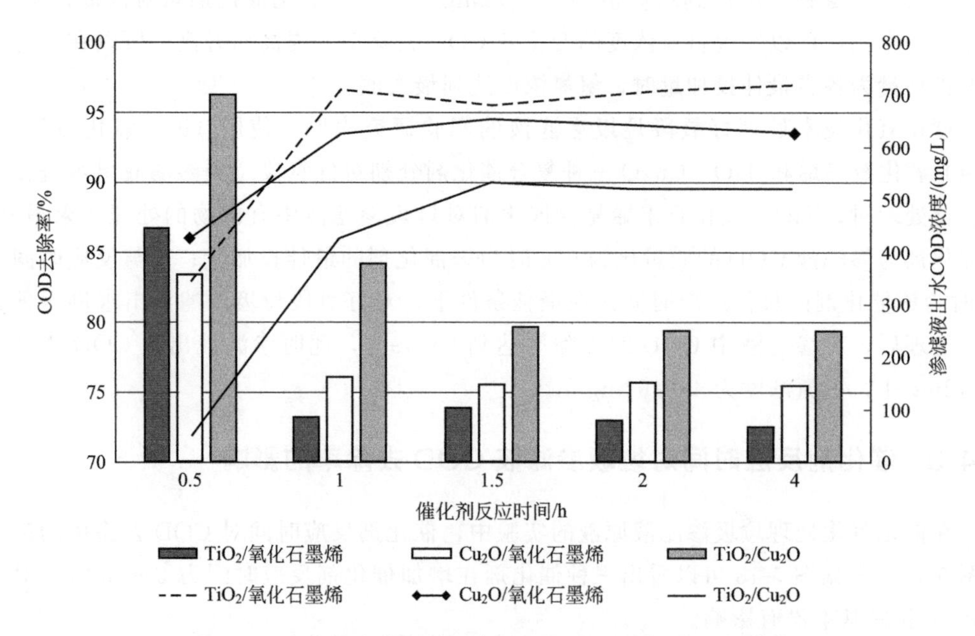

图 5-14 好氧段中催化剂反应时间与 COD 去除率关系曲线

时间从 0.5h 增加至 1h 时，COD 的去除率从 82.64%提升至 96.49%。综合对比用催化剂催化氧化处理渗滤液原液与好氧段渗滤液出水，从催化剂的最佳反应时间可以看出，TiO_2/氧化石墨烯复合催化剂直接处理渗滤液原液的最佳反应时间为 2h；处理经过厌氧-好氧处理后出水的最佳反应时间为 1h。通过对比，TiO_2/Cu_2O 复合催化剂在最佳反应时间上也有 0.5h 的提升。可见在催化氧化处理前进行厌氧-好氧处理，可以提高催化剂处理的效率，在运行上可以节省大量时间。

5.4.4 催化剂反应时间对垃圾渗滤液氨氮去除率的影响

催化剂反应时间与渗滤液中氨氮浓度关系曲线如图 5-15 所示。如同前文分析，在催化剂达到最佳反应时间时，渗滤液中氨氮浓度也会达到最大值。使用 TiO_2/Cu_2O 复合催化剂，反应时间为 1.5h 时，渗滤液出水氨氮浓度为 475.56mg/L；使用 Cu_2O/氧化石墨烯复合催化剂，反应时间为 1h 时，渗滤液出水氨氮浓度为 483.55mg/L；使用 TiO_2/氧化石墨烯复合催化剂，反应时间为 1h 时，渗滤液出水氨氮浓度为 489.75mg/L。渗滤液出水中依然存在大量氨氮，在实际运行中，应在催化氧化后再接一组脱氮工艺，以确保氨氮浓度低至可排放标准。

通过两部分对比实验可以看出，在三种复合催化剂中，TiO_2/氧化石墨烯复合催化剂对于垃圾渗滤液中有机物的处理效果最好。在本实验厌氧-好氧-催化氧化工艺中，由于前期进行生物处理，所以在进行催化氧化过程时，提高了催化剂的处理效率，减少了催化剂的用量。同时 TiO_2/氧化石墨烯复合催化剂有效地处理了在生物处理过程中难以处理的部分有机物，使垃圾渗滤液最终出水 COD 达到国家排放标准。

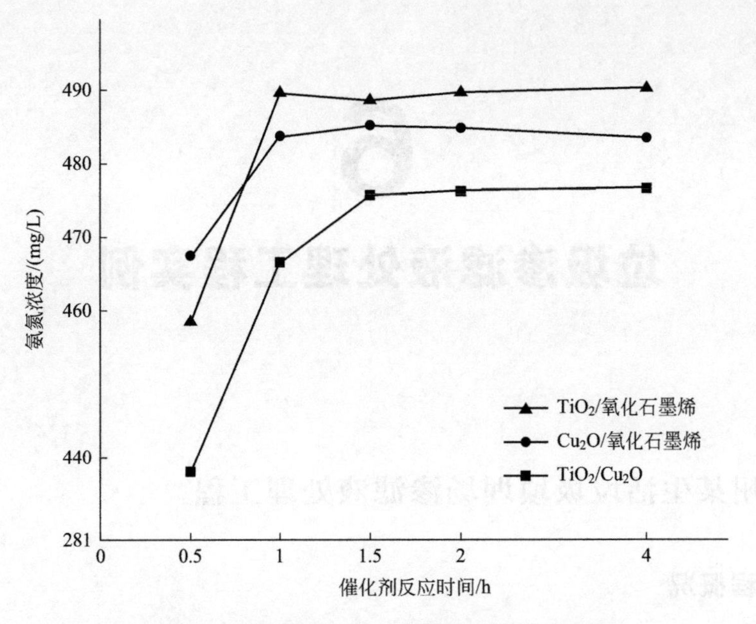

图 5-15 催化剂反应时间与氨氮浓度关系曲线

6

垃圾渗滤液处理工程实例

6.1 常州某生活垃圾填埋场渗滤液处理工程

6.1.1 工程概况

本工程实例为常州某生活垃圾填埋场对垃圾渗滤液的处理。此垃圾渗滤液处理站日处理量 60～126t，根据接收量和生产需求安排，执行《生活垃圾填埋场污染控制标准》(GB 16889—2008) 标准，其进水水质和出水主要指标所允许的最高排放浓度满足工程进水水质及出水排放标准（见表 6-1），出水部分回用、部分排放，反渗透（RO）浓水回灌填埋场，浓水产生量通过循环可小于 15%。

表 6-1 工程进水水质及出水排放标准

序号	项目	进水水质	出水水质排放标准
1	COD/(mg/L)	＜3000	＜100
2	BOD_5/(mg/L)	＜1500	＜30
3	色度/倍		＜30
4	SS/(mg/L)	＜800	＜30
5	氨氮/(mg/L)	1500	＜25

针对此生活垃圾填埋场的渗滤液具体特征，尤其是高氨氮的特点，采用“缺氧/好氧工艺＋膜生物法＋反渗透（A/O＋MBR＋RO)”循环系统工艺，前置二级反硝化、硝化系统降解高分子有机物，除氮去磷，为后续处理减轻压力，缓解 MBR 膜和 RO 膜的损耗，延长膜寿命；后续 MBR 超滤和反渗透 RO 进一步过滤掉渗滤液中相对较多有机质或无机质，保证出水水质。系统工艺流程见图 6-1。

6.1.2 工艺流程

6.1.2.1 调节池及均质池

垃圾渗滤液由于受客观因素影响，其水质成分有较大波动，对于长期固定的循环系

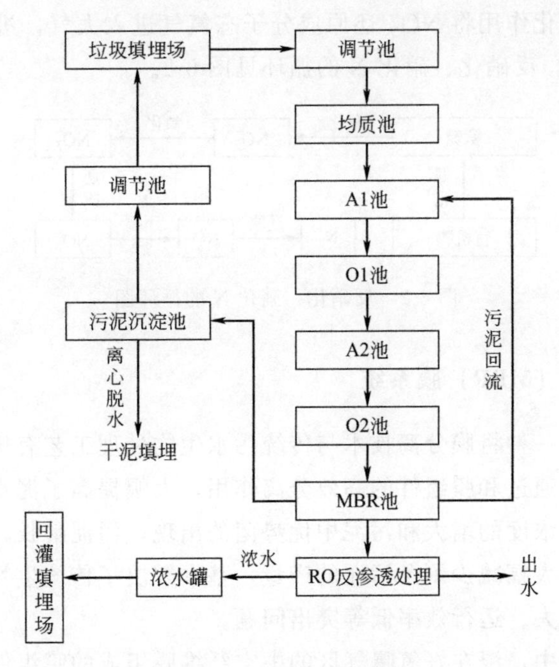

图 6-1 系统工艺流程

统有一定的冲击。为了缓解冲击和稳定水量，在系统最前面设计调节池和均质池。在均质池中可加入纯碱等药剂达到一个初期处理的稳定效果，通过 JPBJ—609L 型便携式溶解氧测定仪测量其溶氧量为 0.15～0.4mg/L，基本可看作厌氧环境，初步分解高分子碳水化合物、糖类、乙酸等成为小分子有机物，同时也起到中和溶液、平衡酸碱度的效果。

6.1.2.2 缺氧好氧工艺（A/O）系统

A/O 工艺是将前段反硝化系统和后段硝化系统串联起来，A1-O1-A2-O2，从一级反硝化池开始，到二级硝化池再进入膜生物法（MBR）膜处理池，再回流至一级反硝化池继续生化循环处理，回流比为 1.0～1.5。

A 池溶解氧浓度为 0.17～0.4mg/L，起到缺氧反硝化除氮作用，O 池溶氧量 3.5～4.6mg/L，起到硝化氧化氨氮和吸磷作用。由于渗滤液高氨氮而 COD 相对较低的特点，为了碳氮比达到 3∶1～4∶1，需要补充一定的碳源为缺氧池中异养菌生存工作，碳源选用葡萄糖，1kg 葡萄糖折合 COD 约为 1.06kg。进水 COD 浓度在 2500mg/L 左右。如果实际投放的渗滤液 COD 占 1000mg/L，则需要补充 1000～1500mg/L 的碳源，根据实际投放的渗滤液增加或减少，补充碳源的量相应改变。缺氧池中异养菌在碳源充足条件下将渗滤液中淀粉、纤维、碳水化合物等悬浮污染物和可溶性有机物降解为有机酸等，大分子有机物变成小分子有机物，不溶性有机物转化成可溶性有机物，可为缺氧池硝化作用提高可生化性，提高氧气的硝化效率。异养菌在缺氧的环境下可将蛋白质、脂肪等大分子有机物有机链上的 N 或氨基酸的氨基进行氨化，使氨游离出来，然后在充足氧气下，自养菌进行硝化作用，将氨氮氧化成硝酸根离子，控制污水回流使其返回缺氧池，再通过反硝化作用将NO_3^-还原成分子态氮气进入大气，进行无污染处理，完成C、N、O的循环。反硝化、硝化N的循环见图6-2。

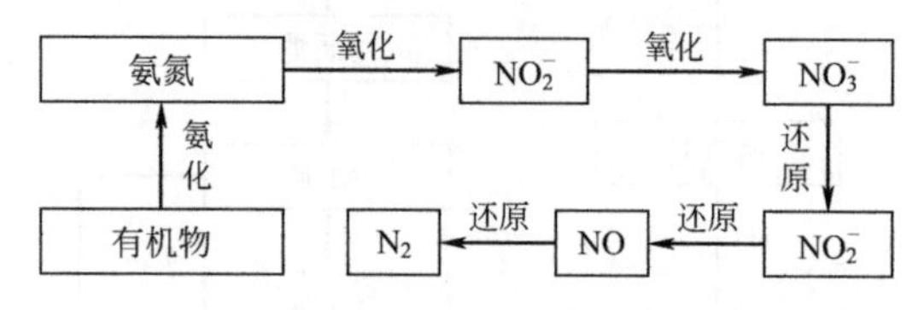

图6-2 反硝化、硝化N的循环图

6.1.2.3 膜生物法（MBR）膜系统

膜生物反应器是一种将膜分离技术与传统污水生物处理工艺有机结合的新型高效污水处理与回用工艺。通过和膜组件的高效分离作用，大幅提高了泥水分离效率，并且由于曝气池中活性污泥浓度的增大和污泥中优势菌的出现，污泥龄长，提高了生化反应速率。同时，该工艺能大幅减少剩余污泥的产量，基本解决了传统生物方法存在的剩余污泥产量大、占地面积大、运行效率低等突出问题。

在膜生物反应器中，浸在好氧曝气区的中空纤维膜组成的膜组件，膜材质为聚偏氟乙烯，寿命长、抗污染性强、易清洗、适于污水处理。采用0.1μm的中空纤维膜孔径可以防止细菌通过，实现分离以及各种悬浮颗粒、细菌、藻类、浑浊度、COD和有机物的平均有效去除，保证出水水质良好，悬浮物接近0。由于微滤膜接近100%的菌种分离效果，曝气池内的生物浓度可达到10000mg/L以上，这样不仅提高了曝气池的抗冲击能力，也提高了负荷能力，大幅降低了所需曝气池容积，也降低了生化系统的投资成本。曝气鼓风机对反应池底部进行工作，保证了充足溶氧量对渗滤液进行硝化反应。污泥的高效截留效果使得生化污泥大量存在于整个工艺系统，减少污泥的流失，使得污泥龄变长，保证了硝化细菌的繁殖发育，有利于降解有机物，降低COD和氨氮。

经过处理的污水通过回流泵再次回到各个生化池进行循环反复处理，确保出水水质达标，也减少对MBR膜组件的损耗和污染，增加了整个工艺系统的效率和寿命。多个好氧池的硝化系统也间接增加了整个系统的容错率，保证整个细菌的生存繁殖。处理站采用鼓风机曝气，通过微生物的新陈代谢来去除污水中的污染物质，需12h连续曝气，3台鼓风机（2用1备），可以通过手动和自动切换。正常运行时风机每1d自动切换1次，避免长期连续使用同一台风机。出现故障时应将风机设置为手动控制，使2台风机正常工作，另1台及时维修或更换。

6.1.2.4 反渗透工艺（RO）膜系统

RO膜即反渗透膜，通过对处理后的污水加压，使得高浓度污水从RO膜透过进入低浓度水中。RO膜孔径极小，可达到纳米级（0.0001μm），远小于一般有机质、无机盐重金属、胶体、细菌、病毒等物质，仅有水分子和部分矿物质能够透过，从而取得符合排放标准的出水。通过前期处理的污水已经得到很大程度上的净化，所以减少了RO膜的负荷和损耗。

6.1.3 运行数据整理分析

为了确保系统工艺长期稳定地运行，技术人员连续2个月对每天的渗滤液进出水水质进行全面化验检测。检测成分为：COD、总氮、总磷、氨氮、pH值等，实验室主要的检测仪器为5B-1型COD快速测定仪和752N紫外可见光光度计。由于2个月的实验数据量较大，本次研究取研究过程中间日期的连续10个工作日（实际9d）数据作为讨论的研究对象，其中COD和氨氮作为主要研究讨论对象，其他指标作为次要研究讨论对象，如磷、pH值等。图6-3为COD和氨氮进出水检测数据，进水为渗滤液原水，即未进入调节池未经过任何人为处理的污水，出水为经过整个系统处理的反渗透工艺（RO）出水。

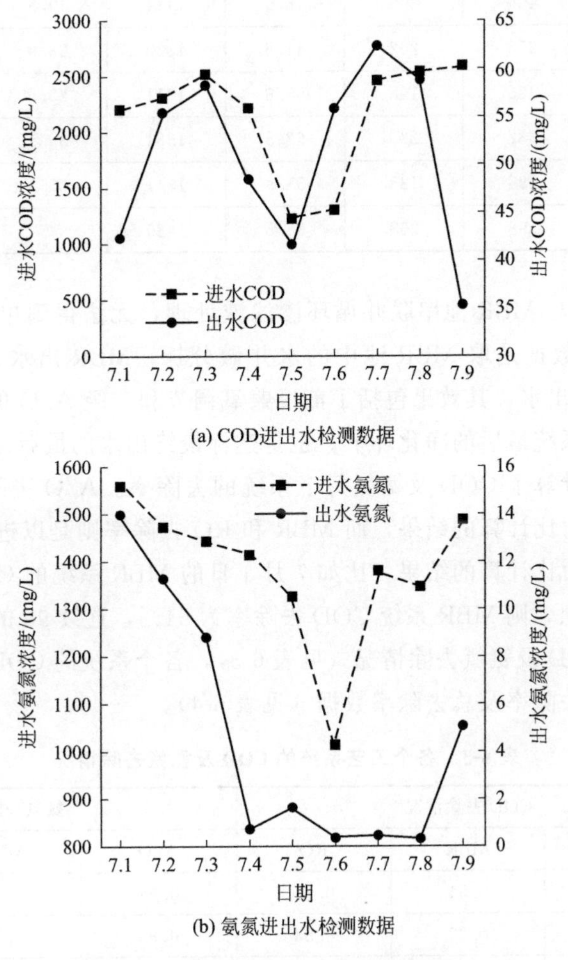

图6-3 COD和氨氮进出水检测数据

渗滤液进水中的COD浓度极其不稳定，最低只有1200mg/L，最高超过2600mg/L，但全部在渗滤液处理范围之内；进水氨氮浓度较高，全部超过1000mg/L，最低1011mg/L，最高1560mg/L，基本都在1300～1600mg/L，进水碳氮比严重失调。连续9d的出水指标全部达标，COD出水浓度最高62mg/L，平均51mg/L；出水氨氮浓度最高13.9mg/L，最低0.2mg/L，平均数据不到5mg/L，远低于标准氨氮出水标准。为了了解整个工艺系统各环节处理效果，对进水、缺氧/好氧工艺（A/O）出水、膜生物法（MBR）出水及RO出水水质分别做了数据检测整理，并得到渗滤液进水及各个系统出水的数据指标（见表6-2）。

表6-2 渗滤液进水及各个系统出水的数据指标 单位：mg/L

日期	进水COD	A/O出水COD	MBR出水COD	RO出水COD	进水氨氮	A/O出水氨氮	MBR出水氨氮	RO出水氨氮
7.1	2200	562	256	42.5	1560	28.6	20.8	13.94
7.2	2312	678	458	55.6	1472	29.2	19.5	11.23
7.3	2523	580	258	58.5	1440	16.8	10.5	8.79
7.4	2236	456	205	48.5	1414	19.8	15.5	0.73
7.5	1221	258	202	41.6	1320	28.9	20.8	1.56
7.6	1320	485	198	55.6	1011	25.9	20.1	0.23
7.7	2503	387	230	62.5	1381	30.5	15.9	0.4
7.8	2521	298	125	58.9	1341	30.5	30.1	0.2
7.9	2615	398	268	35.5	1489	5.7	11.5	5.09

由于A/O系统与MBR池串联并循环渗滤液处理，无法得到单独硝化反硝化的处理效果，A/O出水数据是取MBR池中的水并做分析；MBR出水是经过整个A/O+MBR膜组件处理的出水，其效果包括了前段兼氧调节和二级A/O的净水处理；RO反渗透系统则是整个系统最后的净化环节，也是达标最终出水的最后保障。根据各个系统的出水检测数据，计算了COD及氨氮每个系统的去除率。A/O去除率就是A/O出水数据与进水数据做对比计算的结果，而MBR和RO去除率则是以进入各个系统的水质数据与排出水质做对比计算的结果。比如7月1日的MBR系统的COD去除率计算为：1－(256/562)＝0.54，则MBR系统COD去除率为54%，连续9d的去除率数据整理见各个工艺系统的COD及氨氮去除情况（见表6-3），各个系统的COD、氨氮平均去除率见各个工艺的平均去除率及总去除率数据（见表6-4）。

表6-3 各个工艺系统的COD及氨氮去除情况 单位：mg/L

日期	COD去除情况			氨氮去除情况		
	A/O	MBR	RO	A/O	MBR	RO
7.1	0.74	0.54	0.83	0.98	0.27	0.33
7.2	0.71	0.32	0.88	0.98	0.33	0.42
7.3	0.77	0.56	0.77	0.99	0.38	0.16
7.4	0.80	0.55	0.76	0.99	0.22	0.95
7.5	0.79	0.22	0.79	0.98	0.28	0.93
7.6	0.63	0.59	0.2	0.97	0.22	0.99
7.7	0.85	0.41	0.73	0.98	0.48	0.97

续表

日期	COD去除情况			氨氮去除情况		
	A/O	MBR	RO	A/O	MBR	RO
7.8	0.88	0.58	0.53	0.98	0.01	0.99
7.9	0.85	0.33	0.87	0.99	0.27	0.56

表 6-4 各个工艺的平均去除率及总去除率数据 单位：%

平均COD去除率			平均氨氮去除率			总去除率	
A/O	MBR	RO	A/O	MBR	RO	COD	氨氮
77.93	45.51	76.52	98.15	27.34	70.10	97.49	99.68

6.1.4 数据讨论及分析

6.1.4.1 出水COD及氨氮

通过渗滤液进水及各个系统出水的数据指标（见表6-2）的进出水水质数据可以看出，在COD和氨氮都低于系统设计的最大处理范围时，即使进水水质COD和氨氮数值波动较大，系统出水仍然不受影响，出水全部符合排放标准，说明此工艺处理渗滤液在成分变化较大的情况下仍然稳定，也说明采用多个工艺组合处理渗滤液承受水质变化能力较强，处理渗滤液容错率远高于单个工艺系统。

对比进水COD为约1200mg/L和2500mg/L以上的出水数据，可看出进水水质的波动并不影响此系统出水水质。进水氨氮浓度在1000～1500mg/L时，数值波动较COD小得多，而出水水质虽然都符合排放标准，但波动较大，最小只有0.2mg/L，最大接近15mg/L，通过观察这2个月的其他数据也得到了证实。为此观察所有数据，测定缺氧好氧工艺（A/O）及膜生物法（MBR）污泥的SV30、MLSS、SVI等，得到初步结论：渗滤液中氨氮的去除基本全部依靠硝化、反硝化反应，MBR膜对于氨氮的去除能力很有限，而反渗透（RO）膜对于氨氮的处理缺乏保障。由于氨氮的多少使得RO截留存在问题，所以氨氮的总体去除率几乎完全要靠系统前段的A/O系统。由于连续两次的排泥可能使缺氧池和好氧池中的微生物受到一定的冲击，而恢复之前的环境又需要一定时间，所以在恢复生态之前的数据检测可能会受到一定程度的影响，从而导致出水氨氮的不稳定。

6.1.4.2 COD去除情况

从各个工艺系统的COD及氨氮去除情况（见表6-3）和各个工艺的平均去除率及总去除率数据（见表6-4）可以看出COD和氨氮在各个系统的处理情况、平均去除情况及总去除率，其中COD在缺氧好氧工艺（A/O）系统和反渗透（RO）系统的去除情况较好，去除率均为70%～80%，而在膜生物法（MBR）系统去除COD情况较一般，平均只有45.51%。

前段均质调节池偏厌氧的环境以及后面缺氧、好氧循环系统的大环境均有去除COD的作用，首先在厌氧的环境下大分子有机物水解，长链环链有机物的结构被破坏，降解为较小分子的有机物；小分子有机物进入缺氧环境得到进一步降解，使不溶性或难溶性的有机物变为可溶性有机物；在好氧池的自养菌进一步处理消耗，COD的浓度再一次降低，而MBR池底部渗滤液返流至一级反硝化池中再一次循环处置，使进入MBR产水池的水中COD浓度得到最大程度的降低。而本系统的MBR池的COD去除率有限，因为A/O池中的污水也在MBR曝气池中的好氧环境进行处理，MBR曝气池的好氧硝化的处理能力也被计算到A/O系统中，同时MBR膜组件起到的核心作用是截留活性污泥，使得A/O和MBR池中的污泥浓度、微生物数量损耗降低，增加污泥龄和水的停留时间，保证细菌的存活周期，而膜组件的超滤并不能对渗滤液中的小分子起到较大的过滤作用，所以MBR对于COD的去除效果从数据来看显得很低，但从整套工艺流程来看，MBR曝气池的进一步好氧硝化、膜组件对大分子截留保证污泥浓度对整个工程起到了必不可少的作用。

6.1.4.3 氨氮去除情况

氨氮在各个工艺中的去除率明显不同，缺氧好氧工艺（A/O）系统最高，去除率为98.15%；反渗透（RO）膜作用其次，为70.1%；膜生物法（MBR）最低，只有27.34%，这样的数据结果也是在预料之内，符合实际与理论的。

整套处理工程针对高氨氮的特点专门设计了A/O系统，A/O系统中的反硝化、硝化作用对于除氮去磷有着高强度的效率保证，在第一轮A1-O1-A2-O2过程中就会使有机物氨化，氧化部分氨氮，还原部分硝酸根，经过一轮反硝化、硝化处理的渗滤液进入MBR处理后再回流至前段进行循环处理，所以A/O系统是此工艺系统去除氨氮浓度最有力的保障；MBR膜组件对于小分子的氨氮基本没有截留过滤作用，所以此工艺对于氨氮的去除没有数据上的实际意义；RO反渗透作用对于氨氮的平均去除率能达到70.1%，但是去除率的波动相当大，最大达到99%，使氨氮浓度1300mg/L以上的渗滤液原水最后经过RO膜，出水氨氮只有0.2%，但是RO的最低氨氮去除率只有16%。通过所有数据的对比和观察RO进出水以及检查RO膜得出结论：RO膜本身对于分子量较小的氨氮分子没有完全有效的阻截作用，所以从数据结果来看，RO膜的去除率较大程度上取决于前段A/O系统的氨氮去除率。

从COD和氨氮总去除率上来看两者分别达到了97.49%和99.68%。这样的去除率对于整个系统工艺的能力是肯定的，厌氧环境的均质调节池＋一级反硝化池＋一级硝化池＋二级反硝化池＋二级硝化池＋MBR膜组件＋反渗透（RO）的整个工艺组合对于出水水质的达标起到明显作用；同时每一个单独工艺都有着不可替代的作用，都发挥自身独有的特点，组合到一起可大幅提高COD、氨氮的去除效率。此外，该系统对于磷的处理也同样出色，当进水磷含量为20～30mg/L，出水磷含量仅为0.2～0.8mg/L，远低于出水标准；pH值出水检测控制在7.1～7.4，出水总氮、色度、碱度等也同样全部达标。

6.1.5 结论

（1）对于成熟期填埋场的渗滤液处理，高效去除氨氮的能力是整套组合系统必不可少的核心能力，缺氧好氧工艺（A/O）系统对于氨氮的去除非常明显，A/O系统对于氨氮的去除率达到98%。

（2）A/O+膜生物法（MBR）+反渗透（RO）的组合对于COD的降解效果显著，作用流程先降解大分子，再分解小分子，消耗剩余有机物，最后超滤膜和RO膜能有效地过滤拦截有机物。

（3）组合工艺大幅提高处理效率，每个单独工艺都是整体不可或缺的关键环节，有了整体工艺的保证，出水COD、氨氮、总磷、pH等才能达标排放。

6.2 山西某固废处置中心渗滤液处理工程

6.2.1 工程概况

山西某固废处置中心主要负责城市生活垃圾处理工程，填埋库容为$3.2\times10^6m^3$，处理量为400t/d。初建时，该固废处置中心的渗滤液未设置废水处理装置，主要通过导排管收集排入调节池，后回喷至填埋场。随着垃圾渗滤液的逐年增加，回灌工艺已无法对渗滤液进行有效处理，生活垃圾填埋场需增设废水处理装置以达到《生活垃圾填埋场污染控制标准》（GB 16889—2008）排放要求。

根据建设方提供资料、现场考察和处理后的有关要求，经建设方确认后，设计进水水质及排放标准如表6-5所示。渗滤液处理站的设计规模确定为$100m^3/d$，运行时间为24h。

表6-5 进水水质及排放标准

项目	COD/(mg/L)	BOD_5/(mg/L)	氨氮/(mg/L)	SS/(mg/L)	pH值
进水水质	4500	5176	200	600	6～8
排放标准	30	100	25	30	6～9

6.2.2 工艺流程

垃圾渗滤液废水成分复杂，其水质水量因填埋垃圾组成、规模大小、填埋方式、埋龄以及季节的不同会出现很大的差异，一直是工业废水处理的难点。渗滤液的处理技术主要有物化法、生化法以及土地处理。目前，渗滤液的处理以生物法为主，处理效果较好的生物法主要有好氧处理、厌氧处理及好氧厌氧结合的方法。研究表明，厌氧-好氧组合工艺处理垃圾渗滤液是一种经济、有效的方法，既能充分发挥厌氧生物法的优点，又能达到很好的生物脱氮效果。生化处理后废水中的COD多为难降解有机物，反渗透技术可进行有效的深度处理，确保出水水质稳定达标。结合工程实际情况综合评估后，确定采用物化-生化-反渗透工艺处理该工程产生的垃圾渗滤液，设计主要工艺流程如图6-4所示。

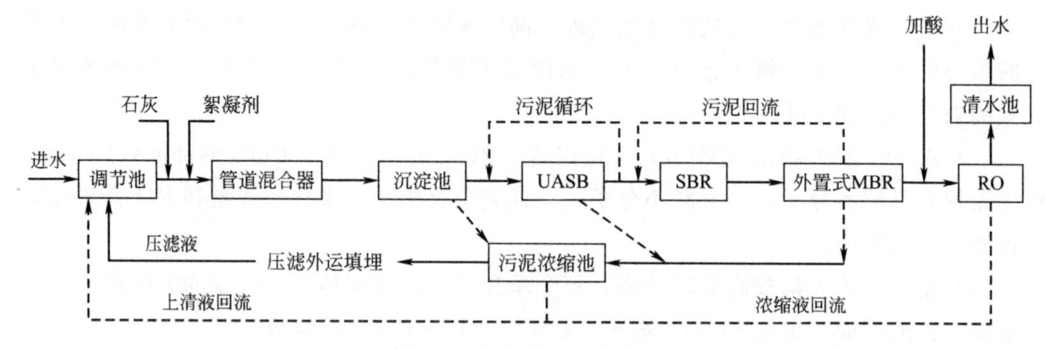

图 6-4 废水处理工艺流程

垃圾渗滤液中悬浮固体物质（SS）较高，通过絮凝沉淀可对SS进行有效去除。选用聚合氯化铝（PAC）作为絮凝剂，去除渗滤液中含有的重金属，同时投加石灰乳。废水由提升泵泵入管道混合器使药剂和渗滤液充分混合，之后流入沉淀池进行泥水分离。

沉淀池上清液由管道泵泵入上流式厌氧污泥床（UASB）反应器，内设气、固、液三相分离器。待处理的废水从反应器底部进入配水系统，与污泥床中的污泥进行混合接触，污泥中的微生物分解废水中的有机物，转化为沼气，经三相分离器将沼气收集并分离出反应器，污泥沉淀后返回污泥床，出水经溢流堰排除。

UASB可大幅度去除废水中的有机物，减轻后续处理构筑物的处理负荷，减少工程投资。厌氧出水经收集系统自流入好氧生化系统：序批式活性污泥法（SBR）反应池＋外置式膜生化反应器（MBR）。SBR生化池集均化、初沉、生物降解、二沉等功能于一池，无污泥回流系统。MBR是膜分离技术与生物技术有机结合的新型废水处理技术，利用膜分离设备将生化反应池中的活性污泥和大分子有机物质截留住，使得系统内维持较高的微生物浓度，从而提高了反应装置对污染物的整体去除效果，去除渗滤液中难降解的有机物和氨氮；并且该反应器可实现水力停留时间（HRT）和污泥停留时间(Sludge Retention Time，简称SRT）分别控制，运行操作更加灵活。

MBR分为内置式和外置式两种。外置式MBR采用错流式管式超滤膜，每条超滤环路设有循环泵，可使活性污泥在膜管中形成紊流状态，从而避免了污泥在膜管中的堵塞，因此选用外置式MBR。为使出水能稳定达标，强化排水安全防护，设置了反渗透（RO）系统，其在压力驱动下，借助于半透膜的选择截留作用将溶液中的溶质与溶剂分开，是有效的深度处理方式。反渗透装置会产生20％～25％的浓缩液，浓缩液具有不可降解污染物浓度高、难处理等特点，处置不当会产生二次污染，考虑到本地区蒸发量大于降雨量的特点，可将浓缩液通过现有回喷系统回喷至垃圾堆体，不外排。

6.2.2.1 预处理工艺

（1）调节池

渗滤液经导排管收集输送到调节池，进行水质水量的调节。调节池利用填埋场现有构筑物，为有效地阻止臭气自由挥发给大气造成污染，减少雨水流进池内，减少污水的处理量，在渗滤液调节池上安装浮盖膜，浮盖采用2.0mm厚的HDPE膜，通过焊接成为覆盖膜整体。调节池为钢筋混凝土结构，共2座，尺寸为30m×15m×6m，有效容积为4750m^3，配备50GW10-10-0.75型号提升泵2台（1用1备），同时调节池内沿池壁四周设置闭路气体收集管系统，用于收集污水产生的气体，然后高空排放。

（2）混凝反应装置

均质后的渗滤液经提升泵流经管道混合器，与药剂混合均匀后流入竖流沉淀池进行固液分离，在废水流经管道混合器前通过加药装置分别计量投加PAC和石灰。配备*DN*50管道混合器1台；80L的加药装置2台，*D*1.4m×1.0m加药罐2个，ACS602型号加药泵2台，分别用于投加PAC和石灰。

（3）沉淀池

选用竖流式沉淀池，中心进水管进水，由周边出水，靠空气压力进行排泥。沉淀池是预处理的重要组成部分，主要去除废水中细小的悬浮物、胶体污染物质和重金属。双面搪瓷结构，1座，尺寸为3.82m×4.2m，有效容积为34m^3，水力停留时间（HRT）为5h，配备50GW10-10-0.75型号污泥泵1台，50GW10-10-0.75型号管道泵2台（1用1备）。

6.2.2.2 生化处理工艺

（1）升流式厌氧污泥床（UASB）反应器

沉淀池出水泵入升流式厌氧反应器UASB，厌氧将原污水中非溶解性有机物转变为溶解性有机物，将难降解的有机物转化为易生物降解的有机物，提高废水的可生化性。地上式，双面搪瓷结构，1座。设计处理流量5m^3/h，容积负荷2.29kg/(m^3·d)，平面尺寸为*D*6.11m×8.4m，HRT为55h，配备50GW10-10-0.75型号内循环泵1台，用于污泥循环。

（2）序批式活性污泥法（SBR）反应池

厌氧处理后渗滤液自流入SBR生化池。由鼓风曝气机间歇式曝气，曝气4h，停曝2h，循环进行。双面搪瓷结构，1座。尺寸为*D*4.58m×4.2m，HRT为14h，配备SBR曝气装置1套，50GW10-10-0.75型号回流泵1台，将膜生物法（MBR）反应器的污泥回流至SBR反应池。

（3）外置式MBR反应器

MBR采用膜组件进一步去除废水中的有机物，强化生物反应。膜组件采用单排式膜架，尺寸为1.73m×0.875m×2.3m，反应器采用中空纤维超滤膜，底部设有孔管，孔径为3mm，用以冲洗膜和曝气。玻璃钢结构，1座。尺寸为3m×3m×3m，容积为22m^3，HRT为4.5h，配备膜组件1组，膜面积共125m^2。

6.2.2.3 污泥处理工艺

污泥浓缩池可有效降低污泥含水率，从而大大降低污泥的体积，降低后续处理的负荷，但浓缩的污泥含水率仍然较高，需进行污泥脱水。沉淀池、厌氧池、膜生物法（MBR）产生的污泥经管道收集排入污泥池，浓缩处理后的污泥经板框压滤机脱水后外运到填埋场填埋，压滤液、浓缩池上清液回流至调节池再处理。玻璃钢结构，1座。污泥处理量为1m^3/h，尺寸为3m×3m×3m，浓缩时间为10h，配备50GW10-10-0.75型号污泥泵2台（1用1备）。

6.2.2.4 深度处理工艺

（1）反渗透（RO）系统

生化处理后的废水进入RO系统，进一步纯化废水。设计采用RO-40型反渗透装置1套，包括：提升泵、保安过滤器、高压泵、反渗透组件、配套仪表、阀门、管件及本体组架以及加药、清洗设备等。配备80L的加药装置1台，D1.4m×1.0m加药罐1个，ACS602型号加药泵1台，用于投加盐酸。

（2）清水池

MBR出水由自吸泵提升至清水池。清水池内设置1台反冲洗水泵，用于膜生物法（MBR）和反渗透装置的冲洗以及加药罐的用水。玻璃钢结构，1座。平面尺寸为3m×3m×3m，配备CDL4-30型号反冲洗泵2台（1用1备），CDL4-4型号自吸泵2台（1用1备）。

6.2.3 控制系统

6.2.3.1 PLC自控系统

整个系统采用“集中监测、分散控制”的方式。工业控制计算机作为中央操作工作站，用1台工业控制计算机和DCS组态软件组态。根据工艺要求，控制系统的控制范围是：废水生化处理系统（加药系统、各类水箱、各类水泵及故障监控等）。

6.2.3.2 控制间

控制间内设置PLC自控系统、配电柜、水质监测仪、反渗透出水监测仪控制和监测水质的变化情况。轻钢结构，1间。平面尺寸为2.7m×10m×3.0m。

6.2.4 运行效果

工程调试及运行结果表明，系统运行稳定，出水水质达到了《生活垃圾填埋场污染控制标准》（GB 16889—2008）排放标准。处理达标后的中水，部分送至废物厂综合利用，剩余部分回用于垃圾填埋场生产用水（包括填埋区抑尘洒水、道路洒水、洗车用水）和厂区绿化用水。各主体构筑物进出水指标如表6-6所示。

表 6-6 各主体构筑物进出水指标

构筑物	COD/(mg/L)	COD去除率/%	氨氮/(mg/L)	氨氮去除率/%
进水	5000		400	
混凝沉淀	1500	70	400	0
UASB	675	55	704	−76
SBR+MBR	27	96	7.04	99
RO	10.8	60	2.82	59.94

6.2.5 成本分析

工程总投资799.99万元，其中土建工程118.35万元，设备和材料费用537.08万元，其他114.56万元。运行成本为：人工费8元/t，电费5元/t，药剂费0.6154元/t，膜更换费用0.7838元/t，合计吨水运行费用14.40元。

6.2.6 结论

生化法辅助絮凝沉淀预处理和反渗透深度处理可有效去除垃圾渗滤液中的污染物，可达到回用相关标准，并具有适应性强、效果明显、运行稳定的优点。该工程运行后，大大减轻了该项目对周边环境的影响，具有显著的环境效益、社会效益和较好的经济效益。低能耗、高负荷的上流式厌氧反应器（UASB）与序批式活性污泥法（SBR）相结合的处理工艺是有效去除垃圾渗滤液中有机物及氨氮的方式，是该系统工艺的主体处理工艺。渗滤液废水在生化蒸发阶段会产生一定的有害气体及臭味，对大气环境有一定的影响。该系统采用PLC自控系统，自动化程度高，操作简单，管理方便，可实现自动远程控制，该工艺灵活性好，占地面积小，易于在土地面积有限的厂区推行。

6.3 南京市有机废弃物处理场渗滤液处理工程

6.3.1 工程概况

南京某有机废弃物处理场日处理垃圾约1000t，配套建有污水处理站1座，设计日处理量400m³/d。城市垃圾填埋场渗滤液是液体在填埋场重力流动的产物，主要来源于降水和垃圾本身的内含水，pH值为4～9，COD为2000～62000mg/L，BOD_5为60～45000mg/L，重金属浓度和市政污水中重金属的浓度基本一致，是一种成分复杂的高浓度有机废水，若不加处理而直接排入环境，会造成严重的环境污染。根据当地要求，出水需达到《生活垃圾填埋场污染控制标准》(GB 16889—2008）出水排放标准限值。

双膜处理技术具有处理效率高、运行稳定、占地小等优点，被广泛应用于垃圾渗滤液的处理中。该工程采用“A/O+UF+碟管式纳滤（Disc Tube Nanometer-Filtration，简称DTNF）/RO”为主体的废水组合处理工艺。废水处理系统运行良好，水质稳定达标。

根据各库区垃圾渗滤液的水量统计及水质范围，废水设计水量为400m^3/d，设计进水水质如表6-7所示。

表6-7 设计进水水质

序号	名称	设计进水水质
1	COD_{Cr}/(mg/L)	≤15000
2	BOD_5/(mg/L)	≤8000
3	TN/(mg/L)	≤3000
4	氨氮/(mg/L)	≤2500
5	SS/(mg/L)	≤1000
6	TP/(mg/L)	≤15
7	pH值	6～9

6.3.2 工艺流程

针对废水有机物浓度高、难降解的特点，废水经过调节后，主体工艺采用两级缺氧好氧工艺（A/O）。在第一缺氧段，利用好氧段回流及原水中的有机基质，反硝化速率较快；后置缺氧池主要进行内源反硝化作用，为了满足出水的脱氮需要，在缺氧池进水口补充碳源，根据相关参考指标和实际操作了解到，在补充的碳氮比达到（3～4）∶1时，可以稳定地保持脱氮的需要。由于补充的碳源是过量的，因此，需要增加一个曝气池再进行曝气，去除过多的碳源。深度处理采用超滤＋反渗透组合工艺，保证出水稳定达标。具体废水处理工艺流程见图6-5。

6.3.3 主要工艺单元

6.3.3.1 一级反硝化池/硝化池

均衡池出水经泵提升进入生化系统，进水管路上设置袋式过滤器（过滤孔径800μm）拦截大颗粒固形物以避免对生化系统设备造成损坏；进水管路上设置电导率仪、电磁流量计及pH计，以监测生化进水电导率、pH值及水量指标，袋式过滤器前后设置压力传感器，以监测过滤器前后压差，压差过高时清洗或更换滤布。

生化系统采用缺氧好氧（A/O）＋A/O的工艺路线，设计处理能力为400m^3/d。硝化池内曝气采用射流曝气，通过高活性的好氧微生物作用，污水中的大部分有机物污染物在硝化池内得到降解，同时氨氮在硝化微生物作用下氧化为硝酸盐。硝化池至前置反硝化池硝化液回流主要通过超滤（UF）浓缩液回流及内回流泵实现，硝态氮回流至反硝化池内在缺氧环境中还原成氮气排出，达到生物脱氮的目的。

渗滤液进入一级反硝化池，池内设置潜水搅拌器，进水与硝化池回流的硝化液充分混合后，在缺氧条件下，反硝化菌利用废水中的碳源把硝化液中的硝态氮反硝化成氮

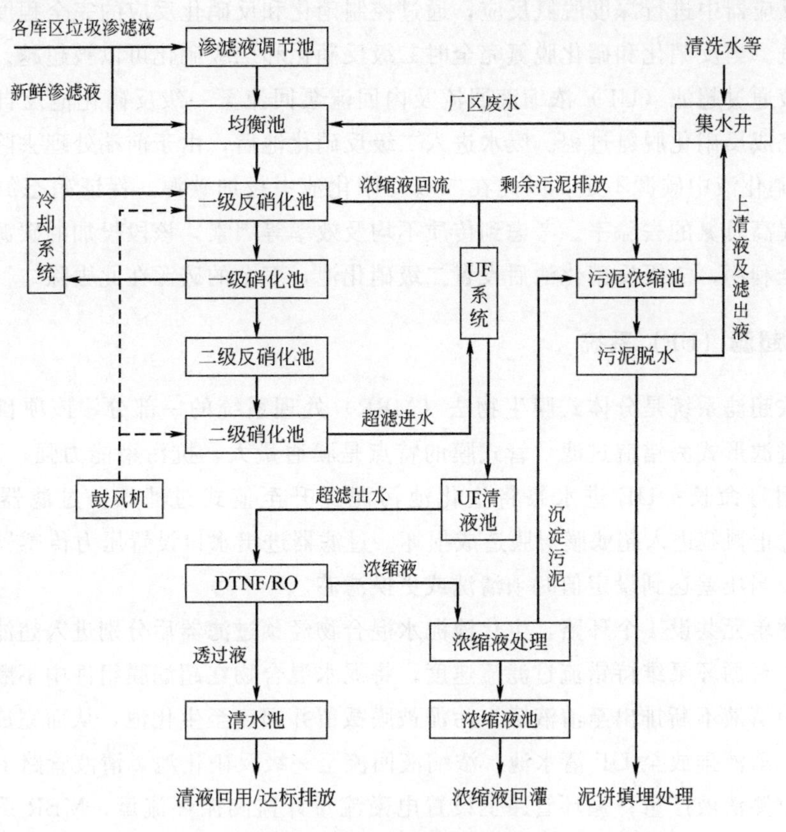

图 6-5 废水处理工艺流程

气，从而实现脱氮及有机污染物去除的目的；一级反硝化池出水进入碳氧化池及一级硝化池，碳氧池主要目的是去除渗滤液中的有机污染物，一级硝化池的主要功能是实现氨氮的硝化反应。反硝化池内设液下搅拌装置，以达到搅拌及混合均匀的目的；硝化池内亦设置潜水搅拌器，以利于反应器内的混合均质。硝化池曝气方式为射流曝气，射流曝气系统由射流器、射流泵以及罗茨鼓风机组成。一级反硝化池及一级硝化池的主要设计参数如表 6-8 所示。

表 6-8 主要设计参数

构筑物名称	一级反硝化池	一级硝化池
数量/座	1	22
总有效容积/m^3	700	1950
反硝化负荷/[kg 氨氮/(kgMLSS・d)]	≤0.097	
空气量/[m^3/(h・座)]		3961.9

6.3.3.2 二级反硝化/硝化池

为强化系统的稳定性，保证出水总氮达标，设计二级反硝化和二级硝化（即后置反硝化、硝化单元），当一级厌氧好氧工艺（A/O）单元脱氮不完全时，在二级反硝化和二级硝化反应器中进行深度脱氮反应，通过控制硝化和反硝化反应的完全程度来控制出水中的总氮。当反硝化和硝化脱氮完全时二级反硝化和二级硝化可以被超越。

硝化液通过超滤（UF）浓缩液回流及内回流泵回流至一级反硝化池及自流入二级反硝化池完成反硝化脱氮过程。废水进入二级反硝化池后，由于前端处理去除了大部分的 BOD，硝化液中碳源不足，因此在二级反硝化池中投加碳源，保证硝态氮得到充分反硝化，提高总氮的去除率。考虑到传质不均及效率等因素，该段投加的碳源不能被反硝化菌完全利用，二级反硝化池后设置二级硝化池，多余的碳源在此去除。

6.3.3.3 超滤（UF）系统

外置式超滤系统是分体式膜生物法（MBR）处理系统的一部分，该项目采用管式超滤膜，过滤形式为错流过滤，管式膜的特点是膜通量大，抗污染能力强，不易堵塞，膜组件使用寿命长；UF 进水泵将生化池污泥提升至篮式过滤器，过滤器过滤孔径 800μm，防止颗粒进入超滤膜对膜造成损坏。过滤器进出水口设置压力传感器，监测过滤器压差，当压差达到设定值时须清洗或更换滤芯。

该超滤单元共设 4 个环路，生化池泥水混合物经预过滤器后分别进入超滤环路，每个环路设 1 台循环泵维持错流过滤流速度，将泥水混合物在超滤膜组件中不断循环，在循环过程中清液不断排出至清液罐，污泥被膜截留并回流至生化池，从而完成泥水分离过滤过程。清液排放至 UF 清水池，浓缩液回流至一级反硝化池，清液管路上设置电磁流量计，监测清液产量；循环管路上设置电磁流量计监测循环流量；MBR 系统剩余污泥由回流管路支管上排出，支管上设置电磁流量计，监测和控制剩余污泥排出量；超滤循环管路上设置压力传感器，监测过膜压差。该项目选用超滤膜组件，超滤主要设计参数如表 6-9 所示。

表 6-9 超滤主要设计参数

项目		数值
膜组件参数	膜过滤形式	错流过滤
	膜材质	聚偏氟乙烯
	膜孔径/nm	30
	膜组件直径/in	8
	膜组件流道直径/mm	8
	膜组件长度 L/mm	3000
	单支膜组件面积 S_{UF}/m^2	27.0
设计运行参数	设计膜处理量 Q_d/(m^3/d)	400
	设计膜通量 J_{UF}/[L/(m^2·h)]	70
	进水流量 Q_F/(m^3/h)	260
	循环流量 Q_C/(m^3/h)	260
	正常运行压力 P_0/bar	4～5

注：1in=0.0254m，1bar=10^5Pa。

6.3.3.4 碟管式纳滤/反渗透（DTNF/RO）系统

纳滤（NF）/RO是最精密的膜法液体分离技术，能阻挡所有溶解性盐及分子量大于100的有机物，能够去除可溶性的金属盐、有机污染物、细菌、胶体粒子、发热物质，其脱盐率大于95%，对COD、氨氮及总氮的脱除率可以达到90%以上，出水水质稳定。该项目选用DTNF/RO膜组件，DTNF/RO主要设计参数如表6-10所示。

表 6-10 DTNF/RO 主要设计参数

项目		数值
膜组件参数	膜过滤形式	错流过滤
	膜材质	聚酰胺复合膜
	截留率/%	98(49000μs/cm,70bar,25℃)
	膜组件直径/in	8
	膜组件流道直径/mm	1.5
	膜组件长度 L/mm	1200
	单支膜组件面积 S_{RO}/m²	27.0
设计运行参数	设计膜处理量 Q_d/(m³/d)	400
	设计回收率 R_{RO}/%	80
	设计膜通量 J_{RO}/[L/(m²·h)]	13.6
	进水流量 Q_F/(m³/h)	17.0
	正常运行压力 P_0/bar	40～65

6.3.3.5 浓缩液综合处理系统

浓缩液综合处理系统的主要工艺思路是纳滤（NF）/反渗透（RO）浓缩液经过混凝处理后回灌至垃圾填埋场，利用回灌床层的截留、析出、物理化学及生物作用进一步矿化、截留浓缩液中的盐，保证浓缩液回灌对处理设施影响控制在可接受水平内。

浓缩液主要采用混凝沉淀进行预处理，首先进入混凝反应器进行加药搅拌混凝，混凝加药主要投加三氯化铁，经过改性的浓缩液进入沉淀池进行沉淀，沉淀池采用斜管式沉淀池，经过混凝沉淀预处理后浓缩液中的COD将得到约50%的去除率，同时二价盐离子也大部分得到沉淀，经过混凝沉淀处理的浓缩液沉淀清液回流入调节池，进入渗滤液处理系统循环处理。沉淀产生的泥渣则排入排泥储池，进入脱水机房进行污泥脱水处理。

6.3.4 运行效果

污水厂目前运行正常，出水稳定达标，实际进、出水水质如表6-11所示。

结果表明，该系统运行稳定，抗冲击负荷能力强。检测结果表明该组合工艺对COD去除率为99.84%，BOD_5去除率为99.89%，氨氮去除率为99.75%，悬浮固体物质（SS）去除率为97.93%以上，清水回收率为75%以上，出水满足《生活垃圾填埋场污染控制标准》(GB 16889—2008) 排放标准要求。

表 6-11 实际进、出水水质

项目	pH 值	COD_{Cr} /(mg/L)	BOD_5 /(mg/L)	氨氮 /(mg/L)	SS /(mg/L)	粪大肠菌群数 /(个/L)
进水	6~9	3297	1564	437	234	140666.7
最终出水	6~9	6	1.7	1.08	5	未检测出

6.3.5 结论

两级缺氧好氧工艺 (A/O)+超滤 (UF)+碟管式纳滤/反渗透 (DTNF/RO) 组合工艺对高浓度难降解有机物降解效率高，出水水质能够满足《生活垃圾填埋场污染控制标准》(GB 16889-2008) 出水排放标准要求，运行稳定。

6.4 广西某生活垃圾填埋场渗滤液处理工程

6.4.1 工程概况

广西某生活垃圾卫生填埋场设计垃圾日处理量为 60t/d，采用卫生填埋工艺，填埋区总库容为 $7.5\times10^5 m^3$，使用年限为 23 年。该项目于 2010 年开始投入运行，按照设计使用年限，预计封场时间为 2033 年。垃圾渗滤液处理站设计处理水量为 $100m^3/d$，采用“UASB+MBR+NF+RO”组合工艺，处理后的尾水沿沟渠排放至附近自然水体。目前设备运行正常，渗滤液经处理后稳定达标排放。根据当地实际情况，设计进出水水质如表 6-12 所示。出水水质执行《生活垃圾填埋场污染控制标准》(GB 16889—2008) 标准。

表 6-12 垃圾渗滤液处理站设计进出水水质

水质指标	设计进水水质	设计出水水质
COD/(mg/L)	10000	100
BOD_5/(mg/L)	4000	30
SS/(mg/L)	800	30
氨氮/(mg/L)	1500	25
总氮/(mg/L)	2000	40
pH 值	6~8	6~9

6.4.2 工艺流程

垃圾渗滤液经调节池收集后，用潜水泵泵送至 UASB 反应器中，通过厌氧作用降解垃圾渗滤液中的部分有机物，提高渗滤液的可生化性。UASB 反应器出水重力自流至缺氧池，与来自 MBR 的好氧回流液混合，在缺氧条件下进行反硝化作用，降低渗滤液中的氨氮；缺氧池出水溢流至好氧池，好氧池采用生物接触氧化工艺，出水泵送至 MBR 反应池，利用 MBR 膜的高效截留作用进行泥水分离，去除水中的大部分悬浮物，同时好氧微生物通过生化反应进一步降解渗滤液中的有机物、氨氮等污染物质；MBR 出水经增压泵、高压泵输送至纳滤（NF）系统，纳滤系统的主要作用是对渗滤液进行脱色，去除水中大部分有机物和金属离子，减轻后续处理工段的运行负荷；在 NF 系统后设置更为精密的反渗透（RO）系统，用于去除水中残余的氨氮、有机污染物和溶解性盐，确保出水水质达标；渗滤液处理站出水经污水排放口达标外排。UASB 和 MBR 反应池的产生的剩余污泥、NF 及 RO 系统产生的浓水均收集于污泥池，不定期回灌至垃圾填埋区。其工艺流程见图 6-6。

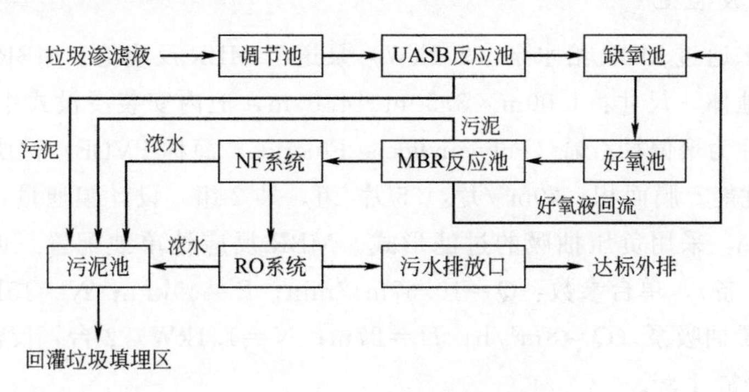

图 6-6　垃圾渗滤液处理工艺流程

6.4.3　主要构筑物及设计参数

（1）调节池

调节池设计容积为 14000m³，主要作用是收集、贮存垃圾填埋区产生的渗滤液，使水质均匀。同时调节池兼具一定的预处理作用，渗滤液在池内进行初步沉淀及自然降解。调节池设置污水提升泵（潜水泵）2 台（1 用 1 备），单台参数：$Q=20\text{m}^3/\text{h}$，$H=22\text{m}$，$N=4\text{kW}$，过流材质采用不锈钢。

（2）UASB 反应池

设置 UASB 反应池 1 座，钢筋混凝土结构，尺寸：7.50m×7.15m×6.40m，有效容积 300m³，容积负荷 3kgCOD/(m³·d)。UASB 反应池共分为 4 格，从池底并联进水，每格池底均设置穿孔布水管。每格池子出水经溢流堰收集汇合后，重力自流至缺氧池。UASB 反应池的三相分离器根据池型及尺寸定制，采用玻璃钢材质。配置循环泵（$Q=25\text{m}^3/\text{h}$；$H=8\text{m}$；$N=2.2\text{kW}$）2 台及热泵加热系统 1 套（电功率 $N=28.7\text{kW}$）。

（3）缺氧池

设置缺氧池 1 座，钢筋混凝土结构，尺寸：5.00m×3.00m×4.80m，有效水深 4.2m，有效容积 63m³。进水总管设置于池底，出水通过池顶溢流堰自流至好氧池。为使池水能够充分混合，池内安装2台潜水搅拌机进行对流搅拌，单台参数：ϕ=260mm；n=980r/min；N=1.5kW。

(4) 好氧池

设置好氧池1座，钢筋混凝土结构，尺寸：14.70m×5.00m×4.80m，有效水深4m，有效容积294m^3。好氧池采用生物接触氧化工艺，通过底部鼓风曝气对污水进行供氧。选用三叶罗茨鼓风机，共3台（2用1备），单台参数：Q=3.6m^3/min；N=7.5kW；P=49kPa。好氧池风机出口采用镀锌钢管作为供气干管，在水面以下500mm处通过法兰连接方式转换为HDPE材质的供气支管，选用规格为ϕ67管式曝气器均布于池底。池内安装规格为ϕ260mm的组合填料，为好氧微生物的生长繁殖提供载体。

(5) MBR反应池

好氧池出水通过MBR给水泵（2.2kW）泵送至MBR反应池。MBR反应池为设置于室外的钢制池体，尺寸：4.00m×3.50m×4.00m，池内安装浸没式中空纤维超滤膜组件1套，膜片为聚偏氟乙烯（Polyvinylidene Fluoride，简称PVDF）材质，具有优越的抗污泥和化学性能。膜面积：20m^2/片，35片/组，共2组，设计膜通量：5L/(m^2·h)，过滤精度0.1μm，采用负压抽吸的过滤形式。MBR反应池单独配置三叶罗茨鼓风机，共2台（1用1备），单台参数：Q=10.67m^3/min；P=49kPa；N=15kW，对膜组件进行曝气。配置抽吸泵（Q=8m^3/h；H=27m；N=1.1kW）2台，反洗泵（1.1kW）1台及真空抽吸罐1套。

(6) NF系统

NF系统为成套设备，设计处理能力$Q \leqslant$100m^3/d，膜元件采用进口的美国陶氏涡卷式纳滤膜，型号：NF90-400，共18支。设纳滤增压泵1台，参数：Q=10m^3/h；H=23m；N=1.1kW；纳滤高压泵1台，参数：Q=8m^3/h；H=180m；N=11kW。配还原剂、阻垢剂加药装置各1套。

(7) RO系统

RO系统为成套设备，设计处理能力$Q \leqslant$100m^3/d，膜元件选用进口的美国陶氏涡卷式反渗透膜，型号：BW30-400FR，共18支。配置反渗透增压泵（Q=10m^3/h；H=23m；N=1.1kW）1台、反渗透高压泵（Q=8m^3/h；H=180m；N=11kW）1台。配还原剂、阻垢剂加药装置各1套。

(8) 污水排放口

污水排放口为砖砌明沟，选用不锈钢材质的1#巴氏计量槽，配超声波流量计1台，用于测定排水流量。污水排放口设置采样井，环保在线监测设备定时取样对COD、氨氮、pH值等水质指标进行检测，检测数据通过数采仪联网上传至环保数据平台。

6.4.4 调试运行

(1) UASB调试

选用污水处理厂污泥消化池的接种污泥，一般接种污泥量为UASB反应器有效容积的30%～50%，最少15%。本项目投加接种污泥60m³，污泥投加完毕后向UASB反应池加满垃圾渗滤液，开启2台循环泵对混合液进行内循环搅拌。1～2d后开始间歇进水，向系统补充新鲜的垃圾渗滤液。当接种污泥逐渐适应废水，具备降解有机物能力，此时开始小流量连续进水，并测定相应的水质指标，如出水指标稳定则逐步小幅度增加进水负荷，直至达到设计处理能力。

(2) 缺氧池、好氧池调试

缺氧池、好氧池与UASB反应池进行联动调试。缺氧池、厌氧池的菌种使用附近污水处理厂的剩余污泥，投加量10m³，往池内添加新鲜的垃圾渗滤液（大概为池容积的10%），然后用清水注满水池，开启鼓风机进行闷曝（即只曝气而不进污水），根据好氧池溶解氧数值调节曝气量。数十小时后，即可开始间歇进水，待运行稳定后小流量连续进水，逐步提高进水负荷，直至达到设计处理能力。

(3) MBR调试

当好氧池具备连续进水的条件时，即可启用MBR膜系统。MBR膜系统首次投运时，起始产水量应控制在设计水量的60%左右运行，24h后再慢慢增至设计产水量，有利于减缓膜通量的衰减。开始操作为手动启动，设置好产水量、工作压力、反洗间隔时间等运行参数后，装置恢复为自动运行，运行数据通过PLC系统向操作人员反馈。一旦运行条件不满足，装置会自动采取保护措施。在MBR系统中膜的性能直接影响系统的产水量和产水水质，因此膜的清洗及维护是至关重要的。运行一段时间后，膜组件会发生污染和堵塞现象，此时需及时进行化学清洗。

(4) NF和RO系统调试

NF和RO系统使用前应检查电气仪表及管路系统是否良好，系统通电后检查各离心泵电机转向是否正确，做好必要的试漏、试压及清洗工作。严格按照设计参数及操作规程进行开、停机及反冲洗，运行过程中随时观察记录系统运行状况。及时更换高压泵前保安过滤器的滤芯，定期对膜组进行化学清洗及维护保养，均是延长膜元件的使用寿命的有效措施。

6.4.5 运行结果

在实际运行中发现，与设计进水水质指标相比，渗滤液调节池内的垃圾渗滤液污染物浓度明显偏低，垃圾渗滤液处理站实际进水水质如表6-13所示，可能原因有以下几点。

(1) 当地位于广西降雨最充沛的地区之一，年降水量大，特别是雨季期间暴雨频繁，调节池垃圾渗滤液污染物直接被雨水稀释，浓度有所降低；

(2) 受现场地形条件及垃圾填埋库区规划、建设情况制约，部分垃圾填埋库区尚未开发使用。未使用的填埋库区汇水面积较大，且无法进行覆盖，所汇集的雨水等地表径流可能会通过导气石笼的渗滤液收集管进入调节池，雨污分流措施尚有完善空间；

表 6-13 垃圾渗滤液处理站实际进水水质

水质指标	设计进水水质	实际进水水质
COD/(mg/L)	10000	1500～3500
BOD/(mg/L)	4000	700～1000
SS/(mg/L)	800	100～200
氨氮/(mg/L)	1500	200～350
总氮/(mg/L)	2000	300～500
pH 值	6～8	6～9

(3) 填埋垃圾来源主要为菜市场、街道、公共场所、居民住宅产生的生活垃圾，垃圾成分以厨余垃圾（菜叶、瓜果、剩饭菜等）居多，垃圾自身含水量较大。

系统调试完成后，运行状况稳定，经处理后的渗滤液各项水质指标监测结果均能达到《生活垃圾填埋场污染控制标准》(GB 16889—2008)。垃圾渗滤液处理站出水水质如表 6-14 所示。

表 6-14 垃圾渗滤液处理站出水水质

水质指标	出水(春)	出水(夏)	出水(秋)	出水(冬)	排放标准
COD/(mg/L)	34	30	31	37	≤100
BOD/(mg/L)	14.4	13.3	13.7	13.8	≤30
SS/(mg/L)	13	10	13	14	≤30
氨氮/(mg/L)	17.5	18.2	15.8	16.8	≤25
总氮/(mg/L)	30.2	28.5	31.3	31.8	≤40
pH 值	7.9	7.8	7.9	8.1	
色度/倍	22	16	22	20	≤40
总磷/(mg/L)	2.48	2.35	2.01	2.67	≤3
粪大肠菌群数/(个/L)	2200	1700	2200	2400	≤10000

项目投入运行后，对渗滤液处理站的实际运行成本进行了统计，主要包括以下几点。

(1) 设备运行电费：10.00 元/m^3。

(2) 药剂及耗材费用（主要为 NF 及 RO 系统日常运行及化学清洗所用药剂、更换保安过滤器的 PP 滤芯等）：7.14 元/m^3。

(3) 水质分析费用（包括环保在线监测设备药剂费及常规水质检测、化验费用）：1.33 元/m^3。

(4) 人工费：8.00 元/m^3。

(5) 设备折旧及日常维修费用：3.83 元/m^3。

(6) NF 及 RO 膜的日常更换费用：3.50 元/m^3。

渗滤液处理站直接运行成本为 30.30 元/m^3。如考虑更换 NF 及 RO 膜，则运行成本为 33.80 元/m^3。

6.4.6 工艺优化措施

受当地气候状况、季节变化、地形条件、垃圾组分等因素综合影响，垃圾渗滤液的水质水量波动较大。虽然该项目调节池渗滤液污染物浓度相对偏低，但随着垃圾填埋时间的延长，垃圾渗滤液的可生化性逐年下降，C/N 比逐渐失调，难以满足生物脱氮的需要。因此需要根据实际运行状况调整运行参数，对现有工艺进行优化。

(1) 对 NF 系统的出水管道进行改造，增加一条支管（配阀门）连接至污水排放口。当进水污染物浓度较低，纳滤出水已经能够满足排放标准的时候，就不需要再经过后续反渗透处理单元，达到节约能源，降低运行成本的目的。

(2) 设置垃圾渗滤液回灌装置，将调节池垃圾渗滤液用潜水泵（配过滤器）定期抽至垃圾堆体进行喷淋回灌。在垃圾填埋区设置雾化喷头，通过雾化作用尽可能减小液滴直径，加快垃圾渗滤液的蒸发，达到就地减量的目的，在夏秋高温干燥、蒸发量大的天气条件下，效果相当明显。垃圾渗滤液喷淋回落到垃圾堆体上，再回灌填埋库区。垃圾渗滤液的回灌可依靠表面蒸发和生物降解来减少渗滤液的产量，降低渗滤液的污染物浓度，对水质、水量起稳定化作用，减少了处理设施的冲击负荷；同时能够促进垃圾本身的降解，达到节约运行成本，加速填埋场稳定化过程，缩短填埋场维护周期的目的。

(3) 原设计 MBR 出水收集池为土建池体，长期使用后池内易长青苔和积泥，影响后续工段进水水质，而且水池的清洗难度较大。MBR 出水改用不锈钢水箱收集，并在 MBR 工段与纳滤工段之间设置两级精密过滤器，MBR 出水用管道泵抽至精密过滤器过滤后，再进入纳滤系统进水水箱（不锈钢材质），纳滤进水水箱设置了液位观察管和浮球开关，根据液位控制管道泵的开停，进一步确保进入纳滤系统的水无其他固体杂质，防止高压泵的损坏及膜组的堵塞。

(4) 适当提高好氧池的溶解氧，投加、培养适用于垃圾渗滤液的高效生物菌种，同时辅助投加面粉等碳源，提高生化系统的处理效率，强化脱氮作用。

6.4.7 结论

广西某生活垃圾卫生填埋场采用“UASB＋MBR＋NF＋RO”组合工艺处理垃圾渗滤液。为了优化处理工艺，特对 NF 系统和 MBR 出水收集池进行了升级改造，同时增设渗滤液回灌装置，并采取了一系列强化生物脱氮的措施。经改进后的工艺运行成本有所降低，且出水稳定，水质能够达到《生活垃圾填埋场污染控制标准》（GB 16889—2008）标准，这为类似的渗滤液处理提供了新的方法与模式参考。

6.5 山东某垃圾填埋场渗滤液处理工程

6.5.1 工程概况

山东某垃圾填埋厂作为生活垃圾综合处理基地，填埋处理规模为 800t/d，城市生活垃圾（RD）消解处理厂处理规模为400t/d，生活垃圾焚烧发电厂处理规模为1000t/d。该渗滤液处理项目设计处理能力为900m³/d，工艺流程：调节池→内循环厌氧反应器（IC厌氧反应器）→处置MBR→纳滤→反渗透。渗滤液处理设施自建成后已连续稳定运行，实现了垃圾渗滤液的达标排放和综合利用。

6.5.2 工艺流程

生活垃圾填埋场渗滤液水质具有高含盐、高有机物、高氨氮、微生物营养比例失衡、含重金属、处理难度大等特点。该项目渗滤液由垃圾填埋场渗滤液、城市生活垃圾消解污水和焚烧发电厂污水混合而成，设计进出水水质见表6-15。

表6-15 设计进出水水质

项目	COD /(mg/L)	BOD_5 /(mg/L)	氨氮 /(mg/L)	TN /(mg/L)	TP /(mg/L)	SS /(mg/L)	pH值
进水水质	30000	16000	1600	2200	15	1500	6～8
出水水质(GB 16889—2008)	100	30	25	40	3	30	
出水水质	100	20	15		0.5	70	
排放限值	100	20	15	40	0.5	30	6～9

渗滤液处理扩容改造后，出水水质需达到山东省《生活垃圾填埋水污染物排放标准》，同时要满足《生活垃圾填埋场污染控制标准》（GB 16889—2008）一般地区水污染控制要求，处理达标后排放。工艺流程见图6-7。

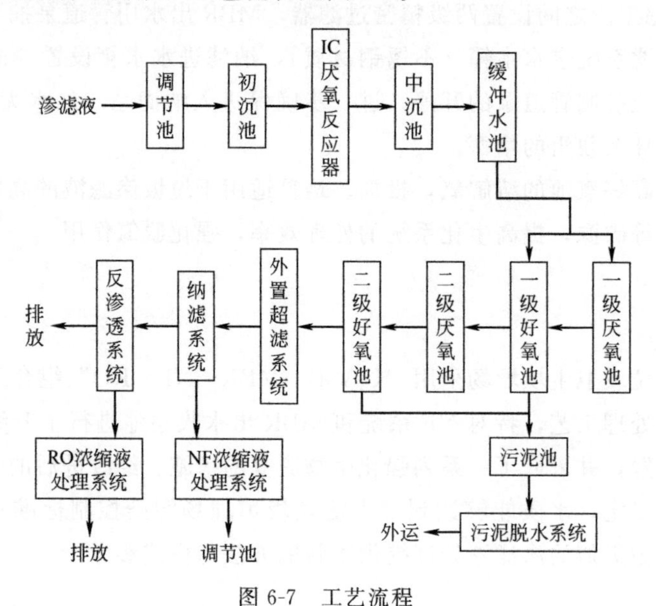

图6-7 工艺流程

6.5.3 各处理单元设计参数

（1）调节池

渗滤液主要来源于垃圾填埋场、城市生活垃圾消解厂、焚烧发电厂。各设施产生的渗滤液水质和水量差距较大，设计调节池容积为20000m^3，使渗滤液能够混匀，并初步降解，均化调节后保证后续处理系统稳定的进水水质和水量。

(2) IC厌氧系统

与其他反应器相比，IC厌氧反应器具有高径比大、流体上升速度快、有机负荷率高、废水和污泥之间传质良好、能形成高质量的颗粒污泥等特点，使得反应器去除有机污染物的能力远远超过目前已成功应用的第二代厌氧反应器，是当前处理效能最高的厌氧反应器。该反应器设计处理水量为910m^3/d，COD浓度为30000mg/L，BOD_5浓度为16000mg/L，容积负荷为10kgCOD/(m^3·d)，处理率为60%～80%。有效尺寸为9.0m×22m，两层三相分离器，配套进水泵和换热水泵，冬季气温低时为原水升温，保证了温度稳定。

(3) 两级反硝化和硝化工艺

前置反硝化的A/O工艺是缺氧池在前，反硝化细菌可利用进水中的碳源进行反硝化。随后废水进入后面的好氧池进行硝化和碳的去除。增加回流管路，控制合适的回流比，提高脱氮效率。两级A/O工艺设计是为了进一步提高脱氮效率，将一级好氧池流出的硝酸盐导入二级厌氧池，反硝化细菌可利用细菌衰亡后释放的二次性基质作为碳源进行反硝化，以彻底去除硝酸盐。

一级厌氧池为4座，有效尺寸为13.0m×5.0m×7.0m的钢混结构水池，配套潜水搅拌器4台。一级好氧池为3座，有效尺寸为14.0m×9.5m的钢混结构罐体，配套进水泵和射流曝气器3套。一级A/O池设计温度为25℃，设计污泥浓度为15g/L，污泥负荷为0.06kgBOD_5/(kgMLSS·d)。

二级厌氧池为1座，有效尺寸为10m×10m×3.3m的钢混结构水池，配套潜水曝气器。二级好氧池为1座，有效尺寸为16.0m×10m×3.3m的钢混水池，配套微孔曝气设备，二级A/O池设计温度为25℃，设计污泥浓度为15g/L，污泥负荷为0.1kgBOD_5/(kgMLSS·d)。

(4) UF系统

UF系统能截留废水中几乎所有的微生物，保证生化池高污泥浓度，从而确保生化池所需要的高污泥龄、低负荷，同时节省了占地面积。超滤出水低COD和SS能满足后续纳滤系统的进水要求。相对于内置式MBR，外置式MBR在处理垃圾渗滤液时具有进水污泥浓度高、膜通量大、生化池容积小、膜的使用寿命长、易清洗维护、不易堵塞和运行稳定等优点，更适合大水量处理工程。

采用错流式管式超滤膜，膜清洗简单、通量大、产水量大。设计4条环路，每条5支膜管，产水量为900m^3/d，总膜面积为544m^2。4组相对独立的环路能满足不同产水量要求。超滤系统安装2组孔径为800μm的过滤器，以防止大颗粒进入堵塞膜管或损伤膜表面。

(5) NF系统

为保证出水水质达标，在UF系统后设计纳滤系统处理单元，设计处理水量为

$830m^3/d$，产水量为 $700m^3/d$，产水率为84.3%。依据膜厂商设计导则，膜通量为15～25L/(m^2·h)，本项目设计通量为15L/(m^2·h)，充分考虑系统变化及膜通量衰减情况下产水量充足。总膜面积为 $1951m^2$。系统设计成2套并联的纳滤装置，每套系统配套5支耐压膜壳，每支膜壳有6支卷式膜元件。

（6）RO系统

为保证出水水质达标，在NF系统之后设计反渗透处理单元，设计处理水量为 $700m^3/d$，产水量为 $540m^3/d$，产水率为77.1%。依据膜生产厂商的设计导则，该水质情况下膜通量为12～18L/(m^2·h)，项目设计通量为12L/(m^2·h)，充分考虑系统变化及膜通量衰减情况下产水量充足，总膜面积为 $1776m^2$，能够达到排放要求。系统同样设计成2套并联反渗透装置，每套系统配套5支耐压膜壳，每支膜壳有6支卷式反渗透膜元件。

（7）浓缩液深度处理系统

项目采用的高级氧化技术是依据Fenton反应原理通过大量试验及工程实践而研发的集化学混凝、催化氧化及絮凝沉淀于一体的优良工艺，具有氧化剂和催化剂来源广且便宜无毒、均相传质、操作简便等优点，投加的 Fe^{2+} 还具有混凝协同作用。通过化学药品的催化氧化作用使水中的大分子难降解有机物通过加成取代、电子转移等反应破坏有机物结构，部分难降解有机物转化为小分子可降解有机物，部分有机物直接矿化。反应生成的铁水络合物使水解过程中部分有机物通过吸附和混凝得到去除，大幅降低COD含量。设计4个容积为 $2m^3$ 加药罐，分别盛放过氧化氢、硫酸亚铁、聚丙烯酰胺和氢氧化钠溶液。浓缩液在反应罐1内添加过氧化氢和硫酸亚铁溶液，充分反应后进入反应罐2，添加聚丙烯酰胺和氢氧化钠溶液，出水进入斜板沉淀池沉淀。纳滤浓缩液处理后排放至调节池，反渗透系统浓缩液处理后经过活性炭过滤可达标排放。反应罐1有效容积为 $5m^3$，反应罐2有效容积为 $8m^3$，斜板沉淀池尺寸为5.0m×4.0m×2.5m。

设计NF浓缩液COD浓度为4500mg/L BOD_5 浓度为300mg/L，B/C 值极低，同时含有高浓度的二价金属离子和重金属。经高级氧化处理后出水COD浓度约2400mg/L，BOD_5 浓度为1000mg/L，B/C 值约为0.4，可生化性提高，加碱处理去除大部分二价金属离子和重金属离子。设计RO浓缩液COD浓度为500mg/L，BOD_5 浓度为50mg/L，高级氧化工艺处理后出水COD浓度<200mg/L，与反渗透产水混合后仍可达到排放标准，直接排放。

系统调试完成后一直稳定运行，尤其是在冬季气温低时，除IC进水需提升温度外，生化系统能自然维持较适宜的温度（最低27℃），出水水质好。部分水质数据见表6-16。

表6-16　项目运行期间水质数据　　单位：mg/L

日期	进水			出水		
	COD	BOD_5	氨氮	COD	BOD_5	氨氮
2017/10/9	28270	15500	1440	30	5.5	10.5
2017/11/5	27900	15100	1460	37	11.2	10.1

续表

日期	进水			出水		
	COD	BOD_5	氨氮	COD	BOD_5	氨氮
2017/12/4	23800	12950	1370	38	12.4	10.8
2018/1/7	24600	13020	1250	50	7.9	8.5
2018/2/1	23500	12800	1310	53	12	7.2
2018/3/5	24230	12840	1225	62	7.2	9.5
2018/4/2	26100	13300	1275	60	7.8	10.6
2018/5/7	24600	12500	1380	48	7.8	7.9
2018/6/4	24220	12370	1160	67	8.6	2.1
2018/7/9	27380	14600	1310	34	5	5
2018/8/5	29400	15200	1280	20	11.2	3.2
2018/9/6	28000	15070	1220	21	9.2	2.2
2018/10/9	27800	14500	1195	23	8.6	3
2018/11/12	27300	14850	1350	31	11.9	10.8
2018/12/3	25300	12720	1240	67	5.1	4.9
2019/1/3	23900	13000	1295	29	11	8.8

6.5.4 调试运行与经验

6.5.4.1 调试运行

(1) IC 系统

直接接种颗粒污泥，接种量为 IC 反应器容积的 1/3，共需投加接种污泥 $300m^3$。接种污泥均匀投入后，再加入 COD 浓度为 5000～10000mg/L 的渗滤液，静置 2d。系统低流量连续进水，进水量为 $100m^3/d$，测定挥发酸、COD、氨氮、pH 值等指标。当上述指标稳定后增加负荷，经过 30d 的培养，进水量达到 $900m^3/d$，出水水质稳定。

(2) 生化系统

A/O 系统采用接种同步培养法，即菌种驯化与培养同时进行。一级反硝化和一级硝化系统启动，待成熟后再依次启动二级反硝化和二级硝化系统。

(3) 膜系统

手动启动超滤系统，待所有的流速、压力及时间设置完成后，装置自动运行。系统投产前用清水清洗。

6.5.4.2 调试经验

(1) 厌氧污泥池接种采用现场原有项目厌氧反应池的颗粒污泥，大大缩减了厌氧反应器的启动时间。

（2）大型设备启动和关机需现场进行，同时观察有无异常情况发生，以免造成严重后果。

（3）冬季运行期间，IC进水需加热，保证进水水温。山东沿海地区冬季气温低，生化系统部分池体敞口，未进行额外的保温或加热处理，冬季仍能维持正常温度，分析原因是冬季进水正常运行，污泥浓度维持在1200～1500mg/L，生物代谢产生的热量足够弥补散热损失。

（4）超滤、纳滤、反渗透分别并联设计、独立运行，在保证出水量的情况下，减少设备运行数量。超滤系统产水量高，原设计4条环路，实际运行时由于污泥性状良好，运行2条环路即可满足产水需求，大大减少了运行费用和设备损耗。

（5）超滤进水含有大量污泥，设备停机后应马上进行清水冲洗，否则污泥将堵塞膜管，且自动冲洗无法疏通膜管，只能人工疏通。

（6）由于渗滤液营养比例失衡，有机物和氨氮浓度高，含磷量低，为满足微生物生长和代谢需要，每天投加磷肥补充磷元素。生化池长时间缺磷，会导致污染物去除效率降低，污泥发黑，此时要补充足够的磷肥并加大曝气量。

6.5.5 结论

该渗滤液处理项目作为城市垃圾填埋场综合渗滤液处理设施，其渗滤液不仅具有传统渗滤液高COD、高氨氮、高色度的特点，还具有高盐、高氯离子的地域特征。项目实现了垃圾渗滤液的达标排放，出水水质良好，可用于厂区路面冲刷，多余出水直接排放至管网，不对垃圾填埋场及周边环境造成二次污染。

6.6 南通某生活垃圾焚烧发电厂渗滤液处理工程

6.6.1 项目简介

南通某生活垃圾焚烧发电厂日处理生活垃圾1500t，服务范围主要包括南通地区。该厂渗滤液处理工程于2014年4月开始进水调试，渗滤液处理规模为300m^3/d，其渗滤液原水水质见表6-17。

表6-17 生活垃圾渗滤液原水水质 单位：mg/L(pH值除外)

指标	COD_{Cr}	BOD_5	氨氮	TN	SS	pH值
数值	70000	35000	2000	2200	4000	6～9

该厂渗滤液处理装置占地面积约4400m^2，采用“预处理＋厌氧（UASB）＋两级A/O-MBR＋NF/RO膜处理”的组合工艺，处理出水执行《生活垃圾填埋场污染控制标准》（GB 16889—2008）排放标准。

6.6.2 工艺流程

本项目原生垃圾渗滤液内既含有高浓度有机污染物，也有一定数量的重金属、无机盐类等有毒有害物质，水质成分非常复杂，并且受季节、运输条件、运行管理等因素影响，垃圾焚烧厂渗滤液水量具有冬季旱季水量较少，夏季雨季水量较多，冬季水量往往不足夏季水量一半的特点。随着水量变化，水质也会有一定变化趋势，最低与最高值在一年之中相差 1.5 倍以上。

针对原生垃圾渗滤液的这些特点，选择的处理工艺必须具备稳定的高负荷处理能力和对水质水量变化的适应性，本项目采用“预处理＋UASB＋两级 A/O-MBR＋NF/RO 膜处理”的组合工艺，工艺流程见图 6-8。

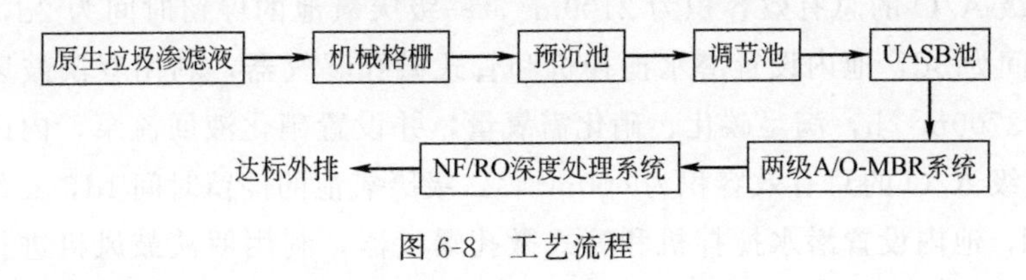

图 6-8 工艺流程

6.6.3 处理单元设计

6.6.3.1 预处理单元

预处理系统主要包括机械格栅、预沉池和调节池。通过预处理去除渗滤液中大量的悬浮物及二价离子，然后进入 UASB 池，降低生化处理负荷。

(1) 机械格栅

设置机械格栅 1 台，机械格栅间隙 5mm。垃圾渗滤液由渗滤液集水池提升泵提升到格栅渠，经机械回转格栅去除粗大杂物后自流入预沉池。

(2) 预沉池

设置预沉池 1 座，钢筋混凝土结构，池型采用竖流式沉淀池，反应时间设置为 30min，沉淀区表面负荷 $0.7m^3/(m^2 \cdot h)$。预沉池设有反应搅拌机 2 台，加药装置 2 套。沉淀池上清液进入调节池。

(3) 调节池

设置调节池 1 座，钢筋混凝土结构，总有效容积 $2400m^3$，停留时间 8d。调节池内设有空气搅拌系统，通过鼓风机供气进行搅拌，防止颗粒物沉积。调节池内同时设有蒸汽加热系统，通过电厂的余热蒸汽对渗滤液进行加温，保证后续厌氧生化池处于中温反应。

6.6.3.2 生化单元

生化处理包含 UASB 池和两级 A/O-MBR 系统，冬季进水温度较低时，通过蒸汽将 UASB 池进水加热至 35℃，以确保厌氧效果。厌氧出水依次进入一级 A/O 系统、二级 A/O 系统和超滤系统。一级 A/O 的主要作用是碳化和硝化以及反硝化，完成大部分的有机物降解以及脱氮作用；二级 A/O 的主要功能是去除剩余总氮和进一步降解有机物；UF 系统主要用于泥水分离，截留有机污泥，并回流部分污泥至生化池前端，维持生化反应所适宜的污泥浓度。

(1) UASB 池

设置 UASB 池 2 座，并联运行，池体结构碳钢防腐，总有效容积 2400m³，停留时间 8d，池内设置三相分离器、循环泵、水封罐和布水器。

(2) 两级 A/O-MBR 系统

其中一级 A/O 的总有效容积为 2100m³，一级厌氧池的停留时间为 2d，一级好氧池的停留时间为 5d，池内设置潜水搅拌机和管式微孔曝气器，利用罗茨鼓风机进行供气，供气量 3700m³/h，满足碳化、硝化需氧量，并设置硝化液回流泵，内回流比控制在 3～5；二级 A/O 的总有效容积为 600m³，二级厌氧池的停留时间 1d，二级好氧池的停留时间 1d，池内设置潜水搅拌机和管式微孔曝气器，利用罗茨鼓风机进行供气，供气量 720m³/h，满足生化需氧量。

由于渗滤液在好氧处理过程中会产生较多的泡沫，在一级好氧池和二级好氧池均配置消泡装置，并进行加盖，可有效防止泡沫飞散，并在二级好氧池后设置消泡罐，以消除好氧出水气泡，避免后续超滤系统膜组件气阻。

(3) UF 系统

采用管式超滤膜系统，错流过滤操作，设置 2 套超滤系统，并联运行，每套包含进水泵 1 台，循环泵 1 台，清洗装置和清洗泵共用 1 套，单套安装 4 支膜管，选用德国 Berghof 管式超滤膜，膜面积 27.2m³/支。膜材料微孔孔径为 0.1～0.4mm，可以截留固体悬浮物和细菌，经膜出水的 SS 小于 10mg/L，浊度可以达到 1NTU 以下。

超滤系统的清洗方式含开停机自动冲洗和化学清洗两种方式，日常运行时采用开停机自动冲洗即可，运行一段时间膜通量下降后再进行化学清洗，一般化学清洗周期为 4～8 周。

6.6.3.3 深度处理单元

深度处理包含纳滤（NF）系统和反渗透（RO）系统。

(1) NF 系统

采用管式纳滤膜系统，设置 2 套 NF 系统，并联运行，每套包含进水泵 1 台，高压泵 1 台，循环泵 1 台，清洗装置和清洗泵 1 套共用，单套安装 15 支纳滤膜元件，分别安装在 3 支膜壳内，选用美国 DOW 膜元件，该膜片为三层复合膜结构，抗污染能力强。纳滤系统可去除 150～300 分子量的颗粒物、金属离子、有机物等。

(2) RO 系统

采用管式反渗透膜系统，错流过滤操作，设置 2 套 RO 系统，并联运行，每套包含进水泵 1 台，高压泵 1 台，循环泵 1 台，段间增压泵 1 台，清洗装置和清洗泵 1 套共用，单套安装 15 支反渗透膜元件，分别安装在 3 支膜壳内，选用美国 DOW 膜元件，该膜片为高分子膜结构，能截留所有溶解性盐及分子量大于 100 的有机物。

（3）NF和RO系统

采用一段式设计，减少流程长度，一方面增加了各膜元件进水水质的均衡性，另一方面降低了由于流程长而引起的后段膜流速低造成膜污染严重问题，同时各系统单元采用浓水循环运行方式，提高水在膜表面的流速，减缓污染物在膜表面聚集，有效防止微生物污染及无机污染。

6.6.4 工程调试及运行情况

工程调试是整个工程能否发挥最佳作用的关键环节，而生化调试是整个调试过程中最重要的部分。生化池接种污泥为某啤酒厂刚脱水不久的新鲜泥饼，生化反应池接种量为360t，污泥含水率为80%，池内污泥含量为15g/L。厌氧反应器容积负荷上升到5kgCOD/(m^3·d)，COD去除率稳定达到80%时，标志着厌氧反应器调试完成，这一过程一般需要70～90d。好氧反应池污泥浓度保持在12g/L左右，镜检菌胶团大而密实，SV_{30}为50%～90%，COD去除率达到90%时，标志着好氧反应器调试完成，这一过程一般需要30d。厌氧系统和两级A/O-MBR系统调试达到设计能力后，超滤出水的COD基本上稳定在600mg/L以下，氨氮在20mg/L以下，总氮在70mg/L以下，经过NF/RO深度处理后，可满足《生活垃圾填埋场污染控制标准》（GB 16889—2008）排放标准要求。

整套系统调试完成后，按设计流量和设计参数连续运行30d后，对系统各单元的出水进行监测，结果见表6-18（表中数据为连续72h的平均值），该工程于2014年9月通过验收后一直正常运行至今。

表6-18 生活垃圾渗滤液出水水质 单位：mg/L（pH值除外）

指标	COD	BOD	氨氮	TN	SS	pH值
垃圾渗滤液原水	30000～70000	15000～70000	800～2000	1000～2200	3000～4000	6～9
预处理去除率	5%～10%	0～5%	0～5%	0～5%	5%～15%	
UASB去除率	80%～90%	80%～90%				
两级A/O-MBR去除率	90%～95%	92%～98%	99.90%	95%～97%	99.90%	
NF/RO去除率	95%	95%	99.90%	50%	99.90%	
RO出水	20～40	4～6	0	28～36	0	
排放标准	≤100	≤30	≤25	≤40	≤30	6～9

由表6-18可见，经过预处理、厌氧、两级A/O-MBR和NF/RO处理后COD、BOD_5、氨氮、TN和SS指标均能达到出水水质要求，同时经过膜处理后，其他重金属指标Hg、Ni、Pb和Zn也都能满足排放标准要求。

6.6.5 建设投资及直接运行成本

（1）工程建设投资

整个渗滤液处理工程总投资为3439.45万元（利用厂内空地，不含征地费），其中建筑工程 304.60 万元，设备购置费 2790.00 万元，安装工程 168.90 万元，其他费用 176.04 万元。吨水建设投资约 11.46 万元/m^3。

（2）直接运行成本

系统设置操作人员 4 人，工资及福利费为 24 万元/a，电费 245 万元/a，水费 3 万元/a，药剂费 32 万元/a，蒸汽费 11 万元/a，膜更换费 57 万元/a（超滤膜五年一换，纳滤、反渗透膜三年一换），设备维护保养费 25 万元/a，分析化验及环境检测费 30 万元/a，直接运行成本总计 427 万元/a，吨水直接运行成本约 39 元/m^3。

6.6.6 结论

（1）采用“预处理＋UASB＋两级 A/O-MBR＋NF/RO 膜处理”的组合工艺，出水水质可以稳定达到《生活垃圾填埋场污染控制标准》（GB 16889—2008）排放标准要求。

（2）采用两级 A/O-MBR 系统可以取得较高的总氮去除率。采用一级反硝化/硝化进行脱氮受回流比的制约，去除率实际最高仅能达到 80%～90%，通过二级反硝化装置进行深度脱氮，可进一步去除一级反硝化/硝化反应排出的剩余硝态氮，并且后续设置的二级好氧单元对可能在二级反硝化阶段投加的多余碳源进行分解，保证有机污染物和总氮的双达标。

（3）采用 NF/RO 作为深度处理单元，其中反渗透对硝态氮有约 50% 去除率，有效保证总氮达标，NF 作为反渗透进水保护单元，在保证高出水水质的前提下可以达到较高的产水率。

（4）采用啤酒厂刚脱水的新鲜泥饼作为接种污泥，可以较快启动厌氧系统和 A/O（反硝化/硝化）处理系统，取得较好的调试效果。

6.7 山东某垃圾焚烧发电厂渗滤液处理工程

6.7.1 工程概况

山东某生活垃圾焚烧发电厂渗滤液处理要求“零排放”。处理后渗滤液回用于厂区，要求满足《城市污水再生利用　工业用水水质》（GB/T 19923—2005）敞开式循环冷却水补水标准。

该垃圾焚烧发电厂设计处理垃圾量 1000t/d，垃圾渗滤液取值 20%，故渗滤液处理规模设计为 200t/d。渗滤液设计进出水水质见表 6-19。

表 6-19 渗滤液设计进出水水质　　单位：mg/L（pH 值除外）

项目	pH 值	SS	COD_{Cr}	BOD_5	氨氮
进水水质	5～7	8000	60000	30000	2200
出水水质	6.5～8.5		≤60	≤10	≤10

6.7.2 工艺流程

生活垃圾焚烧厂渗滤液成分复杂，水质水量变化大且呈非周期性，处理难度非常大。本工程采用生化和膜处理技术相结合的工艺，以满足处理要求。具体工艺流程见图6-9。图中虚线为污泥处理流程，实线为主工艺流程。

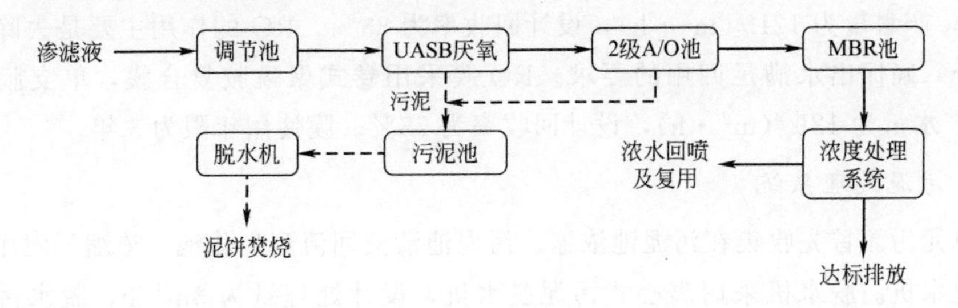

图 6-9 工艺流程

6.7.3 主要构筑物及设计参数

(1) 调节池

由于进水不均匀，渗滤液处理系统设置调节池进行缓冲，主要作用为均化渗滤液水质水量。调节池设计尺寸为28.0m×14.0m×6.0m，有效容积为2000m^3，停留时间为10d。调节池为地上式钢筋混凝土结构，分为两格，可独立运行，方便检修。调节池前设置过滤器作为预处理，用于截留大块污染物，确保后续运行系统运行正常。

(2) 厌氧系统

渗滤液污染物浓度较高，故设置厌氧进行处理。厌氧反应器采用钢结构，尺寸为ϕ11.0m×14.8m，有效容积为1300m^3，停留时间为6.5d。厌氧配套加热系统和沼气处理系统。加热系统采用螺旋管换热器，间接加热厌氧循环水，确保反应器内部温度。沼气处理采用火炬燃烧，并预留综合利用接口。

(3) 两级A/O池

本处理单元主要作用是进行反硝化/硝化反应，用于去除渗滤液中的氨氮。两级A/O池采用地上钢筋混凝土结构，总尺寸为37.0m×11.0m×6.0m，总有效容积为2000m^3，停留时间为10d。其中一级反硝化池停留时间为1.4d，一级硝化池停留时间为7.2d，二级反硝化池停留时间为16.5h，二级硝化池停留时间为16.5h。反硝化池设置潜水搅拌机用于泥水搅拌混合，防止污泥沉降，硝化池采用管式曝气器进行充氧曝气。硝化池由于曝气量较大等原因，夏季容易导致水温较高，故设置冷却系统用于保证硝化池的温度。

(4) MBR池

MBR膜系统用于生化出水泥水分离，清液进入后续处理单元，污泥回流到生化池。MBR池采用钢结构，尺寸为4.5m×2.5m×3.5m。MBR采用浸没式中空纤维膜，单

支膜面积为 $12m^2$，设计产水量为 $12L/(m^2 \cdot h)$，膜数量为 70 支。MBR 膜系统设置清水反洗和化学清洗系统。膜使用年限为 5 年。

（5）深度处理系统

深度处理系统采用 NF 系统＋RO 系统。NF 的作用是去除渗滤液中难以生化降解的有机物，并确保后续的反渗透正常运行。NF 膜采用卷式聚酰胺复合膜，单支膜面积为 $37m^2$，产水量为 $12L/(m^2 \cdot h)$，设计回收率为 85%。RO 的作用主要是去除渗滤液中的盐分，确保出水满足回用的要求。RO 膜采用卷式聚酰胺复合膜，单支膜面积为 $37m^2$，产水量为 $12L/(m^2 \cdot h)$，设计回收率为 75%。膜使用年限为 3 年。

（6）污泥处理系统

各单元污泥首先收集在污泥池浓缩。污泥池清液回流到生化池，浓缩污泥用螺杆泵输送到脱水机。脱水机采用离心式污泥脱水机，设计处理量为 $3m^3/h$，脱水污泥含水率≤80%。脱水泥饼运送至焚烧炉焚烧处置。

（7）臭气处理系统

渗滤液站臭气经收集后通过离心风机输送到垃圾坑负压区，用于焚烧炉助燃。渗滤液站内部设置 1 套臭气处理系统，处理量为 $4000m^3/h$，用于应急处理。臭气处理系统采用两级喷淋的处理工艺。

6.7.4 运行结果及经济分析

6.7.4.1 运行结果

渗滤液处理站于 2015 年 5 月进行调试，至 2015 年 12 月调试完成，达到满负荷运行，各项出水指标达标。渗滤液处理站各单元处理效果见表 6-20。

表 6-20 渗滤液处理站各单元处理效果 单位：mg/L（pH 值除外）

处理单元	COD_{Cr}	BOD_5	氨氮	pH 值
调节池	45000	20000	2000	5～6
厌氧反应器	8000	3500		6.5～8.5
两级 A/O＋MBR 膜	500	80	4	6.5～8.5
NF 系统	100	20	3	
RO 系统	20	5	1	
回用标准	≤60	≤10	≤10	6.5～8.5

① 采用预处理→厌氧 UASB→MBR 系统→深度处理系统的组合工艺处理生活垃圾焚烧电厂渗滤液，运行效果稳定，出水要求满足《城市污水再生利用 工业用水水质》（GB/T 19923—2005）中敞开式循环冷却水补水标准。

② 系统主要有机污染物通过厌氧系统来处理，调试成功后，厌氧系统运行稳定，抗冲击能力强，整体运行管理较为方便。

6.7.4.2 经济分析

工程总投资1850万元，折算吨水投资9.25万元。渗滤液站运行费用32.15元/m^3渗滤液（不含设备折旧）。

6.7.5 结论

工程运行管理的核心是MBR系统。由于生化段污泥浓度高，水质成分复杂，MBR系统在运行过程中，较易产生膜堵塞，通量下降快的现象，从而导致整个系统效率下降。故在实在生产中，应格外重视MBR系统的运行管理，严格控制污泥浓度、沉降比、溶解氧、温度等各项指标，并及时清洗膜系统。

6.8 江苏某垃圾焚烧发电厂渗滤液处理工程

6.8.1 工程概况

江苏某垃圾焚烧发电厂日焚烧生活垃圾800t，垃圾渗滤液最大产量200t/d。废水处理工程建于2012年，总占地1500m^2。采用细格栅-初沉池-调节池-沼气提升式内循环厌氧反应器（CLR）-立式A^3/O^3-MBR组合工艺对垃圾渗滤液进行处理，处理后出水可达接管排放标准（接管排放标准中规定：COD＜500mg/L，BOD_5＜300mg/L，SS＜400mg/L，pH＝6～9）。

6.8.1.1 系统设计进出水水质指标

本系统处理的垃圾渗滤液是在某垃圾焚烧发电厂堆积生活垃圾的过程中产生的，垃圾渗滤液从产生到进入处理系统中间的停留时间一般为1～2d。系统设计进出水水质指标见表6-21。

表6-21 系统设计进出水水质指标 单位：mg/L（pH值除外）

项目	进水水质	出水水质
COD	40000～50000	＜500
BOD_5	22500～26200	＜300
pH值	5.5～6.5	6.0～9.0
氨氮	1000～2200	＜35
TP	35～50	＜8
SS	2500～4000	＜400

6.8.1.2 工艺流程

垃圾渗滤液废水组合处理工艺流程见图6-10。

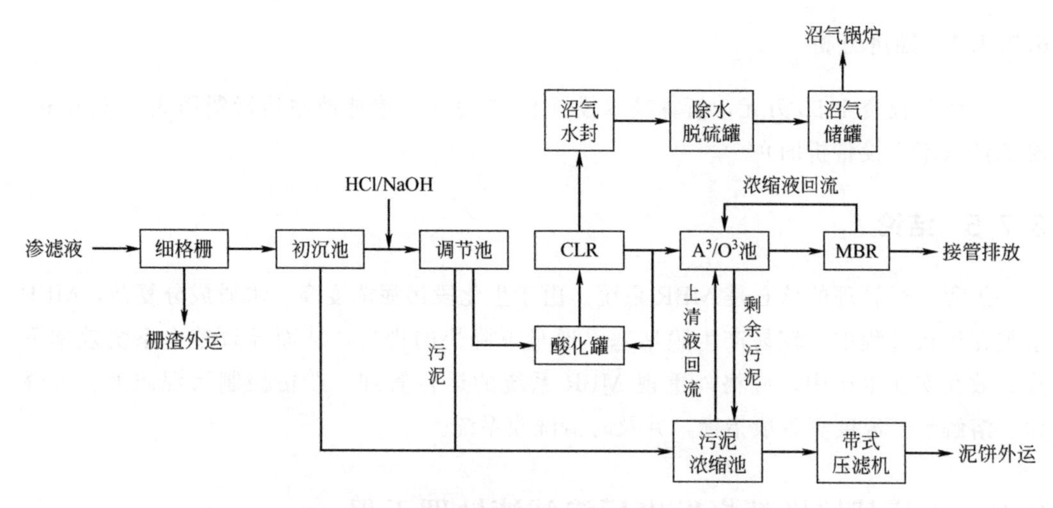

图 6-10 垃圾渗滤液废水组合处理工艺流程

6.8.2 主要处理单元构筑物设计参数

6.8.2.1 细格栅和初沉池

采用细格栅和初沉池合建将平面细格栅设于初沉池进口处，格栅栅条间隙为 5mm，安装角度为 75°。初沉池为平流式沉淀池，尺寸为 15m×3m×4m（长×宽×高），最大停留时间为 86.4h，最小停留时间为 21.6h，最大表面水力负荷为 0.19m³/(m²·h)。刮泥设备为行车式提耙刮泥机，功率为 1.5kW，刮泥速度为 1.5～2.m/min。池尾泥斗处设 2 台无堵塞排泥泵（1 用 1 备），泵流量 $Q=30\text{m}^3/\text{h}$，功率 $N=4\text{kW}$，扬程 $H=18\text{m}$。

6.8.2.2 调节池

调节池尺寸为 16m×16m×5m（长×宽×高），分为 4 个廊道，每个廊道宽为 4m，污水流向为串联环流式，水力停留时间 HRT=6～25d，最大表面水力负荷为 0.03m³/(m²·h)。调节池前设玻璃钢材质的盐酸（HCl）和片碱（NaOH）投加罐各 1 个，尺寸为 $\phi 1\text{m}\times H1.5\text{m}$，上有搅拌机，功率 1.1kW。调节池上方密封用于除臭风机抽气除臭，出口设有用于 CLR 进水的污水提升泵 2 台（1 用 1 备），泵流量 $Q=25\text{m}^3/\text{h}$，扬程 $H=15\text{m}$。

6.8.2.3 CLR 和酸化罐

沼气提升式内循环厌氧反应器（CLR）是由 2 个 UASB 上下串联而成，反应器之间由沼气提升管和回流管相连，依靠各个反应室产生的沼气作为污水提升的动力经各自沼气提升管提升至气液分流器中，再经回流管回流至第 1 反应室的底部，CLR 反应器见图 6-11。

CLR 第 1 反应室为高负荷反应室，高 12m，底部 0～1m 为布水器，布水器采用旋

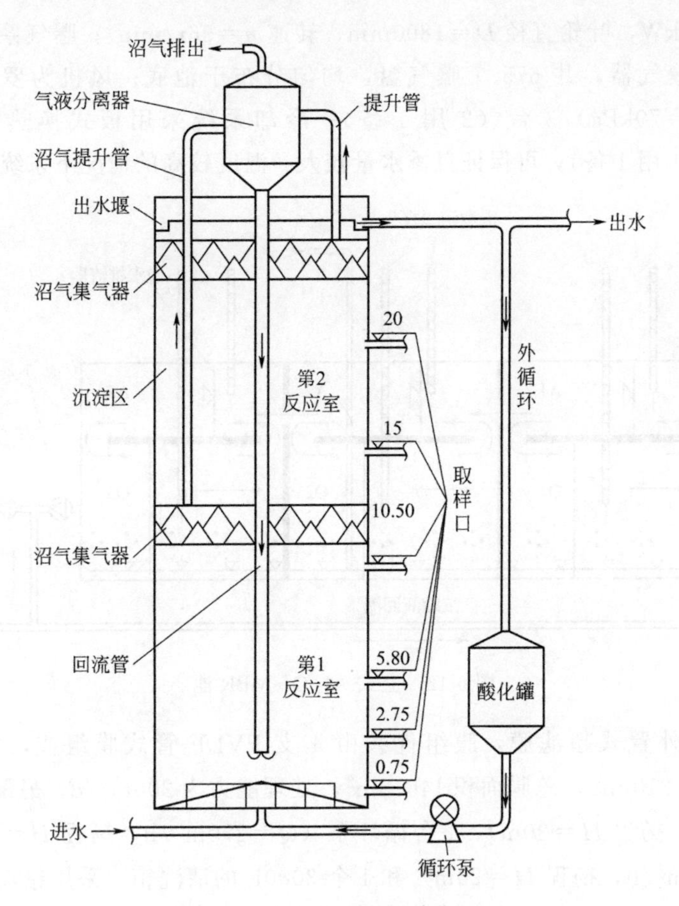

图 6-11　CLR 反应器（单位：m）

流布水方式；1～10m 为第 1 反应室污泥床，其中污泥浓度 SS 可高达 80000～120000mg/L，VSS/SS 约 60%；10～12m 为三相分离器，用于气液固的分离；第 2 反应室为低负荷反应室，位于 12～24m，包括 12～21m 的沉淀区，21～23m 的三相分离器，以及 23～24m 的出水堰及超高。反应器顶部配有一个气水分离器，用于第 1、2 反应室经沼气提升管提升的沼气和污水的分离。分离后的沼气由顶部排出，经脱水除硫后用于沼气锅炉的燃烧，废水则经回流管回流至第 1 反应室的底部。反应器外部材料为碳钢，另外，进行防腐处理，内部三相分离器及其余配件为不锈钢材料，反应器外壳为现场制作，内部配件为预制后装配而成。

CLR 为圆柱体构造，尺寸为 $\phi 6m \times H24m$，有效容积为 $650m^3$，HRT＝3～24d，设计最大进水负荷为 $12.5kgCOD/(m^3 \cdot d)$。酸化罐尺寸为 $\phi 3.5m \times H8.3m$，有效容积为 $80m^3$。酸化罐下设 2 台循环泵（1 用 1 备），循环泵 $Q=120m^3/h$，扬程 $H=30m$。

6.8.2.4　立式 A^3/O^3-MBR

图 6-12 为立式 A^3/O^3-MBR 池示意图，其尺寸为 15m×15m×5m（长×宽×高），由三廊道串联而成（即廊道宽为 5m），每廊道分为上下 2 层，上层为缺氧池，下层为好氧池，缺氧池与好氧池容积比为 1∶3，上下层均设在线温度溶氧探头及 1 台潜水推流

器（功率 $N=3kW$，叶轮直径 $D=1800mm$，转速 $n=56r/min$）；曝气系统为 $\phi215mm$ 的膜片式微孔曝气器，共 675 个曝气盘，均匀分布于池底；风机为罗茨风机（$Q=18m^3/min$，$P=70kPa$）3 台（2 用 1 备）；冷却系统采用板式换热器（BR60CH-150m^2）2 台（1 用 1 备），可保证夏季水量较大、温度较高的情况下系统能正常运行。

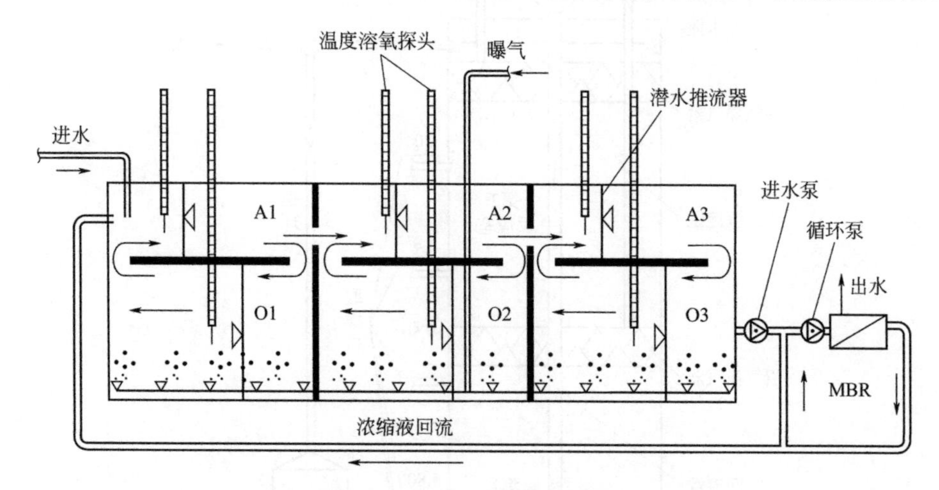

图 6-12 立式 A^3/O^3-MBR 池

MBR 采用外置式超滤膜，膜组件共由 4 支 PVDF 管式膜组成，单支管式膜长 4000mm，直径 210mm，总膜面积 146.8m^2，处理能力为 200m^3/d。另配备 1 台进水泵（$Q=125m^3/h$，扬程 $H=20m$），1 台循环泵（$Q=270m^3/h$，扬程 $H=55m$），1 台清洗泵（$Q=125m^3/h$，扬程 $H=20m$）和 1 个 3000L 的清洗箱。采用错流过滤方式，跨膜压差为 100～800kPa，循环速度 4m/s，膜通量控制在 70L/(m^2·h)。膜清洗频率为每月 1 次，采用碱洗＋酸洗＋清水洗的组合方式，碱洗药剂为 0.1% NaOH＋0.2% NaClO，酸洗药剂为 1%～2%柠檬酸水溶液，清洗过程由 PLC 控制。

6.8.2.5 污泥处理系统

污泥处理系统所处理的污泥主要来源于两方面：厌氧系统 CLR 定期所排污泥和立式 A^3/O^3 池的剩余污泥。按照夏季平均进水量 150m^3/d 计算，CLR 每天产生含水率 $P_1=90\%$ 的厌氧污泥约 5m（VSS/SS＝0.6，表观污泥产率 $Y_{obs1}=0.05kgVSS/kgCOD$），A^3/O^3 池每天产生含水率 $P_2=95\%$的好氧污泥约 12m^3（VSS/SS＝0.7，表观污泥产率 $Y_{obs2}=0.50kgVSS/kgCOD$）。厌氧污泥每月排放 1 次，A^3/O^3 池污泥每日定期排放，所排放污泥经污泥浓缩池（尺寸为 8m×5m）沉淀后由自吸排污泵排入带式压滤机，压滤成泥饼后外运，压滤后泥饼含水率 $P_3<85\%$。

6.8.2.6 沼气利用系统

沼气主要产生于 CLR，经三相分离器及罐顶气水分离器分离后流入水封罐（$\phi1.5m\times H1.2m$，水封压力 1～2kPa），进一步采用重力除水、氧化铁干法脱硫（脱水塔尺寸 $\phi1.2m\times H2.5m$，1 用 1 备；脱硫塔尺寸 $\phi1.5m\times H2.5m$，1 用 1 备）进行处理，处理后的沼气贮存于沼气罐中供沼气锅炉燃烧，锅炉额定蒸发量为 $2m^3/h$，额定工作压力为 1MPa。

6.8.2.7 臭气处理系统

臭气主要来源于初沉池、调节池和立式 A^3/O^3 池，针对这 3 处臭源，采取在 3 处池顶密封彩钢板，外加抽气风机的方式予以去除，效果明显。处理后出口氨浓度<$0.3mg/m^3$，硫化氢浓度<$0.01mg/m^3$，要求达到《恶臭污染物排放标准》（GB 14554—1993）一级标准。抽气风机为离心风机，数量 1 台，参数为 $Q=6000m^3/h$，$H=3kPa$，$N=11kW$。

6.8.3 工程调试

6.8.3.1 CLR 启动和运行状况分析

CLR 接种污泥为污水处理厂脱水污泥，污泥含水率为 78%，VSS/SS 为 72%，接种量为 150t。由于垃圾渗滤液水质水量随季节变化较大，本项目工艺中的调节池可以有效缓冲和调节水量水质的变化。CLR 温度控制在（35±1）℃，采用逐步提升进水容积负荷的方式启动反应器并考察其运行效能。

前期启动和驯化阶段采用间歇进水方式，启动负荷为 $0.5kgCOD/(m^3 \cdot d)$；当进水负荷达到 $3kgCOD/(m^3 \cdot d)$ 时改为连续进水运行。CLR 厌氧反应器运行结果见图 6-13。

2～6 月份进水负荷从 $0.5kgCOD/(m^3 \cdot d)$ 逐渐增加至 $10kgCOD/(m^3 \cdot d)$。可以发现在每次负荷提升初期，COD 的去除率都会有所降低，但随后都能快速恢复，徐富和王涛等在工程调试中也发现类似现象，稳定运行情况下的 COD 去除率能够保持在 85%以上，出水 COD 及挥发性脂肪酸（VFA）分别维持在 5000mg/L 及 1000mg/L 以下，并随着进水负荷的提高整体呈现缓慢上升的趋势。整个过程出水 pH 值较稳定，维持在 7～8 左右，分析原因可能是垃圾渗滤液中含有较高的碱度（ALK＝8000～10000mg/L，以碳酸钙计），其对厌氧反应体系的 pH 值变化具有很好的缓冲作用。当 CLR 运行至 7 月份时，由于进入夏季，雨量较为充沛，导致垃圾渗滤液产生量较大。为了减轻调节池的压力，进一步增加反应器进水量，进水负荷从 $10kgCOD/(m^3 \cdot d)$ 继续提升至 $12.5kgCOD/(m^3 \cdot d)$ 左右。但是此阶段 COD 去除率却明显降至 75%以下，且出水 VFA 含量上升至 1500mg/L 以上，反应器开始出现酸化抑制迹象。为了尽快恢复 CLR 的稳定运行，本项目首先降低进水负荷，在此基础上通过优化反应器外循环量和调节进水 pH 值等方式进行调节，最终厌氧反应器出水各项指标在 48h 内恢复正常，效果明显。

以上结果表明，在一定的负荷范围内，CLR 对 COD 负荷的变化有着较好的响应和适应能力，能够高效去除渗滤液中的有机污染物。当进水负荷为 $6\sim8kgCOD/(m^3 \cdot d)$ 时，CLR 出水 COD、VFA 和 SS 可以分别低于 5000mg/L、1000mg/L 和 2000mg/L，

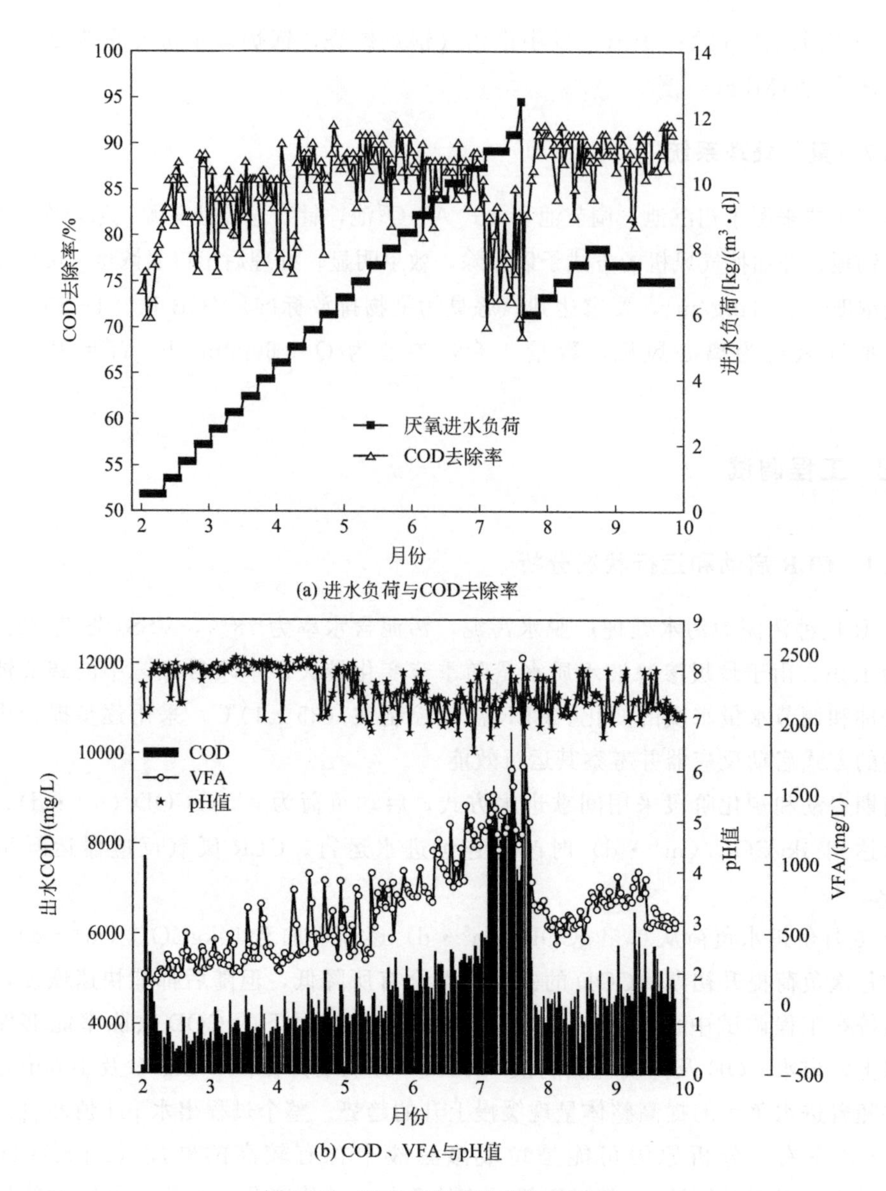

(a) 进水负荷与COD去除率

(b) COD、VFA与pH值

图 6-13 CLR 厌氧反应器运行结果

COD 去除率维持在 85%以上，完全达到项目设计要求。

6.8.3.2 立式 A^3/O^3-MBR 的运行效能分析

立式 A^3/O^3-MBR 设计 COD 进水负荷为 0.8kgCOD/(m³·d)，进水 COD<5000mg/L，污泥负荷为 0.05kgCOD/(kgMLSS·d)，接种污泥同样来自污水处理厂，前期接种 100t。

A^3/O^3-MBR 池的运行参数为：温度 T=20～28℃，夏季采用冷却塔降温；污泥浓度 SS=15000～20000g/L，VSS/SS=0.6～0.75；pH=6.5～8.5；SRT=20～25d；缺氧池 DO<0.5mg/L；好氧池 DO=2～4mg/L；回流比 200%～300%。立式 A^3/O^3-MBR 运行结果见图 6-14。

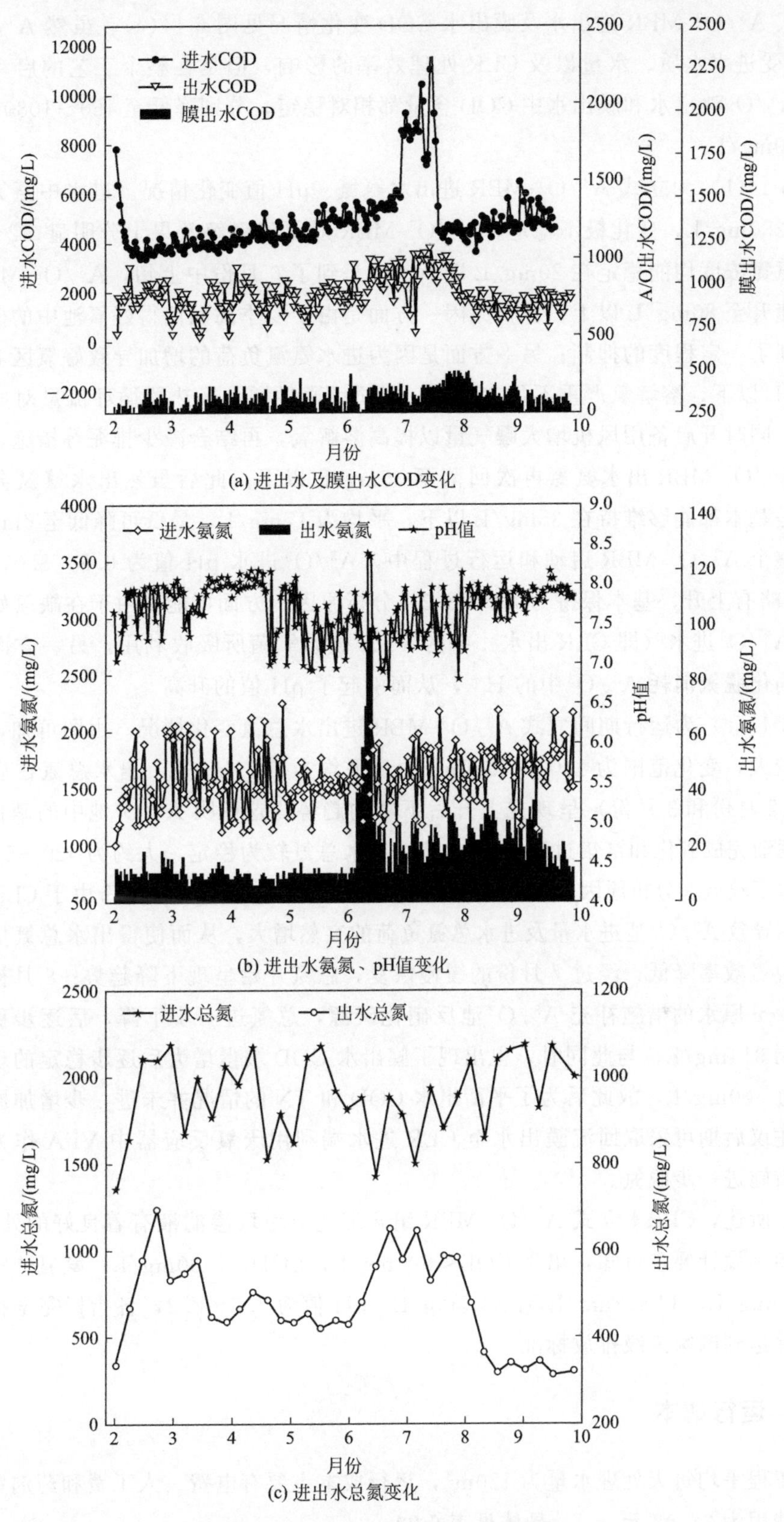

(a) 进出水及膜出水COD变化

(b) 进出水氨氮、pH值变化

(c) 进出水总氮变化

图 6-14　立式 A^3/O^3-MBR 运行结果

立式 A^3/O^3-MBR 进出水及膜出水 COD 变化情况见图 6-14(a)。虽然 A^3/O^3 池进水 COD 受进水水质、水量以及 CLR 处理效率的影响，但是在整个工艺的启动和运行阶段，A^3/O^3 池出水和膜出水中 COD 含量都相对稳定，分别降低至 460～1080mg/L 和 280～500mg/L。

图 6-14(b) 为立式 A^3/O^3-MBR 进出水氨氮、pH 值变化情况。进水中氨氮浓度为 1000～2250mg/L，变化极不稳定。A^3/O^3-MBR 对氨氮降解效果十分明显，2～5 月份的出水氨氮浓度均能稳定在 20mg/L 以下。但是到了 6 月份中上旬，A^3/O^3-MBR 出水氨氮迅速升至 80mg/L 以上，分析原因一方面是由于夏季高温使得好氧池中的硝化细菌活性受到了一定程度的抑制；另一方面是因为进水氨氮负荷的增加导致好氧区 DO 降低至 1mg/L 以下，溶解氧严重不足。因此，本项目通过增大换热器循环流量对好氧池进行降温，同时开启备用风机增大曝气量以提高溶解氧，再结合减少排泥等措施，最终在 72h 后 A^3/O^3-MBR 出水氨氮再次回落至 35mg/L 以下。此后虽然出水氨氮会稍有波动，但是基本都能够维持在 35mg/L 以下，平均为 17mg/L，最低可降低至 6mg/L。另外，在整个 A^3/O^3-MBR 启动和运行过程中，A^3/O^3 进水 pH 值为 6.5～8.0，而出水 pH 值则略有上升，基本保持为 7.5～8.2，分析原因一方面可能是由于在缺氧好氧交替环境下 A^3/O^3 进水（即 CLR 出水）中的 VFA 被异氧菌所吸收利用，另一方面可能是由于反硝化脱氮消耗 A^3/O^3 中的 H^+，从而引起了 pH 值的升高。

图 6-14(c) 为运行期间立式 A^3/O^3-MBR 进出水总氮变化情况。由图可知，进水总氮波动较大，变化范围为 1300～2200mg/L，平均为 1879mg/L。出水总氮在启动初始 2 个月（2 月份和 3 月份）呈现先上升后下降的趋势，这说明 A^3/O^3 池中的硝化菌和反硝化菌逐渐完成驯化和富集过程；4、5 月份出水总氮较为稳定，大约为 420～510mg/L，总氮去除率较低，分析原因可能与进水量增多且缺少碳源有关；6 月份由于 CLR 的负荷冲击作用导致 A^3/O^3 池进水量及进水总氮负荷的突然增大，从而使得出水总氮呈现增大趋势，脱氮效率降低；经过 7 月份的缓慢恢复，总氮开始呈现下降趋势；8 月初采取每天分流 $5m^3$ 原水的措施补充 A^3/O^3 池反硝化碳源，总氮进一步下降，后逐步稳定，最低可达到 314mg/L，与此同时，也出现了膜出水 COD 缓慢增大后逐步稳定的现象，但仍未超过 500mg/L，故此后为了平衡出水 COD 和 TN 的情况并未进一步增加原水的补充量。建议后期可采取回流膜出水至 CLR 进水端利用厌氧反应器中 VFA 作为反硝化碳源的措施进一步脱氮。

综上所述，CLR＋立式 A^3/O^3-MBR 组合工艺对垃圾渗滤液有着良好的处理效能。对照各指标设计要求可知：出水 COD＜500mg/L，BOD_5＜300mg/L，氨氮＜35mg/L，TN＜350mg/L，TP＜8mg/L，SS＜5mg/L，pH 值为 7.5～8.2，各指标完全符合设计要求，并达到国家三级排放标准。

6.8.4　运行成本

该工程平均每天处理水量为 $120m^3$，运行成本主要有电费、人工费和药剂费，平均水处理费用为 36.98 元/m^3，具体见表 6-22。

表 6-22 垃圾渗滤液废水处理运行成本

项目	单价	用量	运行费用/(元/m^3)	备注
电费	0.89 元/(kW·h)	3840kW·h	28.48	总运行功率约 160kW/d
人工	75 元/(人·d)	4 人/d	2.50	实行三班倒运行
药剂费		120 元/d	1.00	NaOH、NaClO、柠檬酸
设备维护		100 元/d	0.83	常规设备维护修理
指标测定	500 元/d		4.17	水质指标分析
合计			36.98	

另外系统产生的沼气存在一定的潜在收益：系统平均沼气产量 2200m^3/d，即每方渗滤液可产生 18.3m^3的沼气，沼气中甲烷含量为 60%以上，若这部分沼气能够被正常使用，则根据当地工业用天然气价格 3.16 元/m^3，每天可节省天然气费用为 2200×60%×3.16=4171 元，即每方水产生的沼气价值为 4171/120=34.76 元。

6.8.5 运行建议

(1) 增设 MBR 出水至 CLR 进水端的回流管道，使 MBR 出水中大量的硝态氮不仅可以利用 CLR 中的 VFA 作为碳源进行反硝化脱氮，降低罐中 VFA 的积累，同时反硝化过程会消耗 CLR 罐中的 H^+，从而提高反应器的 pH 值，进一步避免 CLR 的酸化。

(2) 针对垃圾渗滤液夏季水量出现持续高峰的情况，建议现场管理人员提前做好 CLR 提升负荷的准备，充分发挥调节池的作用，逐步提高反应器负荷，避免高负荷冲击。

(3) 将 CLR 出水进行分流，按一定比例（7：2：1）分别进入 3 组立式 A^3/O^3 池的 A1、A2、A3 缺氧池，这样一方面减少前端 A^3/O^3 池负荷，另一方面也充分利用池容，使得碳源的利用更加合理，反硝化脱氮更加充分。

6.8.6 结论

(1) CLR 由于其合理的布水回流方式，在高负荷运行下并没有出现严重的局部酸化现象；更大的高径比使得反应器能够以较大的回流比运行；结合更为合理的三相分离器，均匀的产气可以更大程度地截留污泥，同时有效避免对管道的冲击。工程运行结果表明，CLR 对垃圾渗滤液处理负荷的变化有着较好的响应和适应能力，能够高效去除渗滤液中的有机污染物，COD 去除率可以达到 85%以上。

(2) 立式 A^3/O^3-MBR 改变了传统的缺氧好氧池平面布局的方式，占地面积更小，在空间上更具有优势；此外，三廊道 A^3/O^3 池串联运行能够满足垃圾渗滤液不同水质水量下的处理效果；运行过程中采用环路回流，一方面可以稀释进水以缓冲负荷冲击，另一方面可以使得废水反复经历缺氧好氧环境，从而在有效去除有机物的同时强化脱氮除磷。

(3) CLR+立式 A^3/O^3-MBR 组合工艺对垃圾渗滤液有着良好的处理效能。出水中 COD<500mg/L，BOD_5<300mg/L，氨氮<35mg/L，TP<8mg/L，各指标符合《污水综合排放标准》(GB 8978—1996) 中的三级排放标准。运行成本分析表明，每处理 $1m^3$ 垃圾渗滤液的综合成本大约为 2.22 元。

6.9 十堰某生活垃圾填埋场渗滤液处理工程

6.9.1 工程概况

十堰某生活垃圾填埋场于 2014 年使用，规模 80t/d。原渗滤液通过槽车运往乡镇处理厂处理，后填埋场渗滤液需自行处理达标排放。为此新建渗滤液处理工程，规模 $40m^3/d$，位于填埋场内，采用微电解/Fenton 氧化+AO 塔+两级 DTRO 处理工艺，处理后达到《生活垃圾填埋场污染物控制标准》(GB 16889—2008) 直排标准。该工程于 2017 年 6 月份开始建设，2018 年调试运行，目前渗滤液经过处理后能够稳定达标排放。

6.9.2 主要设计参数

6.9.2.1 微电解/Fenton 氧化塔

微电解是一种处理高浓度难降解有机废水的有效物化法，以铁屑和炭构成原电池，通过氧化还原、电富集、吸附和絮凝等多种物理化学作用，可以去除难降解有机物，能够改变毒性物质的形态和结构，提高废水的可生化性。芬顿氧化是利用 Fe^{2+} 催化 H_2O_2 分解产生强氧化性的 HO· 来降解废水中的各种有机化合物。微电解/Fenton 氧化联合工艺，正好利用微电解产生的大量 Fe^{2+} 作为 Fenton 氧化的催化剂，在微电解后直接投加 H_2O_2，无需另加酸调节，既节约加酸成本，又降低设备投资。因此，微电解/Fenton 氧化联合工艺是一种处理类似高有机物浓度、高氨氮以及重金属离子废水的行之有效的方法。

设备设计参数如下：微电解停留时间为 2.5h；设备规格为 $\phi 1.5m \times 2.5m$，1 套；Fe/C 比为 1:1；H_2O_2 投加量为 10~20mg/L。

6.9.2.2 AO 塔

AO 塔工艺是一种高效污水处理新技术，其工艺原理是通过提高反应器的充氧能力和污泥活性来满足短时快速降解有机物的要求，从而实现提高生化反应效率的目的。AO 塔工艺集射流曝气、强化传递、紊流剪切、深井曝气、流化床、三相分离等于一体，具有氧传递速率高、高容积负荷、停留时间短、占地面积小、剩余污泥少等特点。AO 塔融入三相分离技术，实现“气-液-固”三相分离的同时，污泥自回流，并且与沉淀区合为一体，不用另设沉淀装置，节省投资和占地；引入射流曝气装置，通过回流泵高压回流，同时兼具“引风”功能，在射流曝气器进风口形成负压，空气被快速卷裹进入，实现曝气生化功能。同时，在塔体底部设置剩余污泥排放管和放空管，以便剩余污泥及时排放和设备检修等。

主要设计参数如下：停留时间 HRT 为 24h，回流比为 500%～1000%；沉淀区负荷 q=0.75～1.50m^3/(m^2·h)；内筒直径 D_1=800mm，外筒直径 D_2=2500mm；AO 塔深 H=8.0m，有效水深为 7.5m；沉淀区外环直径 D_3=3.0m，内环直径 D_4=2.5m；回流泵 Q=12.5m^3/h，H=25m，N=4.0kW，2 台（1 用 1 备）。

6.9.2.3 两级 DTRO 系统

(1) 预处理单元

渗滤液的预处理主要包括 pH 值调节以防止难溶无机盐在膜表面结垢，石英砂过滤滤去渗滤液中悬浮物及大颗粒杂质，芯式过滤器能去除易结垢离子和硅酸盐等。为防止硅垢和硫酸盐垢，芯式过滤器前加入一定的阻垢剂。

(2) 两级 DTRO 处理工艺

第一级反渗透从芯式过滤器后进水，经过芯式过滤器的渗滤液直接进入一级反渗透高压柱塞泵。第二级反渗透处理第一级透过水。一级反渗透系统为两组，采用串联连接方式，第一组反渗透的浓液进入串联后置的第二组。二级反渗透设一组。第一级反渗透的减震器出水进入第一个膜组，第一组由高压泵直接供水，第二组膜柱配一台在线循环泵以产生足够的流量和流速来克服膜污染；第二级反渗透不需要在线增压泵，由于其进水电导率比较低，回收率比较高，仅使用高压泵就可以满足要求。

膜柱组出水分为两部分。第一级反渗透的透过液排向第二级反渗透的进水端，浓缩液排入浓缩液储存池。第二级反渗透的透过液进入净水储存池，浓缩液进入第一级反渗透的进水端，进行进一步的处理。两级反渗透的浓缩液端各有一个压力调节阀，用于控制膜组内的压力，以便调节系统产水率。

由于渗滤液中含有溶解性气体，而反渗透膜不能脱除溶解性的气体，因此反渗透膜产水 pH 值会稍低于排放要求。经脱气塔脱除溶解的酸性气体后，pH 值能显著上升，若经脱气塔后的 pH 值仍低于排放要求，此时系统将自动加少量碱回调 pH 值至排放要求。

膜组的清洗包括冲洗和化学清洗两种。冲洗的主要目的是防止渗滤液中的污染物在膜片表面沉积。冲洗分为两种，一种是用渗滤液冲洗；一种是净水冲洗。化学清洗是为了保持膜片的性能，定期对膜组件进行化学清洗。清洗剂分酸性清洗剂和碱性清洗剂两种，碱性清洗剂的主要作用是清除有机物的污染，酸性清洗剂的主要作用是清除无机物的污染。

6.9.3 水量平衡分析

本工程采用两级 DTRO 系统，通过水量平衡分析可知（见图 6-15），第一级 DTRO 净产水率为 80%左右；第二级 DTRO 净产水率为 90%，系统总的产水率为 78.25%。

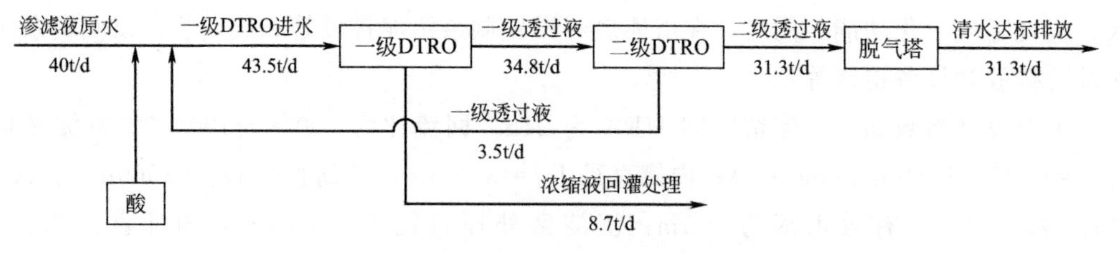

图 6-15 两级 DTRO 水量平衡

6.9.4 主要设备配置

6.9.4.1 预处理单元

砂滤器：ϕ800mm×2000mm，1 台；芯式过滤器：过滤精度 5μm，1 只；砂滤增压泵：Q=2m^3/h，H=30m，N=0.55kW，2 台（1 用 1 备）；反洗水泵：Q=5m^3/h，H=30m，N=0.75kW，1 台；反洗风机：Q=0.19m^3/min，H=53.6kPa，N=0.37kW，1 台；水箱：V=2.5m^3，不锈钢，1 只。

6.9.4.2 一级 DTRO

高压柱塞泵：Q=2.3m^3/h，H=700m，N=7.5kW，1 台；在线增压泵：Q=18m^3/h，H=80m，N=7.5kW，1 台；膜柱：膜面积 9.4m^2，直径 210mm，17 只。药洗系统：药剂罐 V=350L，1 台，水泵 Q=2m^3/h，H=23m，N=0.37kW，1 台；加热器 N=1.1kW。

6.9.4.3 二级 DTRO

高压柱塞泵：Q=1.8m^3/h，H=500m，N=5.5kW，1 台；膜柱：膜面积 9.4m^2，直径 210mm，5 只。

6.9.4.4 储罐及清洗系统

脱气塔：V=3.0m^3。加酸（硫酸）系统：酸储罐 V=5.0m，PE，1 只；酸加药罐 V=0.5m，PE，1 只；酸计量泵 Q=20L/h，H=30m，N=0.02kW，1 台。加碱（NaOH）系统：碱加药罐 V=0.5m^3，PE，1 只；酸计量泵 Q=10L/h，H=70m，N=0.05kW，1 台。清洗剂系统：清洗剂罐 V=0.5m^3，PE，1 只；计量泵 Q=3m^3/h，H=8m，N=0.55kW，1 台。阻垢剂系统：阻垢剂罐 V=0.5m^3，PE，1 只；计量泵 Q=10L/h，H=70m，N=0.05kW，1 台。

6.9.4.5 浓液池及其他

本工程浓缩液排放量为 8.7m^3/d，浓缩液池主要用于储存浓缩液，设计停留时间为 10d。浓缩液在池内储存并定期经泵回灌至填埋场指定区域。浓缩池规格：5.0m×5.0m×4.0m；潜污泵规格：Q=10m^3/h，H=35m，N=2.2kW，1 台。

6.9.4.6 消毒出水单元

巴氏计量槽1座，规格尺寸：3.00m×1.08m×1.00m，有效水深为0.6m，配不锈钢巴氏计量槽，喉宽 b=0.45m，长 L=1.0m。

6.9.5 主要运行效果

6.9.5.1 渗滤液进出水水质及去除率分析

该工程于2018年2月开始调试，渗滤液原水通过微电解/Fenton氧化＋AO塔＋两级DTRO处理后，对进出水进行采样和水质检测，COD进水为8056～10258mg/L，出水为15～35mg/L；氨氮进水为1528～2158mg/L，出水为8～20mg/L，COD和氨氮去除率均在99%以上，该工艺能够使渗滤液达标排放。

6.9.5.2 渗滤液主要运行成本分析

直接运行成本主要包括电耗、各种药耗、人员工资、日常维护费等。本项目日耗电量为998kW·h，即日耗电848.3元，平均吨水电耗21.21元/m^3；柠檬酸、硫酸、次氯酸钠、氢氧化钠、阻垢剂、PAC等平均吨水药耗为25.43元/m^3；定员4人，当地平均工资为3000元/月，则人工费10元/m^3；设备维修费按设备费的5%记取，设备维护费为5.85万元/a，则吨水设备维护费为4元/m^3。

综上所述，直接运行成本共计21.21＋25.43＋10＋4＝60.61元/m^3，比常规渗滤液处理工艺运行成本低10%～30%。因此，项目从运行成本上考虑，也有一定的优点。

6.9.6 结论

十堰某区生活垃圾填埋场渗滤液采用微电解/Fenton氧化＋AO塔＋两级DTRO处理工艺，能够稳定达标排放。该工艺具有出水稳定达标、运行成本较低、占地面积小、投资较省等优点，是一种行之有效的生活垃圾渗滤液综合处理技术，其他类似工程可借鉴和参考。

6.10 南方山谷垃圾填埋场渗滤液处理工程

6.10.1 工程概况

垃圾渗滤液的废水水质在全国各地的差异比较大。本工程处理的垃圾渗滤液来自南方山谷垃圾填埋场，垃圾填埋场所在地区雨水较多，该垃圾填埋场于2017年建成，2018年投入使用。由于垃圾填埋场已运行10年，现垃圾填埋场填埋出水COD_{Cr}为2544mg/L，经过雨水和地表径流的稀释，调节池内废水COD_{Cr}为1140mg/L左右。

根据工程要求，废水处理的设计规模为100m^3/d，设计进出水水质如表6-23所示。

设计出水需达到《生活垃圾填埋场污染物控制标准》(GB 16889—2008)的排放标准。

表 6-23 设计进出水水质

水质指标	设计进水水质	设计出水水质
COD_{Cr}/(mg/L)	980～1280	≤100
BOD/(mg/L)	300～450	≤30
氨氮/(mg/L)	385～440	≤25
SS/(mg/L)	400	≤30
pH 值	7～9	6～9
色度/倍	500	40
粪大肠杆菌数/(个/L)		1000

6.10.2 工艺介绍

废水处理工艺流程见图 6-16。

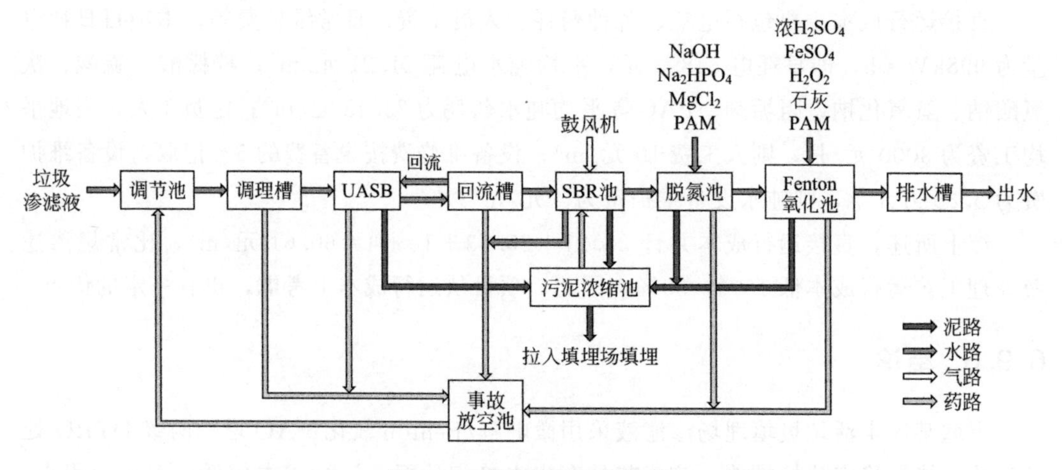

图 6-16 废水处理工艺流程

垃圾渗滤液经收集管网收集后，进入调节池。调节池对渗滤液进行水质的均衡和水量的调节，通过潜水泵将垃圾渗滤液打入调理槽；在调理槽内设置固液分离器，分离出垃圾渗滤液中的固体物质后，垃圾渗滤液再进入调理槽内调节水质；接着进入 UASB 处理，厌氧出水进入回流槽，回流时开启回流泵，废水再次进入 UASB 池，不回流时废水进入 SBR 池反应；出水再进入脱氮池脱氮，脱氮后进行 Fenton 氧化处理，氧化处理后在 Fenton 池进行混凝沉淀，废水沉淀后最终达标排放。

6.10.3 主要构筑物和设备

(1) 调节池

调节池采用钢筋混凝土结构，平均停留时间为 4 个月，有效容积为 15000m³。调节池的作用是收集垃圾渗滤液，利用调节池对垃圾渗滤液进行水量的调节和均匀水质。

(2) 调理槽

调理槽为钢板结构，用于调节 UASB 进水水质，保证 UASB 内微生物能正常发酵。通过磷酸和氢氧化钠调节 pH 值，使 pH 值达到厌氧微生物适合新陈代谢的要求。调理槽上方设置固液分离器，垃圾渗滤液先通过固液分离器固液分离后再进入调理槽。

(3) UASB 池

UASB 池为钢筋混凝土结构，形式采用半地上。平均停留时间为 7d，有效容积为 $700m^3$，池内设置三相分离器，配备储气罐，池底设置配水管，设置 3 台配水泵，2 台回流泵。利用厌氧微生物降解废水中部分有机物，并将好氧微生物难降解的大分子有机物转化为易降解的小分子有机物。降低废水 COD_{Cr} 同时提高废水的 BOD/COD，为好氧池提供较好的水质条件。UASB 池出水自流入 SBR 池。

(4) 回流槽

回流槽为钢板结构，主要是起提供 UASB 回流水或给 SBR 供水的作用。

(5) SBR 池

SBR 池采用钢筋混凝土结构，共设 2 座，每座 SBR 池有效容积为 $360m^3$，采用间歇运行。每座运行 2d 为 1 个周期，每个周期为 48h，其中进水阶段 12h、曝气反应阶段 3h、厌氧静置 2h、曝气反应阶段 3h、厌氧静置 1h、曝气反应阶段 3h、沉淀阶段 12h、曝气反应阶段 3h、厌氧静置 2h、曝气反应阶段 3h、厌氧静置 1h、曝气反应阶段 3h、沉淀闲置排水阶段 12h。当污水注满 SBR 池 12h 后开始曝气操作，曝气结束后进行沉淀，使混合液处于静止状态，进行泥水分离。排水阶段即用滗水器排除 SBR 池的上清液，留下活性污泥，作为下一个周期的菌种。SBR 主要去除 BOD 和进行硝化、反硝化。

(6) 脱氮池

脱氮池为钢筋混凝土结构，设 1 座，池内设搅拌机，有效容积为 $100m^3$。SBR 池出水进入脱氮池。脱氮池间歇运行，在脱氮池中加入 NaOH 调节 pH 值至 9.5 左右，加入 Na_2HPO_4 和 $MgCl_2$。通过 Na_2HPO_4 和 $MgCl_2$ 与废水中的氨氮形成磷酸铵镁沉淀（俗称鸟粪石），再通过添加聚丙烯酰胺（PAM）混凝沉淀去除，产生的污泥排入污泥浓缩池，上清液排入 Fenton 氧化池。

(7) Fenton 氧化池

Fenton 氧化池为钢筋混凝土结构，设 1 座，池内设搅拌机，有效容积为 $100m^3$。脱氮池出水进入 Fenton 氧化池。Fenton 氧化池间歇运行，在 Fenton 氧化池中加入浓硫酸调节 pH 值至 5.0，并加入 $FeSO_4$ 和 H_2O_2 组成 Fenton 氧化试剂。Fenton 试剂法是一种均相氧化法，通过 Fenton 试剂氧化破坏部分有机物并与三价铁离子生成络合物被反应产物氢氧化铁絮体凝聚去除，产生的污泥排入污泥浓缩池，上清液自流入排水槽排放。

(8) 污泥浓缩池

污泥浓缩池为钢筋混凝土结构，规格为 8m×4m×4m，设置为 2 格。一格对应脱氮池，在此格沉淀后，上清液进入 SBR 池；另一格对应 Fenton 池，在此格污泥沉淀后，上清液排入出水槽。2 格污泥都由污泥泵提升至污泥车拉入填埋场填埋。

6.10.4 调试过程与效果

6.10.4.1 UASB 反应器的启动与运行

原有 UASB 反应器内的厌氧微生物已经过驯化，本次启用只需进行扩大培养，提高污泥浓度。注入部分新的垃圾渗滤液，为了缩短扩大培养时间，同时添加葡萄糖作为碳源，加快厌氧微生物的繁殖。随着生物量的增加也增加垃圾渗滤液的注入量，减小葡萄糖的投加量，最终至满负荷运行时，不再投加葡萄糖。经过扩大培养后，COD 去除率＞60%，氨氮则略有升高。

6.10.4.2 SBR 反应器的调试与运行

SBR 反应器已有部分微生物经过驯化。为了使生物量达到要求，从某生活污水处理厂取得 20t 浓缩污泥投入，并注入 UASB 反应器出水进行驯化。注入水量逐渐增加，增加梯度分别为上次进水量的 50%。当 SBR 反应器内微生物增长过于缓慢时，可向反应器内添加少量的葡萄糖。经过培养和驯化后，活性污泥沉降比 SV_{30} 为 40% 左右，污泥沉降性能良好。在氨氮去除效果不好时，添加葡萄糖补充碳源加速微生物生长繁殖。

在 SBR 工艺的调试过程中，最关键的控制参数是 DO，采用边进水边曝气。曝气段 DO 应控制在 2mg/L 左右，沉淀和排水段（即缺氧段）应控制在 0.5mg/L 左右。SBR 反应器采用两池交替运行，水力停留时间为 2d。氨氮去除率为 61%～68%，COD 去除率为 33%～40%。

6.10.4.3 脱氮池和 Fenton 池的运行

调试脱氮池的目的是找到 $MgCl_2$ 和 Na_2HPO_4 最佳投加量及最佳 pH 值。综合考虑最佳 pH 值应控制为 9.3～9.7，$MgCl_2$ 投加量为 2.5g/L，Na_2HPO_4 投加量为 4.0g/L，氨氮去除率＞85%，此时 PAM 投加量为 0.3kg/池。

调试 Fenton 池的目的是找到合适的 H_2O_2 和 $FeSO_4$ 投加量及最佳 pH 值，综合考虑最佳 pH 值应控制为 4.5～5.0，H_2O_2 投加量为 1mL/L，$FeSO_4$ 投加量为 1.2g/L，COD 去除率＞70%，此时 PAM 投加量为 0.3kg/池。

在 Fenton 池内 Fe^{3+}、Ca^{2+} 与剩余的 PO_4^{3-} 生成沉淀，一方面降低了出水中 TP 的含量，另一方面形成的絮体加强了后期混凝沉淀的效果。

6.10.5 实际运行情况

在调试正常后，运行 15d 后各池出水指标见表 6-24。

表 6-24 原水与各构筑物实际出水水质

各构筑物出水	原水	UASB	SBR	脱氮池	Fenton 池	出水标准
COD_{Cr}/(mg/L)	1060～1140	400～450	260～300	240～270	<100	100
BOD/(mg/L)	300～450	150～180	50～70	50～70	<30	30
氨氮/(mg/L)	385～440	420～450	150～175	23～27	<25	25
SS/(mg/L)	400				<30	30
pH 值	7～9	7～9	7～9	6.5～7.5	7～9	6～9
色度/倍	1000				<10	40
粪大肠杆菌数/(个/L)					<1000	1000

注："—"表示未检测。

6.10.6 工程经济分析

6.10.6.1 电费

该工程处理方案的总装机功率为 65.16kW，每天用电约 140 度，按 0.8 元/度计，每天电费为 112 元。

6.10.6.2 药剂费

药剂投加量与费用见表 6-25。

表 6-25 药剂投加量与费用

药剂名称	投加量	市场单价/(元/t)	小计/元
NaOH	75kg	1500	112.50
$MgCl_2$	250kg	500	125.00
Na_2HPO_4	400kg	2200	880.00
H_2SO_4	95L	400	76.00
$FeSO_4$	120kg	340	40.80
H_2O_2	100L	1500	150.00
PAM	600g	6000	3.60
石灰	0.4t	300	120.00
总计			1507.90

注：药剂为工业用途。

6.10.6.3 运行费

工程改造总投资近 50 万元。不计折旧费、维修费和人工费，合计运行费为 1619.9 元/d，日处理水量为 $100m^3/d$。经初步估算，总运行费用为 16.199 元/m^3。

6.10.7 结论

（1）从运行结果看，垃圾渗滤液采用UASB/SBR/脱氮/Fenton组合工艺是成功的，处理效果稳定，设计出水达到《生活垃圾填埋场污染物控制标准》（GB 16889—2008）中的排放标准。

（2）厌氧反应阶段的出水含一定量的高分子难降解有机物，COD去除率＞60%；SBR可以有效去除经UASB反应处理后产生的易降解的分子结构简单的酸和醇，以及对氨氮进行硝化、反硝化，氨氮去除率＞61%；脱氮池是针对SBR池未去除的氨氮进一步处理，使氨氮达到25mg/L左右；Fenton池主要是针对UASB和SBR未降解有机物进一步处理，使COD_{Cr}＜100mg/L，絮凝主要是去除色度浊度和异味，并能在一定程度上使金属离子通过絮凝得到去除，使整个工艺的COD去除率保持在91%以上，氨氮去除率保持在94%以上。

（3）脱氮池内所加Na_2HPO_4与Fenton池内所加石灰反应形成硫酸钙微溶于水，以致Na_2HPO_4失效，故将脱氮池设置于Fenton池前。脱氮池只有絮凝反应时去除部分大颗粒有机物，故对COD去除率不高。而Fenton池对氨氮的去除也就是加药的稀释作用并无其他去除率，因此脱氮池需要将氨氮降至25mg/L左右。将Fenton池设置于脱氮池后，Ca^{2+}、Fe^{2+}与剩余PO_4^{3-}生产沉淀，一方面去除了剩余的PO_4^{3-}，另一方面生成了沉淀提高了絮凝效果。因此，通过Fenton反应后废水COD_{Cr}控制在100mg/L以下。

参考文献

[1] 刘光富，田婷婷，刘嫣然．中国典型社会源危险废物的资源潜力分析［J］．中国环境科学，2019，39(02)：691-697.

[2] Tsutomu Kobayashi，Yueqin Tang，Toyoshi Urakami，et al. Digestion performance and microbial community in full-scale methane fermentation of stillage from sweet potato-shochu production［J］. Journal of Environmental Sciences，2014，26（02）：423-431.

[3] 徐海云．我国可回收垃圾资源化利用水平比较分析［J］．环境保护，2016，44(19)：39-44.

[4] Zheng Xiaodi，Li Min. Brown Earth-Work：A New Landscape Paradigm and Research Approach for Brownfields Regeneration［J］. China City Planning Review，2017，26（01）：31-39.

[5] Iuliana Armas，Dragos Toma-Danila，Radu Ionescu，et al. Vulnerability to Earthquake Hazard：Bucharest Case Study，Romania［J］. International Journal of Disaster Risk Science，2017，8（02）：182-195.

[6] Abdelhamid Iratni，Ni-Bin Chang. Advances in Control Technologies for Wastewater Treatment Processes：Status，Challenges，and Perspectives［J］. IEEE/CAA Journal of Automatica Sinica，2019，6（02）：337-363.

[7] Hunt D V L，Jefferson I，Rogers C D F. Assessing the Sustainability of Underground Space Usage—A Toolkit for Testing Possible Urban Futures［J］. Journal of Mountain Science，2011，8（02）：211-222.

[8] Peng Lu，Qunxing Huang，Bourtsalas A C（Thanos），et al. Review on fate of chlorine during thermal processing of solid wastes［J］. Journal of Environmental Sciences，2019，78（04）：13-28.

[9] Nicolas A O Morin，Patrik L. Andersson，Sarah E Hale，et al. The presence and partitioning behavior of flame retardants in waste，leachate，and air particles from Norwegian waste-handling facilities［J］. Journal of Environmental Sciences，2017，62（12）：115-132.

[10] Yi Xia，Pinjing He，Liming Shao，et al. Metal distribution characteristic of MSWI bottom ash in view of metal recovery［J］. Journal of Environmental Sciences，2017，52（02）：178-189.

[11] Qinwen Liu，Yan Shi，Wenqi Zhong，et al. Co-firing of coal and biomass in oxy-fuel fluidized bed for CO_2 capture：A review of recent advances［J］. Chinese Journal of Chemical Engineering，2019，27（10）：2261-2272.

[12] 罗朝璇，童昕，黄婧娴．城市“零废弃”运动：瑞典马尔默经验借鉴［J］．国际城市规划，2019，34(02)：136-141.

[13] Xun Hu，Mortaza Gholizadeh. Biomass pyrolysis：A review of the process development and challenges from initial researches up to the commercialisation stage［J］. Journal of Energy Chemistry，2019，39（12）：109-143.

[14] 武淑霞，刘宏斌，黄宏坤，等．我国畜禽养殖粪污产生量及其资源化分析［J］．中国工程科学，2018，20(05)：103-111.

[15] 何皓，王旻烜，张佳，等．城市生活垃圾的能源化综合利用及产业化模式展望［J］．现代化工，2019，39(06)：6-14.

[16] Morteza Eslamian. Inorganic and Organic Solution-Processed Thin Film Devices［J］. Nano-Micro Letters，2017，9（01）：16-38.

[17] 何皓，王旻烜，张佳，等．城市生活垃圾的能源化综合利用及产业化模式展望［J］．现代化工，2019，39(06)：6-14.

[18] 贺升，戴欣，何曦．有机固废热解反应器研究进展［J］．再生资源与循环经济，2020，13（01）：39-44.

[19] 张亚通，朱鹏毅，朱建华，等．垃圾渗滤液膜截留浓缩液处理工艺研究进展［J］．工业水处理，2019，39（09）：18-23.

[20] Abdelhamid Iratni，Ni-Bin Chang. Advances in Control Technologies for Wastewater Treatment Processes：Status，Challenges，and Perspectives［J］. IEEE/CAA Journal of Automatica Sinica，2019，6（02）：337-363.

[21] 王凡，陆明羽，殷记强，等．反硝化-短程硝化-厌氧氨氧化工艺处理晚期垃圾渗滤液的脱氮除碳性能［J］．环境科学，2018，39（08）：3782-3788.

[22] 王东，庞之鹏，沈斐，等．活性焦对垃圾渗滤液中难降解有机物的吸附及影响因素研究［J］．环境科学学报，2017，37（12）：4653-4661.

[23] 黄奕亮，张立秋，李淑更，等．短程硝化厌氧氨氧化联合处理实际垃圾渗滤液［J］．工业水处理，2018，38（03）：37-41.

[24] 胡馨然，杨斌，韩智勇，等．中国正规、非正规生活垃圾填埋场地下水中典型污染指标特性比较分析［J］．环境科学学报，2019，39（09）：3025-3038.

[25] Abdelhamid Iratni，Ni-Bin Chang. Advances in Control Technologies for Wastewater Treatment Processes：Status，Challenges，and Perspectives［J］. IEEE/CAA Journal of Automatica Sinica，2019，6（02）：337-363.

[26] 刘珊，樊升光，孙朝辉，等．垃圾渗滤液不同处理阶段金属离子含量分析研究［J］．应用化工，2018，47（06）：1304-1307.

[27] Lu Mang. Advanced treatment of aged landfill leachate through the combination of aged-refuse bioreactor and three-dimensional electrode electro-Fenton process［J］. Environmental technology，2019：1-10.

[28] Cuibai Chen，Huan Feng，Yang Deng. Re-evaluation of sulfate radical based-advanced oxidation processes（SR-AOPs）for treatment of raw municipal landfill leachate［J］. Water Research，2019，153：100-107.

[29] Feng Qian，Mengchang He，Jieyun Wu，et al. Insight into removal of dissolved organic matter in post pharmaceutical wastewater by coagulation-UV/H_2O_2［J］. Journal of Environmental Sciences，2019，76（02）：329-338.

[30] Tayssir Kadri，Tarek Rouissi，Satinder Kaur Brar，et al. Biodegradation of polycyclic aromatic hydrocarbons（PAHs）by fungal enzymes：A review［J］. Journal of Environmental Sciences，2017，51（01）：52-74.

[31] 刘春楠，陈小亮，吴少林，等．垃圾渗滤液尾水氮的深度处理技术研究进展［J］．环境污染与防治，2019，41（06）：720-725.

[32] Fangzhai Zhang，Yongzhen Peng，Zhong Wang，et al. High-efficient nitrogen removal from mature landfill leachate and waste activated sludge（WAS）reduction via partial nitrification and integrated fermentation-denitritation process（PNIFD）［J］. Water Research，2019，160：394-404.

[33] S. Goswami，S Sarkar，D Mazumder. A new approach for development of kinetics of wastewater treatment in aerobic biofilm reactor［J］. Applied Water Science，2017，7（5）：2187-2193.

[34] 王文东，刘荟，马翠，等．一体式生物净化-沉淀池对微污染水体污染物的强化去除性能［J］．环境科学，2016，37（10）：3858-3863.

[35] Dao-Bin Zhang，Xiao-Gang Wu，Yi-Si Wang，et al. Landfill leachate treatment using the sequencing batch biofilm reactor method integrated with the electro-Fenton process［J］. Chemical Papers，2014，68（6）：782-787.

[36] Costa Rejane H R, Martins Cláudia L, Fernandes Heloísa, et al. Biodegradation and Detoxification of Sanitary Landfill Leachate by Stabilization Ponds System [J]. Water environment research: a research publication of the Water Environment Federation, 2017, 89 (6): 539-548.

[37] 张文，陈晓坤. 垃圾渗滤液的生物处理方法 [J]. 当代化工，2014, 43 (12): 2648-2651.

[38] David B Klenosky, Stephanie A Snyder, Christine A Vogt, et al. If we transform the landfill, will they come? Predicting visitation to Freshkills Park in New York City [J]. Landscape and Urban Planning, 2017, 167: 315-324.

[39] Cláudia L Martins, Heloísa Fernandes, Rejane H R Costa. Landfill leachate treatment as measured by nitrogen transformations in stabilization ponds [J]. Bioresource Technology, 2013, 147: 562-568.

[40] Völker Johannes, Vogt Tobias, Castronovo Sandro, et al. Extended anaerobic conditions in the biological wastewater treatment: Higher reduction of toxicity compared to target organic micropollutants [J]. Water research, 2017, 116: 223-230.

[41] Lina Wu, Zhi Li, Shan Huang, et al. Low energy treatment of landfill leachate using simultaneous partial nitrification and partial denitrification with anaerobic ammonia oxidation [J]. Environment International, 2019, 127: 452-461.

[42] Lea Chua Tan, Yarlagadda V Nancharaiah, Shipeng Lu, et al. Biological treatment of selenium-laden wastewater containing nitrate and sulfate in an upflow anaerobic sludge bed reactor at pH 5.0 [J]. Chemosphere, 2018, 211: 684-693.

[43] Hongliang Wang, Shikun Zhu, Bo Qu, et al. Anaerobic treatment of source-separated domestic bio-wastes with an improved upflow solid reactor at a short HRT [J]. Journal of Environmental Sciences, 2018, 66 (04): 255-264.

[44] 赵琛，张列宇，马涛，等. UASB 反应器对晚期渗滤液的碳氮协同削减效应 [J]. 环境科学研究，2019, 32 (11): 1913-1920.

[45] 吴莉娜，涂楠楠，程继坤，等. 垃圾渗滤液水质特性和处理技术研究 [J]. 科学技术与工程，2014, 14 (31): 136-143.

[46] Julian Xanke, Tanja Liesch, Nadine Goeppert, et al. Contamination risk and drinking water protection for a large-scale managed aquifer recharge site in a semi-arid karst region, Jordan [J]. Hydrogeology Journal, 2017, 25 (6): 1795-1809.

[47] 刘占孟，徐礼春，崔立杰，等. 老龄垃圾渗滤液处理技术研究进展 [J]. 工业水处理，2017, 37 (06): 19-24+29.

[48] H. Bakraouy, S Souabi, K Digua, et al. Optimization of the treatment of an anaerobic pretreated landfill leachate by a coagulation-flocculation process using experimental design methodology [J]. Process Safety and Environmental Protection, 2017, 109: 621-630.

[49] Davor Dolar, Krešimir Košutić, Tea Strmecky. Hybrid processes for treatment of landfill leachate: Coagulation/UF/NF-RO and adsorption/UF/NF-RO [J]. Separation and Purification Technology, 2016, 168: 39-46.

[50] 张铁军，臧晓峰. 垃圾渗滤液处理技术研究进展 [J]. 天津化工，2018, 32 (06): 1-4.

[51] 杜冰，孙庆业. 混凝法处理垃圾渗滤液水质的生态毒性评价 [J]. 环境科学与技术，2016, 39 (02): 167-173.

[52] Jemal Fito, Hanan Said, Sisay Feleke, et al. Fluoride removal from aqueous solution onto activated carbon of Catha edulis through the adsorption treatment technology [J]. Environmental Systems Research, 2019, 8 (1): 1-10.

[53] 尹文俊，周伟伟，王凯，等. 垃圾渗滤液物化与生化处理工艺技术现状 [J]. 环境工程，2018, 36 (02):

83-87.

[54] Fernanda M. Ferraz, Qiuyan Yuan. Organic matter removal from landfill leachate by adsorption using spent coffee grounds activated carbon [J]. Sustainable Materials and Technologies, 2020, 23: 1-6.

[55] Su Shiung Lam, Peter Nai Yuh Yek, Yong Sik Ok, et al. Engineering pyrolysis biochar via single-step microwave steam activation for hazardous landfill leachate treatment [J]. Journal of Hazardous Materials, 2020,390:1-8.

[56] 李红果，李天祥，朱静，等．膜分离技术处理工业废水研究进展 [J]．应用化工，2018，47（12）：2739-2743.

[57] José Cornejo, Daniel M González-Pérez, Jorge I Pérez, et al. Ibuprofen removal by a microfiltration membrane bioreactor during the startup phase [J]. Journal of Environmental Science and Health, Part A, 2020, 55 (4): 374-384.

[58] Zhu Jia, Fan Xiao J, Tao Yi, et al. Study on an integrated process combining ozonation with ceramic ultra-filtration for decentralized supply of drinking water [J]. Journal of environmental science and health. Part A, Toxic/hazardous substances & environmental engineering, 2014, 49 (11): 1296-1303.

[59] Jiří Cuhorka, Edwin Wallace, Petr Mikulášek. Removal of micropollutants from water by commercially available nanofiltration membranes [J]. Science of the Total Environment, 2020, 720.

[60] Zhe Yang, Daisuke Saeki, Hideto Matsuyama. Zwitterionic polymer modification of polyamide reverse-osmosis membranes via surface amination and atom transfer radical polymerization for anti-biofouling [J]. Journal of Membrane Science, 2018, 550: 332-339.

[61] 柴健．氨吹脱+外置式 MBR+ DTRO 工艺处理垃圾渗滤液工程应用 [J]．水处理技术，2019，45（09）：137-140.

[62] Niveditha S V, Gandhimathi R. Flyash augmented Fe_3O_4 as a heterogeneous catalyst for degradation of stabilized landfill leachate in Fenton process [J]. Chemosphere, 2020, 242.

[63] Muhammad Usman, Sardar Alam Cheema, Muhammad Farooq. Heterogeneous Fenton and persulfate oxidation for treatment of landfill leachate: A review supplement [J]. Journal of Cleaner Production, 2020, 256.

[64] Lina M. Rouidi, Rita Maurício, Athir Boukhrissa, et al. Characterization and treatment of landfill leachates by electro-Fenton process: A case study in Algeria [J]. Water Environment Research, 2020, 92 (1): 123-137.

[65] Teng Chunying, Zhou Kanggen, Zhang Zhang, et al. Elucidating the structural variation of membrane concentrated landfill leachate during Fenton oxidation process using spectroscopic analyses [J]. Environmental pollution (Barking, Essex: 1987), 2020, 256.

[66] Daiana Seibert, Heloise Quesada, Rosângela Bergamasco, et al. Presence of endocrine disrupting chemicals in sanitary landfill leachate, its treatment and degradation by Fenton based processes: A review [J]. Process Safety and Environmental Protection, 2019, 131: 255-267.

[67] Júlia Nercolini Göde, Diego Hoefling Souza, Viviane Trevisan, et al. Application of the Fenton and Fenton-like processes in the landfill leachate tertiary treatment [J]. Journal of Environmental Chemical Engineering, 2019, 7 (5).

[68] Amanda Vitória Santos, Laura Hamdan de Andrade, Míriam Cristina Santos Amaral, et al. Integration of membrane separation and Fenton processes for sanitary landfill leachate treatment [J]. Environmental Technology, 2019, 40 (22): 2897-2905.

[69] Liu Xingjian, Novak John T, He Zhen. Synergistically coupling membrane electrochemical reactor with

Fenton process to enhance landfill leachate treatment [J]. Chemosphere, 2020, 247.

[70] 朱秋实，陈进富，姜海洋，等. 臭氧催化氧化机理及其技术研究进展 [J]. 化工进展，2014，33 (04)：1010-1014+ 1034.

[71] Ukundimana Z, Omwene P I, Gengec E, et al. Electrooxidation as post treatment of ultrafiltration effluent in a landfill leachate MBR treatment plant: Effects of BDD, Pt and DSA anode types [J]. Electrochimica Acta, 2018, 286: 252-263.

[72] 周楠楠，张威，赵金龙，等. DSA 阳极电催化氧化技术及处理苯酚废水的研究进展 [J]. 现代化工，2017，37 (06)：29-32.

[73] 赵贤广，杨世慧，陈方荣，等. 吹脱法去除垃圾渗滤液中氨氮的技术进展 [J]. 现代化工，2019，39 (06)：80-84.

[74] 赵媛媛，王德军，赵朝成. 电催化氧化处理难降解废水用电极材料的研究进展 [J]. 材料导报，2019，33 (07)：1125-1132.

[75] Panizza Marco, Martinez-Huitle Carlos A. Role of electrode materials for the anodic oxidation of a real landfill leachate—comparison between Ti-Ru-Sn ternary oxide, PbO_2 and boron-doped diamond anode [J]. Chemosphere, 2013, 90 (4): 1455-1460.

[76] 蒲柳，陈武，窦丽花，等. 二维电催化处理高 COD 高氨氮含量废水 [J]. 水处理技术，2017，43 (08)：93-96.

[77] Shengpeng Guo, Qing Wang, Chengjie Luo, et al. Hydroxyl radical-based and sulfate radical-based photocatalytic advanced oxidation processes for treatment of refractory organic matter in semi-aerobic aged refuse biofilter effluent arising from treating landfill leachate [J]. Chemosphere, 2020, 243:1-10.

[78] 赵文金，侯慧杰，刘萍，等. 负载型 TiO_2 光催化在污水处理中的应用 [J]. 功能材料，2019，50 (01)：1035-1046.

[79] Silveira Jefferson E, Zazo Juan A, Pliego Gema, et al. Landfill leachate treatment by sequential combination of activated persulfate and Fenton oxidation [J]. Waste management (New York, N. Y.), 2018, 81: 220-225.

[80] 刘占孟，占鹏，李静，等. 零价铁活化过硫酸盐处理渗滤液生化尾水 [J]. 中国给水排水，2016，32 (09)：112-115.

[81] 肖羽堂，吴晓慧，王冠平，等. 垃圾渗滤液高级氧化及其组合工艺深度处理研究进展 [J]. 水处理技术，2020，46 (02)：8-12.

[82] Amir Hossein Mahvi, Ali Akbar Roodbari, Ramin Nabizadeh Nodehi, et al. Improvement of landfill leachate biodegradability with ultrasonic process [J]. PLoS ONE, 2017, 7 (7).

[83] Gazliya Nazimudheen, Kuldeep Roy, Thirugnanasambandam Sivasankar, et al. Mechanistic investigations in ultrasonic pretreatment and anaerobic digestion of landfill leachates [J]. Journal of Environmental Chemical Engineering, 2018, 6 (2): 1690-1701.

[84] 陈盈盈. 超声活化过氧化氢及过硫酸盐在垃圾渗滤液处理中的应用研究 [D]. 成都：西南交通大学，2018.

[85] Gong Weijin, Duan Xuejun. Degradation of landfill leachate using transpiring-wall supercritical water oxidation (SCWO) reactor [J]. Waste management (New York, N. Y.), 2010, 30 (11): 2103-2107.

[86] Ana Paula Jambers Scandelai, Jaqueline Pirão Zotesso, Veeriah Jegatheesan, et al. Intensification of supercritical water oxidation (SCWO) process for landfill leachate treatment through ion exchange with zeolite [J]. Waste Management, 2020, 101: 259-267.

[87] 欧阳创. 超临界水氧化法处理有机污染物研究 [D]. 上海：上海交通大学，2013.

[88] 尹文俊，周伟伟，王凯，等．垃圾渗滤液物化与生化处理工艺技术现状［J］．环境工程，2018，36（02）：83-87.

[89] Rodrigo Poblete，Osvaldo Painemal. Solar drying of landfill leachate sludge：differential results through the use of peripheral technologies［J］．Environmental Progress & Sustainable Energy，2019，38（2）：345-353.

[90] 张玉清，刘明华．混凝沉淀-Fenton 氧化法在垃圾渗滤液生化处理出水中的研究［J］．工业用水与废水，2017，48（01）：28-32.

[91] 林雨阳，徐文彬．絮凝-芬顿联合工艺处理垃圾渗滤液生化废水［J］．广东化工，2019，46（24）：129-130+135.

[92] 侯瑞，金鑫，金鹏康，等．臭氧-混凝耦合工艺污水深度处理特性及其机制［J］．环境科学，2017，38（02）：640-646.

[93] 廖书林，浦燕新，许龙霞，等．混凝-臭氧氧化处理垃圾中转站渗滤液的试验研究［J］．云南化工，2019，46（09）：57-58.

[94] Annabel Fernandes，Lazhar Labiadh，Lurdes Ciríaco，et al. Electro-Fenton oxidation of reverse osmosis concentrate from sanitary landfill leachate：evaluation of operational parameters［J］．Chemosphere，2017，184：1223-1229.

[95] 何祥，傅金祥，李晓彤，等．三维电-Fenton 法处理垃圾浓缩液试验研究［J］．工业水处理，2018，38（01）：65-69.

[96] 李怀森．电化学臭氧氧化处理垃圾渗沥液厂污泥脱水液的研究［D］．西安：西安工程大学，2019.

[97] Mina Ghahrchi，Abbas Rezaee. Electro-catalytic ozonation for improving the biodegradability of mature landfill leachate［J］．Journal of Environmental Management，2020，254：1-8.

[98] Daiana Seibert，Taís Diel，Júlia B Welter，et al. Performance of photo-Fenton process mediated by Fe（Ⅲ）-carboxylate complexes applied to degradation of landfill leachate［J］．Journal of Environmental Chemical Engineering，2017，5（5）：4462-4470.

[99] Rejane H R Costa，Cláudia L Martins，Heloísa Fernandes，et al. Biodegradation and Detoxification of Sanitary Landfill Leachate by Stabilization Ponds System［J］．Water Environment Research，2017，89（6）：539-548.

[100] Amir Hossein Mahvi，Ali Akbar Roodbari，Ramin Nabizadeh Nodehi，et al. Improvement of landfill leachate biodegradability with ultrasonic process［J］．PLoS ONE，2017，7（7）.

[101] 司海瀛，张广芳，李敏，等．常州某垃圾填埋场渗滤液处理工程实例［J］．化工设计，2020，30（01）：46-50+2.

[102] 林红，王增长，王小飞．物化-生化-反渗透工艺处理垃圾渗滤液工程实例［J］．工业水处理，2015，35（09）：90-92.

[103] 王海东．南京某有机废弃物处理场 $400m^3/d$ 垃圾渗滤液处理工程实例［J］．污染防治技术，2017，30（04）：97-101.

[104] 廖迎晓，喻泽斌，杨珂伯．广西某县城生活垃圾卫生填埋场渗滤液处理工程实例［J］．大众科技，2017，19（10）：13-16.

[105] 王华光，于振声，张雪华，等．山东省某城市垃圾填埋场综合渗滤液处理工程实例［J］．中国给水排水，2014，30（12）：12-15.

[106] 姚黄丽，陶丽霞，常伟杰．生活垃圾焚烧发电厂渗滤液处理工程实例［J］．科技创新与应用，2016（16）：55-56.

[107] 花发奇，唐湘姬．生活垃圾焚烧发电厂渗滤液处理工程实例[J]．中国新技术新产品，2018(17)：38-39.

[108] 沈鹏，黄振兴，肖小兰，等．CLR+ 立式 A^3/O^3-MBR 组合工艺处理垃圾渗滤液的工程实例[J]．环境工程学报，2016，10(04)：2144-2150.

[109] 罗超，范引娣，周文婷．微电解/芬顿氧化+ AO 塔+ 两级 DTRO 工艺处理生活垃圾渗滤液工程实例[J]．中国资源综合利用，2019，37(05)：48-50.

[110] 文树龙，颜智勇，王杰，等．UASB/SBR/脱氮/Fenton 组合工艺处理垃圾渗滤液实例[J]．净水技术，2015，34(02)：99-102.